普通高等教育"十二五"电子信息类规划教材

电子测量技术

夏哲雷 主 编
许 华 副主编

机械工业出版社

本书系统地阐述了电子测量技术的原理与方法。内容包括：测量误差与测量不确定度、电压测量、时间频率测量和调制域分析、信号发生器、时域测量、频域测量、数据域测量及现代电子测量技术，共9章。每章均配有思考题与习题。

本书内容丰富、深入浅出、重点突出和适用面广，可作为高等院校电子信息、电气工程、自动化等专业的教学用书，可作为从事电类专业的工程技术人员、仪器检测人员和科研人员的参考书，亦可作为电子测量技术培训教材，适宜读者自学。

本书配有免费电子课件，欢迎选用本书作教材的老师发邮件到jinacmp@163.com索取，或登录www.cmpedu.com注册下载。

图书在版编目（CIP）数据

电子测量技术/夏哲雷主编．—北京：机械工业出版社，2011.8（2024.2重印）

普通高等教育“十二五”电子信息类规则教材

ISBN 978-7-111-35407-9

Ⅰ.①电…　Ⅱ.①夏…　Ⅲ.①电子测量技术-高等学校-教材　Ⅳ.①TM93

中国版本图书馆CIP数据核字（2011）第144797号

机械工业出版社（北京市百万庄大街22号　邮政编码100037）

策划编辑：吉　玲　责任编辑：吉　玲　王寅生　谷玉春　刘丽敏

版式设计：张世琴　责任校对：胡艳萍

封面设计：张　静　责任印制：单爱军

北京虎彩文化传播有限公司印刷

2024年2月第1版·第9次印刷

184mm×260mm·13.75印张·340千字

标准书号：ISBN 978-7-111-35407-9

定价：39.00元

电话服务	网络服务
客服电话：010-88361066	机　工　官　网：www.cmpbook.com
010-88379833	机　工　官　博：weibo.com/cmp1952
010-68326294	金　　书　　网：www.golden-book.com
封底无防伪标均为盗版	机工教育服务网：www.cmpedu.com

前　言

本书是根据电子信息类专业的教学要求编写的，目的是使读者掌握电子测量技术的基本原理和方法，熟悉新型电子测量仪器的基本应用技术，具备在科学实验中能制订较先进的电子测量方案，通过选用电子测量仪器，组成合理的测量系统，正确处理测量数据，以获得最佳测试结果，从而提高分析和解决电子测量应用问题的能力。

本书主要阐述电子测量技术的基本原理与方法，共分9章。第1、2章介绍了测量、计量、电子测量和电子测量仪器的基本概念及发展，以及测量误差的基本概念和测量不确定度的概念及评定和测量数据的处理方法。第3~5章介绍了电压的模拟测量和数字测量方法，电压测量中的模-数转换，数字多用表及电压测量的误差分析；时间频率测量的概念和方法，电子计数器的基本原理和误差分析以及调制域分析的基本原理；信号发生器的分类和主要技术指标，重点介绍了合成信号发生器和任意波形发生器。第6~8章介绍了示波器的基本组成和工作原理，重点介绍了数字示波器的工作原理；信号的频谱分析及线性系统频率特性的测量；数字信号发生器和逻辑分析仪的工作原理。第9章介绍了自动测试系统、虚拟仪器、接口总线的基本原理与网络化仪器基本组成系统。每章均配有小结与习题。

本书是作者在多年教学实践的基础上编写而成的。在编写过程中，广泛参阅了有关书籍。该书内容丰富，叙述上注重启发读者的思维；对测量原理讲解深入浅出，突出基本概念；对测量误差分析在保证科学性的前提下，避免烦琐的数学推导，把重点放在对常用公式的物理解释和具体应用上；对电子测量技术重点讲清工作原理、组成结构、技术特性及典型应用；在内容处理上，既确保了传统的基本知识，又尽量反映了当代测量技术的新成就，明确了随着电子技术及计算机技术的飞速发展，电子测量领域正从传统的电子测量仪器向自动测试系统、虚拟仪器、网络化仪器方向发展。因此，本书可作为工科院校电类和工程类专业学生的教材，也可作为具有一定电子技术基础的工程技术人员的参考书。

本书由中国计量学院夏哲雷教授担任主编，许华副教授担任副主编，参加编写还有浙江大学陈敏、杭州电子科技大学吕伟锋、浙江科技学院丰明坤教师。全书由夏哲雷负责统稿。本书的编写工作还得到中国计量学院信息工程学院王秀敏教授的大力支持，在此表示衷心的感谢！

由于作者水平有限，时间仓促，书中难免有不当之处，敬请读者批评指正。

作　者

于中国计量学院

目　　录

第1章　绪　论

1.1　测量与计量

1.1.1　测量

测量是指通过实验的方法对所研究的客观事物取得定量数据的过程，该过程往往需采用专门仪器或设备，将被测对象与已知同类单位进行直接或间接比较，以取得相关数值和对应单位共同表示的客观结果。或者说，测量是用量值来描述和揭示客观世界的重要手段，所谓量值是指由一个数乘以测量单位所表示的约定量的大小。

人们经过观察对客观事物进行定性分析，利用测量对客观事物进行定量分析，逐步认识客观事物并揭示其规律，从而建立各种方法与理论。通过用科学实验验证理论的方式，使得科学理论又将产生巨大的社会效益。历史事实证明科学的进步和生产的发展，与测量理论、技术的发展和进步是互相促进的。著名科学家门捷列夫曾说过："没有测量，就没有科学"。正是由于测量奠定了科学发展的基础，因此科学技术的不断发展将有力地促进人类社会的前进。

1.1.2　计量

对于在不同的地方用不同的手段测量同一量时，使所得结果一致，则要求使用统一的单位、基准、标准和测量器具。计量是为了保证量值的统一和准确一致的一种测量。它的三个主要特征是统一性、准确性和法制性。

1. 计量的定义

计量是利用技术和法制手段实现单位统一和量值准确可靠的测量。计量是一种特殊形式的测量，它把被测量与国家计量部门作为基准或标准的同类单位量进行比较，以确定合格与否，并给出具有法律效力的《检定证书》，以保证单位的统一和量值的准确可靠。

计量主要有三个特征，即统一性、准确性和法制性。其中统一性是指在世界范围内统一单位，便于国际交往、沟通和比对；准确性是指所获得的量值可以溯源到基准；法制性是指可用立法和行政手段来保障各计量内容的实现。

在计量的过程中，认为所使用的量具和仪器是标准的，用它们来校准、检定受检量具和仪器设备，以衡量和保证使用受检量具仪器进行测量时所获得测量结果的可靠性。

计量按其内容可分为科学计量、法制计量和工程计量三类。科学计量的任务是研制和建立计量基准装置，保证量值传递的溯源，为法制计量和工程计量提供必要保障。法制计量的任务是由政府计量行政主管部门，对关系国计民生的重要计量器具和商品计量行为依法进行监管，以确保相关量值准确。工程计量的任务是为社会的其他测量活动进行量值溯源，提供计量校准、检测服务。

计量学是研究测量、保证测量统一和准确的科学，它研究的主要内容包括：计量和测量的方法、技术、量具及仪器设备等一般理论；计量单位的定义和转换；量值的传递和保证量值统一所必须采取的措施、规程和法制等。

2. 计量单位

计量单位是计量学的基础内容。计量单位是有明确的定义和名称并赋予其数值为 1 的一个固定量，是用以量度同类量大小的标准量。

国际单位制是 1960 年第 11 届国际计量大会（CGPM）通过的，并经 1971 年第 14 届 CGPM 修定，其国际代号为 SI。1984 年 2 月国务院颁布了《中华人民共和国法定计量单位》，决定我国法定计量单位以国际单位制为基础。国际单位制由基本单位、导出单位和辅助单位构成一个完整体系。基本单位是那些独立加以定义的物理量单位，共 7 个，分别是长度单位米（m），时间单位秒（s），质量单位千克（kg），电流单位安培（A），热力学温度单位开尔文（K），发光强度单位坎德拉（cd）和物质的量单位摩尔（mol）。由基本单位通过定义、定律及其他函数关系派生出来的单位称为导出单位，以电学量为例，除电流外，其他物理量的单位都是导出单位，如频率的单位为赫兹（Hz）等。国际上把既可作为基本单位又可作为导出单位的单独列为一类，叫做辅助单位，如平面角的单位弧度（rad）和立体角的单位球面度（sr）。

1983 年，第 17 届国际计量大会通过了新的米的定义，根据这个定义，米与约定的光速值及秒定义有关。从原则上说，长度单位已成为时间（频率）的一个导出单位，长度基准装置这一概念也不复存在。因此可以说，新米的定义的实现是计量学单位制发展史上的一个里程碑。用基本物理常数导出单位的量纲，将不同物理量的测量转化为频率测量，是 21 世纪国际单位制的发展趋势。

3. 计量基准

能够复现、保存和传递量值，并经国家法定，作为统一全国量值最高依据的计量器具，称为计量基准器，简称计量基准。基准用当代最先进的科学技术和工艺水平，以最高的准确度和稳定性建立起来，专门用以规定、保持和复现物理量计量单位。在实际工作中，基准代表法定计量单位，直接涉及各种测量过程的精确程度，因此具有权威性和法制性。根据基准的地位、性质和用途，基准通常又分为国家基准、副基准和工作基准。

（1）国家基准

国家基准是指在特定计量领域内用来复现和保存计量单位，并具有最高计量学特性，经国家鉴定并批准，作为统一全国计量单位量值最高依据的计量器具，也称为主基准。

（2）副基准

副基准是指通过与国家基准比对或校准来确定其量值，并经国家鉴定批准的计量器具。副基准在全国用作复现计量单位，在国家计量检定系统中的地位仅次于国家基准，平时用来代替国家基准使用或验证国家基准的变化。

（3）工作基准

工作基准是指经与主基准或副基准比对或校准，并经国家鉴定批准，用以检定下属计量标准的计量器具。工作基准用作复现计量单位，在国家计量检定系统中的地位仅在国家基准和副基准之下。设置工作基准的目的是不使国家基准和副基准因频繁使用而丧失原有的准确度。

4. 量值传递、检定和校准

量值传递就是通过对计量器具的检定和校准，将国家基准所复现的计量单位量值通过各等级计量标准传递到工作计量器具，以确保量值的准确和一致。

检定是指用高一等级准确度的计量器具对低一等级的计量器具进行比较，以全面评定被检计量器具的计量性能是否合格的全部工作，一般要求计量标准的准确度为被检者的1/10~1/3。

校准是指被校的计量器具与较高等级的计量标准相比较，以确定被校计量器具的示值误差（有时也包括确定被校器具的其他计量性能）的全部工作。

5. 测量与计量的关系

测量是指通过实验获取客观事物定量信息的过程。它是把待测未知量与同类已知的标准单位量进行比较，以获得待测量的量值，认为被测量的真实数值是客观存在的，而测量误差取决于测量仪器和测量方法。计量是用法定标准的已知量与同类的受检仪器（未知量）进行比较，这时的标准量和体现标准量的计量器具是准确的、法定的，而测量误差被认为是由受检仪器引起的，计量是为检定仪器进行的一种测量。因此，测量与计量都是比较过程，只是比较对象、误差源不同。为了保证测量结果的准确性，必须定期对在测量中使用的仪器进行检定和校准，即计量。因此，计量是测量的基础和依据。可以说没有测量，就没有计量；没有计量，测量将失去意义。

1.2 电子测量的内容与特点

电子测量是指利用电子技术进行的测量，主要测量以电参量形式所表示的各种被测对象。电子测量除了可以具体运用电子技术的原理、方法和设备对各种电量、电信号及电路元器件的特性和参数进行测量外，还可以通过各种传感装置对非电量进行测量。电子测量涉及宽频率范围内的所有电量、磁量以及各种非电量的测量。在科学技术高度发展的今天，电子测量的应用涉及所有的技术领域。

在电子测量中使用的仪器称为电子测量仪器，电子测量仪器是电子测量的直接实现设备。现代电子测量仪器融合了微电子技术、计算机技术、通信技术、网络技术、新元器件新材料技术、现代测试技术、现代设计制造技术和现代工艺技术等，是现代工业产品中新技术应用最多、最迅速的产品门类。

近年来，随着计算机技术和微电子技术的不断提高，极大地推进了电子测量和测量仪器的发展。计算机与电子测量的结合，构成了智能仪器和自动测试系统，可以对电参量进行自动测量、自动量程选择、自动记录数据、自动数据传输、自动完成数据的分析与处理、自动进行故障的诊断与误差修正。这种崭新的电子测量系统的出现对整个电子技术领域产生了巨大的影响。

电子信息技术包括信息的获取、信息的传输和信息的处理三个重要部分，其中测量技术已成为信息技术的源头和关键技术。如果没有对原始数据准确、可靠的测量，则对任何信息的转换、处理和传输都将失去实际意义，因此电子测量技术及电子测量仪器是电子信息产业中的基础。

1.2.1 电子测量的基本内容

对现代科学技术和现代化生产中所要求的精密和准确测量内容，通常都是运用了电子测量的方法来实现的，电子测量的范围十分宽广。对电子学中电的量值的测量是最基本、最直接的电子测量，其内容主要有以下几个方面：

1）电能量的测量。包括各种频率和波形的电流、电压、电功率和电场强度等的测量。

2）电信号的特性及所受干扰的测量。例如信号的失真度、时间频率、相位、脉冲参数、调制度、信号频谱和信噪比等的测量。

3）电路元器件参数的测量。例如电阻、电感、电容、电子器件（晶体管、场效应晶体管等）的测量以及集成电路的测量。

4）电子设备的性能测量。包括增益、衰减、灵敏度、延时、频率特性和噪声指数等的测量。

5）信息的测量。如软件协议测量、硬件故障振荡等的测量。

上述各种待测参数中，频率、电压、时间、阻抗等是基本电参数，对它们的测量是其他许多派生参数测量的基础。

另外，通过传感器，可将很多非电量如温度、压力、流量、位移等转换成电信号后进行测量。

1.2.2 电子测量的特点

与其他测量技术相比，电子测量具有下列主要特点。

（1）频率范围宽

电子测量中所涉及的测量对象，其频率覆盖范围很宽，被测信号的频率范围除测量直流外，测量交流信号的频率范围低至10^{-6}Hz以下，高至太赫兹（$1THz=10^{12}Hz$）以上。在不同频段，许多电量的测量原理、方法及仪器是不同的。例如，测量频率、时间的频率计数器，在较低频段，常采用直接计数法，但在微波频段，由于受电子元器件工作速度的限制，必须把微波信号频率变成较低的中频频率后再进行计数，因而微波频率计数器与通用计数器的工作原理是有差别的。随着电子技术的发展，电子元器件性能的提高，电子仪器的工作频率范围也在不断提高，目前正在向更宽频段乃至全频段方向发展。如果利用各种传感器，则几乎可以测量全部电磁频谱的物理量，如声、光、热、力、速度、质量、几何量等。

（2）量程范围广

量程是指测量范围的最大值和最小值之差。电子信号的幅度变化范围很大，因而仪器必须具有宽广的量程。对一台电子测量仪器，往往要求最高量程与最低量程要相差几个甚至十几个数量级。例如，数字电压表，可以测量1nV~1kV的电压，量程达12个数量级；用于测量频率的电子计数器，其高低量程相差近17个数量级。量程范围广是电子测量的突出优点。

（3）测量准确度高

电子测量的准确度比其他测量方法高得多。例如，用电子测量方法对频率和时间进行的测量，由于采用原子频标和原子秒作为基准，可以使测量准确度达到10^{-15}的量级，这是目前人类在测量准确度方面达到的最高指标。相比之下，力学测量的准确度最高只达10^{-9}的量级。由于目前频率测量的准确度最高，所以人们往往尽可能地把其他参数变换成频率信号再进行测量。电子测量的准确度高，正是它在现代科学技术领域得到广泛应用的重要原因之一。

（4）测量速度快

由于电子测量是基于电子运动和电磁波的传播进行的，因而测量速度极快。加之现代测试系统中高速电子计算机的应用，使得电子测量无论在测量速度，还是在测量结果的处理和传输，都可以以极高的速度进行，这也是电子测量在现代科学技术领域内得到广泛应用的一个重要原因。例如，在通信网中很多通信设备系统中信息传输速率不断提高，设备中广泛使用均衡、补偿等电路，所以通信测量要能实现快速、自动的在线测量。

（5）可实现遥测和测量过程的自动化

当将各待测量转换成易于传输的电信号后，通过有线或无线的方式传送到测试控制台，可实现遥测和遥控。这样，利用电子测量方式，能对远距离、高速运动的，或者人类难以接近的地方的信号进行测量。

电子测量同电子计算机相结合，使测量仪器智能化，并在自动化系统中占据重要的地位。尤其是大规模集成电路和微处理器的应用，开创了测量过程的自动化新局面。例如，电子测量系统中往往具有自动转换量程，自动校准，自动存储，自动数据处理等功能。

（6）易于实现仪器小型化

随着微电子器件集成度的不断提高和可编程器件和微处理器及ASIC电路的采用，电子测量仪器正在向着小型化、数字化、宽带化、智能化、综合化和网络化的方向发展。特别是随着模块式仪器系统的采用，把多个仪器模块连同计算机装入一个机箱内组成自动测试系统，使之更为紧凑、小型化。目前，出现了智能仪器、模块仪器、卡式仪器等多种虚拟电子测量仪器。

1.3 电子测量的方法

要测量一个电信号参量，可以通过不同的方法来实现。测量方法选择的正确与否，直接关系到测量结果的可信度，也直接关系到测量工作的可行性。电子测量按不同的标准分类的方法很多，下面主要介绍几种常用的分类方法。

1.3.1 按测量方式分类

（1）直接测量

利用测量器具对某一未知量直接进行测量，直接获取被测量量值的测量方法称为直接测量。直接测量的特点是不需要对被测量与其他实测的量进行函数关系的辅助运算等过程。例如用电压表测量电压，用电子计数器测量频率等。直接测量过程简单迅速，是工程测量中广泛应用的测量方法。

（2）间接测量

当被测量由于某种原因不能直接测量时，可利用直接测量的量与被测量之间的函数关系，通过计算求出被测量量值的方法称为间接测量。例如，要测量已知电阻 R 中流过的电流，可以通过直接测量电阻 R 两端的电压 U，然后再根据公式 $I=U/R$ 求出被测量电流 I 的值。间接测量方式广泛应用于科研和实验室中。

(3) 组合测量

当被测量与几个未知量有关、测量一次无法得出最后结果时，则可通过改变测量条件进行多次测量，根据被测量与未知量的函数关系列方程组求解，从而得到有关未知量。这种方法称为组合测量。它是一种兼用直接测量与间接测量的测量方法。这种测量方式比较复杂，测量时间长，但精度较高，一般适用于科学实验。

上面介绍的三种测量方式中，直接测量的特点是过程简单快捷，在工程技术中使用得比较多。间接测量多用于科学实验，在生产及工程技术中使用较少，只有当被测量不便于直接测量时才使用。组合测量是一种特殊的精密测量方法，适用于科学实验及某些特殊的场合。

1.3.2 按测量性质分类

被测对象种类繁多，性质千差万别，为方便起见，可根据被测量的性质将测量大致分为时域测量、频域测量、调制域测量、数据域测量和随机测量等多种类型。

(1) 时域测量

时域测量是指对以时间为自变量的电信号的测量。它采用测量被测对象的幅度——时间特性的方法，以得到信号波形和系统的瞬态响应（阶跃响应或冲激响应）。在时域测量中，信号波形的采集和分析、系统瞬态特性的测量和分析是最根本的任务，常用的测量信号和待测信号是脉冲、方波或阶跃信号。时域测量技术是研究信号随时间变化和分析一个系统的瞬态过程的重要手段。

(2) 频域测量

频域测量是指对以频率为自变量的电信号的测量。频域测量的主要内容包括两个方面：一是对信号进行频谱分析，二是研究电子系统对不同频率的激励所产生的响应。频域测量的主要对象是频谱和网络的测量。用于测量信号电平、频率和频率响应、谐波失真、互调失真、频率稳定度、频谱纯度、调制指数和衰减量等。可以测量一个系统的灵敏度、增益、衰减、阻抗、无失真输出功率、谐波分析、延迟失真、噪声系数、幅频特性和相频特性等多种参数。

(3) 调制域测量

调制域测量是测量输入信号随时间而变化的频率值，是测量信号的频率值与时间的关系；这种方法非常适合测量定时信号、相位编码信号或频率编码信号，是目前唯一能直接对通信传输中随时间而变化的晃动进行精确测量的技术，尤其是在军事电子测试领域更有其重要的意义。

(4) 数据域测量

数据域测量是测试数字量或电路的逻辑状态随时间变化而变化的特性，其测量目的一是确定系统中是否存在故障，称为合格/失效测试，或称故障检测；二是确定故障的位置，称为故障定位。对数字系统进行测量的基本方法是在输入端加激励信号，观察由此产生的输出响应，并与预期的正确结果进行比较，一致则表示系统正常，不一致则表示系统有故障。

(5) 随机测量

随机测量主要是指对各类随机的噪声信号、干扰信号的测量。

在电子测量中，利用噪声作为随机信号源进行测量和检测埋藏在背景噪声中的微弱被测信号等测量技术，已发展成为一大类测量方法。由于噪声是一种与时间因素有关的随机变量，对噪声的研究使用概率统计方法，故又把这类测量称为统计测量技术。

按被测量在测量过程中的状态，可分为静态测量与动态测量。在测量过程中，被测量不随时间而变化，称为静态测量；若被测量随时间而具有明显的变化，则称为动态测量。

实际上，绝对不随时间而变化的量是不存在的。通常将变化速度相对于测量速度十分缓慢的量的测量，按静态测量来处理。相对于静态测量，动态测量更为困难。这不仅在于参数本身的变化可能是很复杂的，而且测量系统的动态特性对测量的影响也是很复杂的。因而，动态测量数据的处理有着与静态测量不同的原理与方法。

1.4 电子测量仪器

电子测量仪器是指利用电子技术实现测量的仪表设备。本节简述电子测量仪器的主要性能指标和分类。

1.4.1 电子测量仪器的主要性能指标

电子测量仪器的主要性能指标包括以下几个方面。

（1）准度确

准度确（简称精度）是指测量仪器的读数或测量结果与被测量真值相一致的程度，反映了仪器测量数据的误差状况。对于仪器来说，其精度是指该仪器在测量过程中可能引入的误差有多大，精度高则表明其可能引入的误差小。因此，精度不仅用来评价测量结果，也是评定测量仪器性能最主要和最基本的指标。

（2）稳定性

稳定性是指在规定的时间区间内，其他外界条件恒定不变的情况下，仪器示值变化的大小，稳定度也称稳定误差，可用示值绝对变化量与时间一起表示，并通常用稳定度和影响量两个参数来表征。对于仪器的稳定性，导致仪器示值变化的原因主要是仪器内部各元器件的特性不同，参数不稳定和老化等因素。稳定度由于电源电压、频率、环境温度、湿度、气压、振动等外界条件变化而造成仪表示值的变化量，称为影响量或影响误差，一般用示值偏差和引起该偏差的影响量一起表示。

（3）灵敏度

灵敏度表示测量仪表对被测量变化的敏感程度，一般定义为测量仪表指示值增量与被测量增量之比。例如，示波器在单位输入电压的作用下，示波管荧光屏上光点偏移的距离即为它的偏转灵敏度，单位为cm/V。灵敏度的另一种表述方式是分辨力或称分辨率，定义为测量仪表所能分辨的被测量的最小变化量与对应量程之比。典型的分辨率是数字电压表的模-数转换器分辨率，即其输出数码变化1个字所对应的输入电压变化量与总量程之比。分辨率的值越小，其灵敏度越高。

（4）线性度

线性度表示仪器的输出量（示值）随输入量（被测量）变化的规律，设仪器的输出为y，输入为x，两者关系用函数$y=f(x)$表示。若$y=f(x)$为$x-y$平面上过原点的直线，则称为线性刻度特性，否则称为非线性刻度特性。仪器的线性度可用线性误差表示。根据各类仪器组成原理不同，将导致仪器不同的刻度特性。如模拟三用表的电阻挡具有非线性刻度特性；而数字电压表具有线性刻度特性。

(5) 动态特性

电子测量仪器的动态特性表示仪器的输出响应随输入变化的能力。例如，由于检测电路带宽、扫描速度、示波管响应速度等因素的限制，示波器无法测量、显示频率很高的信号波形。

应当指出，上述各性能指标是就一般情况而论的，并非所有仪器都要用上述特性来考核，不同的测量仪器对应不同的技术指标要求。

1.4.2 电子测量仪器的分类

电子测量仪器是指利用电子技术实现测量的仪表设备，按照不同的测量特点有不同的分类方法。电子测量仪器从功能上划分有激励和测量两类；按测量领域可分为时域（如示波器）、频域（如频谱分析仪）、调制域（如调制域分析仪）、数据域（如数字逻辑分析仪）及阻抗域（如网络分析仪）等。这样，在实际应用中根据电子测量仪器的组成及应用特点可形成通用电子测量仪器。

通用电子测量仪器是以基本量（或基本参数）测量为主要特征的电子测量仪器。最常用的基础测量仪器主要有信号发生器、数字电压表（多用表）、数字（或模拟）示波器、电子计数器、元器件测量仪等。

(1) 信号发生器

在进行各种电子测量时，经常需要使用各种信号发生器作为测试激励信号源。信号发生器种类很多，常按照工作频段、用途、输出波形种类和调制类型来进行分类。例如，按工作频段可分为：低频信号发生器、射频信号发生器、微波信号发生器和毫米波信号发生器等；按输出信号波形种类可分为：正弦信号发生器、函数和任意波形信号发生器、脉冲信号发生器以及随机信号发生器等；按调制类型可分成：调幅信号发生器、调频信号发生器、调相信号发生器和脉冲调制信号发生器等。

(2) 电压测量仪器

电压是电子学中的基本测量参量，即便是对于非电量参数的测量，通常也是经过传感器变换后，以电压的形式进行测量的。因此电压测量是电子测量技术中最基本、也是最重要的测量，其应用十分广泛。电压测量仪器种类、型号繁多，按频率范围分有直流电压测量仪器和交流电压测量仪器；按测量技术分有模拟式电压表和数字式电压表；按被测信号的特点分有矢量电压表、脉冲电压表等。数字电压表/数字多用表是把连续的被测模拟电压参量变成离散的、用十进制数字显示测量结果的一种测量仪表。

(3) 时间/频率测量仪器

时间/频率测量的测量精度是所有物理量中最高的。频率测试仪器的测频范围为50Hz～170GHz，甚至更高；测试仪器的时间间隔测量范围为1ns～10^7s，测试准确度可达到1ns。时间/频率测量的主要仪器是电子计数器，一般包括频率计数器、时间（间隔）计数器、通用计数器、微波频率计数器和特种计数器。

(4) 示波器

示波器广泛用于电量和非电量的捕获、测试、分析和监视，示波器可直观表示二维、三维及多维变量之间的瞬态或稳态函数关系、逻辑关系以及实现对某些物理量的变换与存储，是一种应用范围最广、渗透领域最多的电子测量仪器。示波器种类繁多，目前根据示波器发展的现状，可分为模拟示波器、数字存储示波器（DSO）、数字荧光示波器（DPO）、混合信号示波器（MSO）、数字采样示波器等。

（5）频谱分析仪

信号的频谱是指组成信号的全部频率分量的总集，频谱测量就是在频域内测量信号的各频率分量，以获得信号的多种参数。在频谱测量中，通常将随频率变化的幅度谱称为频谱。任意一个时域信号都可以被分解为一系列不同频率、不同相位和不同幅度的正弦波的组合。因此，在已知信号幅度谱的条件下，可以通过计算获得频域内的其他参量。所以，对信号进行频域分析就是通过对频谱的分析来研究信号本身的特性；这在系统分析中占有相当重要的位置。

信号的频谱分析包括对信号本身的频率特性分析，如对幅度谱、相位谱、能量谱、功率谱等进行测量，从而获得信号在不同频率上的幅度、相位、功率等信息；还包括对线性系统非线性失真的测量，如测量噪声、失真度、调制度等。频谱分析仪是一种多用途的频域测量仪器，它在频域测量中的地位可以与时域测量中的示波器相比拟。

（6）逻辑分析仪

在数字系统，特别是在数字计算机系统的研制、调试和故障诊断过程中，由模拟系统的时域和频域分析发展起来的传统的测试方法与测试仪器往往难以奏效。这是因为数字系统的数据传输是按空间分布多码位的方式进行的，这些码位组成一定格式的数据，传输的数据流是以离散时间为自变量的波形。

逻辑分析仪是一种主要应用于数据域测量的通用电子测量仪器，是调试和开发数字系统的有力工具，它的基本功能是采集、存储并以多种方式显示数字系统中的数据流状态。

近年来，大部分测量仪器使用直观显示方式，非时域仪器变得更像时域仪器那样利用大型屏幕显示测量结果。时域仪器在不同应用领域测量仪器的互通扩展中占有重要位置，例如数字示波器兼有频谱分析功能，调制域仪器可由时域和频域仪器综合而成。

1.5 电子测量技术与仪器发展

电子测量技术与仪器的发展，结合自动测试核心技术，大体经历了四个阶段：模拟式仪器、数字化仪器、智能仪器和虚拟仪器，目前正向网络化仪器趋势发展。

（1）模拟式仪器

模拟式仪器的基本结构是电磁机械式的，利用电磁技术将被测电磁量转换为指针的偏转角，再通过角位移在标尺位置上来显示测量结果，如指针式万用表和晶体管电压表等。

（2）数字化仪器

数字化仪器将模拟信号的测量转化为数字信号的测量，并以数字方式输出测量结果，具有快速响应和较高准确度的测量特性。通过采用数字技术、锁相技术、频率合成技术和取样技术等，将不断提高数字化测量仪器性能。这类仪器目前应用广泛，如数字电压表和数字频率计等。

（3）智能仪器

这类仪器内置微处理器，既能进行自动测试又具有一定的数据处理能力，可以取代部分脑力劳动。它的功能块以硬件或固化软件的形式存在，在开发和应用上缺乏灵活性。

自动测试系统的出现是电子测量技术、自动控制及计算机技术密切结合的成果，是电子测量仪器数字化与数字信息系统相结合的产物，它真正实现了高速度、高准度确、多参数和多功能测试。

(4) 虚拟仪器

虚拟仪器是检测技术、计算机技术和通信技术有机结合的产物。虚拟仪器是指在通用计算机上设置软件和相应的硬件模块，使用户操作这台通用计算机就像操作一台真实的仪器一样。虚拟仪器技术强调软件的作用，提出了"软件就是仪器"的概念。在虚拟仪器的软件体系结构中，软件模块具有通用性，所编写的用户应用程序都是可以移植的。自虚拟仪器概念提出之后，以软件代替硬件、以图形代替代码、以组态代替编程、以虚拟代替真实组建自动测试系统的技术得到了迅速发展。虚拟仪器以其特有的优势显示了强大的生命力。

随着网络技术迅猛地发展，不断地推动着社会朝网络化方向发展。网络可用来传递实时测控信息，实现异地监测与控制，组建一个庞大的远程自动测控系统，产生网络化仪器。通过局域网或互联网来控制和使用电子仪器，可以使工程技术人员远在千里之外仍能遥控仪器和获取结果。

由于现代信息科学领域中的微电子技术、计算机技术、信号处理技术的高速发展，加速了电子测量技术与仪器的变革。新的测量方法和理论、新的测量仪器和结构及新的测试领域正在不断出现，冲击着电子测量技术和仪器的传统观念，以虚拟仪器和智能（程控）仪器为核心的自动测试技术在各个领域得到了广泛的应用，促使现代电子测量技术向着数字化、自动化、智能化、网络化和标准化方向发展。

本章小结

1. 测量是用量值来描述和揭示客观世界的重要手段，所谓量值是指由一个数乘以测量单位所表示的约定量的大小。

2. 计量是利用技术和法制手段实现单位统一和量值准确可靠的测量。

计量主要有三个特征：统一性、准确性和法制性。

3. 计量基准有三类：国家基准、副基准、工作基准。

量值传递就是通过对计量器具的检定和校准，将国家基准所复现的计量单位量值通过各等级计量标准传递到工作计量器具，以确保量值的准确和一致。

没有测量，就没有计量；没有计量，测量将失去意义。

4. 电子测量的内容包括电能量测量、电信号特性测量、电路元器件参数测量、电子设备性能的测量和信息的测量。

5. 电子测量的特点：测量频率范围宽、测量量程广、测量准确度高、测量速度快、可实现遥测和测量过程的自动化、易于实现仪器小型化。

6. 测量方法分类如下：

按测量方式分类分为直接测量、间接测量和组合测量。

按被测量的特性分类分为时域测量、频域测量、调制域测量、数据域测试和随机域测量。

7. 电子测量仪器的发展经历了四个阶段：模拟仪器、数字化仪器、智能仪器和虚拟仪器。现代电子测量技术正向着自动化、智能化、网络化和标准化方向发展。

思考题与习题

1-1 解释名词：测量、电子测量。

1-2 解释名词：计量基准、主基准、副基准、工作基准。

1-3 说明量值传递、检定、校准的含义。

1-4 比较测量和计量的类同和区别。

1-5 列举电子测量的主要特点。

1-6 叙述电子测量的主要内容。

第2章　测量误差与测量不确定度

2.1　测量误差的基本概念

测量过程的本质是将被测量直接或间接地与某一同类标准量进行比较，获取测试结果。通过测量，可以得到某一客观事物某一特性的度量，事实上，只能得到这一特性在一定程度上的近似，而无法获得它的绝对真实取值。也就是说，任何测量结果都与被测量的客观真实值存在差异，这种差异即为测量误差。

测量中误差是客观存在的，而测量技术发展的基本方向之一是追求更高的精度。研究误差的来源、规律以及减小误差的方法是非常必要的。研究误差理论的基本目的基于以下三个方面：

1）正确地分析误差来源及规律，合理地选择测量方案、测量仪器。对于那些对测量结果总体误差影响较小的因素可适当降低精度要求，而对影响大的因素则提高精度要求，以合理分配系统成本，利用有限的资源达到尽量高的测量准确度。

2）充分利用测量数据，对测量数据合理、正确地进行处理，从而在给定的测量条件下得出被测量的最佳估计值。

3）根据数据处理的结果正确地表示测量不确定度。

2.1.1　测量误差的定义

误差即测量结果与被测量真值之间的偏差。测量误差分为绝对误差和相对误差两种。

1. 绝对误差

设被测量的测量结果为 x，真值为 A_0，则绝对误差 Δx 为

$$\Delta x = x - A_0 \tag{2-1}$$

由于被测量的真值 A_0 是一个理想的概念，在实际中往往不能准确获得，因此通常采用约定真值 x_0，约定真值 x_0 可以是利用指定值、实际值进行比较得到的结果或者是被测量的标称值，也可以是通过大量测量得到的最佳估计值，一般认为约定真值是充分接近真值、可用于替代真值的量值。这样，误差可表示为

$$\Delta x = x - x_0 \tag{2-2}$$

绝对误差具有与被测量相同的量纲，并且具有正、负号，其符号说明了测量结果的偏差方向。

2. 相对误差

相对误差采用百分数的形式来表示误差的大小，有大小和符号，但无量纲。相对误差分为实际相对误差、标称相对误差和引用误差。

1）实际相对误差是指绝对误差 Δx 与约定真值 x_0 之比，用 γ 表示，即

$$\gamma = \frac{\Delta x}{x_0} \times 100\% \tag{2-3}$$

2）标称相对误差是指绝对误差 Δx 与被测量的测量结果 x 之比，用 γ_x 表示，即

$$\gamma_x = \frac{\Delta x}{x} \times 100\% \tag{2-4}$$

3）引用误差是指绝对误差 Δx 与仪器的满刻度值 x_m 之比，主要由一些与测量量程有关的因素引起，引用误差又称满度相对误差，用 γ_m 表示，即

$$\gamma_m = \frac{\Delta x}{x_m} \times 100\% \tag{2-5}$$

引用误差一般用于连续刻度的多挡仪表，并常用来评定这些仪表的准确度级别。例如，我国常用电工仪表的准确度级别就是根据引用误差 γ_m 划分为七级：0.1、0.2、0.5、1.0、1.5、2.5及5.0级。其中0.1级仪表的级别最高，表明仪表的 $|\gamma_m| \leqslant 0.1\%$，通常也写作 $\gamma_m = \pm 0.1\%$，表示引用误差 γ_m 处于 $-0.1\% \sim +0.1\%$ 之间。

例2-1 检定一个满度值为5A的1.5级电流表，若在2.0A刻度处的绝对误差最大，$\Delta x_{max} = +0.1A$，问此电流表精度是否合格？

解 按式（2-5）求此电流表的最大引用误差

$$\gamma_{max} = \frac{0.1}{5} \times 100\% = 2.0\%$$

$$2.0\% > 1.5\%$$

即该表的基本误差超出1.5级表的允许值。所以该表的精度不合格。但该表最大引用误差小于2.5级表的允许值，若其他性能合格可降作2.5级表使用。

例2-2 测量一个约80V的电压，现有两块电压表，一块量程300V、0.5级，另一块量程100V、1.0级。问选用哪一块为好？

解 如使用300V、0.5级表，其示值相对误差为

$$\gamma_x \leqslant \frac{300 \times 0.5\%}{80} \times 100\% \approx 1.88\%$$

如使用100V、1.0级表，其示值相对误差为

$$\gamma_x \leqslant \frac{100 \times 1.0\%}{80} \times 100\% \approx 1.25\%$$

可见由于仪表量程的原因，选用1.0级表测量的精度可能比选用0.5级表为高。故选用100V、1.0级表为好。

2.1.2 测量误差的分类

为了研究测量误差对测量结果的影响，需根据其特点进行分析研究。由于测量结果中包含着的测量误差是由多种原因引起的，而不同原因引起的测量误差具有不同的性质和特点。因此按照误差的性质和特点，可以将测量误差分成三类：随机误差、系统误差和粗大误差。

1. 随机误差

（1）随机误差的概念

随机误差简称随差，是指在等精度重复条件下多次测量同一被测量时，误差的绝对值、符号都以不可预见的规律变化、但具有抵偿性的误差。

随机误差的基本特点是随机性，经过无限多次测量后对测量结果进行平均即可以获得其数学期望，但由于无限多次的重复测量不可能实现，所以随机误差的数学期望不可能准确得到，实际工程中只能得到其估计值。随机误差的处理方法主要是概率统计法。

(2) 随机误差产生的原因

引起随机误差的因素非常多，如噪声干扰、电磁场的微小变化、空气扰动、大地微震等，理论上讲，它们是没有规律的。实际工程中，通常存在大量规律性的因素，但是无法掌握其规律或已知其规律而消除的代价过高，只要这些因素足够多，而且每个因素对测量值的影响微小，那么总的来看，测量误差即可作为随机误差来处理。

(3) 随机误差的性质

在测量中，随机误差通常是由多种因素造成的许多微小误差的总和，按照中心极限定理，如果被研究的随机变量可以表示为大量独立的随机变量之和，设每一个随机变量对总和只起微小的作用，则可以认为此随机变量服从正态分布。服从正态分布的随机误差，其概率密度$f(\delta)$为

$$f(\delta)=\frac{1}{\sigma(\delta)\sqrt{2\pi}}\exp\left[-\frac{1}{2}\left(\frac{\delta}{\sigma(\delta)}\right)^2\right] \tag{2-6}$$

式中，δ为随机误差；$\sigma(\delta)$为随机误差的标准差。$\sigma^2(\delta)$为随机误差的方差。

相应的正态分布的概率密度函数曲线如图2-1所示，由图可知，正态分布的随机误差具有以下性质：

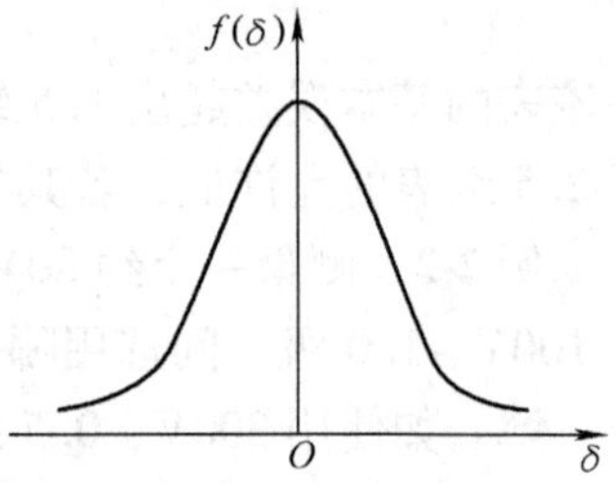

图2-1 随机误差的正态分布

1）对称性：当测量次数足够多时，绝对值相同的正、负误差出现的次数几乎相同。

2）抵偿性：当测量次数无限增加时，随机误差的算术平均值趋于零。

3）单峰性：绝对值小的误差出现的机会比绝对值大的误差出现的机会多，在$\delta=0$处，概率最大。

4）有界性：随机误差的绝对值不会超过一定界限。

在实际测量中，根据随机误差的性质，可通过多次测量取平均值的方法来减小随机误差对测量结果的影响。

(4) 随机误差的表征

随机误差在（$-\infty$，$+\infty$）的区间内取值的概率为1。图2-2对具有不同标准差的三条正态分布曲线进行了比较，从图中看出，标准偏差σ越小，正态分布曲线越陡，则小误差出现的概率也越大，大误差出现的概率就越小，这意味着测量值越集中。因此，σ的大小说明了测量值的离散性，即测量值相对于真值的分散程度。

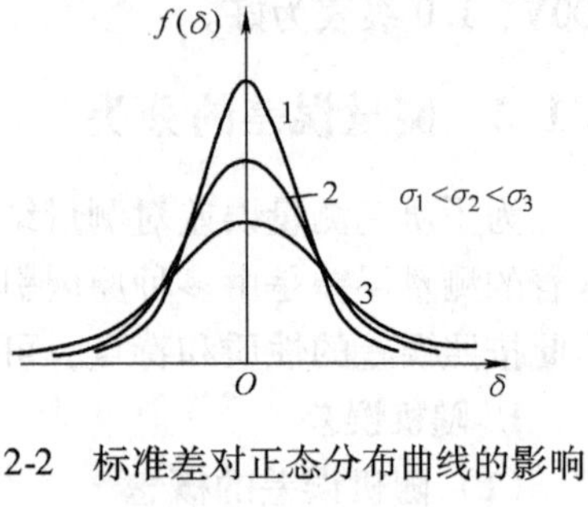

图2-2 标准差对正态分布曲线的影响

(5) 随机误差对被测量的分散性的影响

随机误差的分散性对被测量值的分散性有很大的影响，在服从正态分布的随机误差的影响下，被测量值的

分布通常也接近或服从正态分布。服从正态分布的被测量值的概率密度函数为

$$p(x)=\frac{1}{\sigma(x)\sqrt{2\pi}}\exp\left[-\frac{1}{2}\left(\frac{x-\mu_x}{\sigma(x)}\right)^2\right] \tag{2-7}$$

式中，μ_x 是被测量值的数学期望，用于反映被测量可能值的平均大小；$\sigma(x)$ 为被测量值的标准差，用于表征被测量值的分散程度。相应的被测量值的正态分布曲线如图2-3所示。

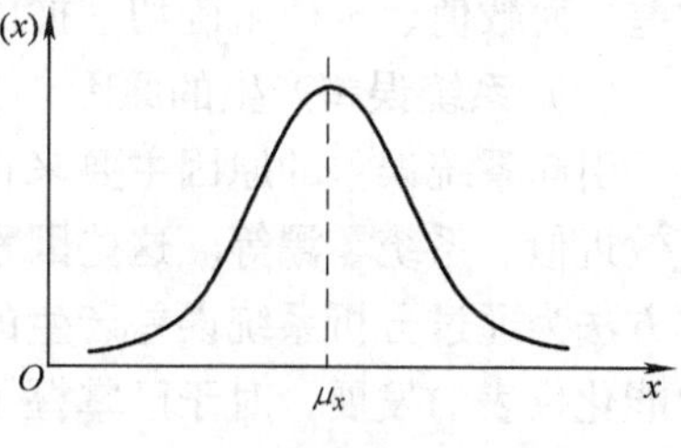

图2-3 测量值的正态分布

利用数学期望 μ_x 和标准差 $\sigma(x)$ 能对被测量的特性进行表征；但要获取 μ_x 和 $\sigma(x)$ 则需要进行无穷多次测量，这在实际中是不可行的。因此，在有限次测量时，通常采用测量值的算术平均值和实验标准差来作为被测量的数学期望和标准差的估计值。

1）被测量的算术平均值。设 x_1，x_2，…，x_n 为被测量 X 在重复条件下的 n 次独立观测值，通常把测量数据的算术平均值 $\bar{x}$ 作为被测量真值的最佳估计值，即

$$\bar{x}=\frac{1}{n}\sum_{i=1}^{n}x_i \tag{2-8}$$

把测量值与算术平均值之差称为剩余误差，简称残差，即

$$v_i=x_i-\bar{x} \tag{2-9}$$

2）被测量的实验标准差，也称为样本标准差，通常用于表征测量值在算术平均值上下的分散性，它是实验方差的正平方根。从概率上来说实验方差是方差的无偏估计，应该是更为基本的量，实验标准差与被测量有相同量纲，因而较为直观和便于理解，在测量误差和不确定度分析中更为常用。

设 x_1，x_2，…，x_n 为被测量 X 在重复条件下的 n 次重复测量值，则测量值的实验标准差为

$$s(x_i)=\sqrt{\frac{1}{n-1}\sum_{i=1}^{n}v_i^2}=\sqrt{\frac{1}{n-1}\sum_{i=1}^{n}(x_i-\bar{x})^2} \tag{2-10}$$

式（2-10）称为贝塞尔公式

3）算术平均值的实验标准差用于表征同一被测量的算术平均值的分散性。算术平均值的实验标准差可按下式进行计算，即

$$s(\bar{x})=\frac{s(x_i)}{\sqrt{n}} \tag{2-11}$$

由式（2-11）可知，算术平均值的实验标准差只有测量值实验标准差的 $1/\sqrt{n}$，这说明测量值经过平均后，其分散性大大减小，这是由于在平均过程中随机误差在很大程度上相互抵消的缘故。

2. 系统误差

（1）系统误差的概念

在相同条件下，对同一被测量进行无限多次测量所得结果的平均值与被测量的真值之差称为系统误差，简称系差。

系统误差的基本特点是在测量条件不变的情况下，系差保持恒定或以可预知方式变化，

即具有确定的规律性。由于真值不能确定且测量次数有限，因此误差的变化规律很难掌握，系统误差也无法完全获知。

系统误差按其呈现特征可分为定值系统误差和变值系统误差；其中变值系统误差又可分为线性的（累积的）、周期的和按复杂规律变化的系统误差。变化规律已经确定的系差称为常差，而数值、规律未确切掌握的系差称为不确定系差。

（2）系统误差产生的原因

引起系统误差的原因主要来自测量系统内部，例如测量设备有缺陷、测量原理中存在的等效近似、系统零漂等。这些因素都具有一定的规律性，在实际测量中，解决系统误差的基本方法为通过分析系统误差产生的原因，采取一定的技术措施来消除或减弱系统误差。随着智能化仪表的发展，对于已掌握了变化规律的系统误差，可以利用处理器的数据处理能力，通过修正值、修正曲线等方法对测量结果进行处理，从而消除系统系差。

（3）系统误差的修正

在许多情况下，系统误差是影响测量结果的主要原因。找出系统误差，设法修正或消除它对测量结果的影响，是误差分析的一个重要内容。

与系统误差大小相等、符号相反的量值称为修正值，用 c 表示，其实际计算式为

$$c = x_0 - \overline{x} \tag{2-12}$$

式中，x_0 为约定真值（或实际值）；$\overline{x}$为测量值的算术平均值。

在测量仪器的说明书中，修正值一般以数字、曲线、表格或公式的形式给出。将测量结果与修正值代数相加，可有限地补偿系统误差。

例如，用一热电偶测量某容器内液体的温度，测得值为 40.5℃，该热电偶的检定证书表明其在 40℃附近的修正值 c 为 0.2℃，则修正后的测量结果为

$$t_c = t + c = 40.5℃ + 0.2℃ = 40.7℃$$

修正后的温度值更接近液体的实际温度。

由于系统误差及其原因不能完全获知，即使利用修正值对测量结果进行修正，通常也不可能对系统误差进行完全补偿。因此，对于修正后的测量结果，在进行不确定度评定时，修正值的测量不确定度应作为一个分量来考虑。

3. 粗大误差

（1）粗大误差及异常值的概念

在规定条件下明显偏离预期检测结果的误差称为粗大误差，简称粗差。粗大误差明显地变更了测量结果，粗差的基本特征也是随机性。

含有粗差的测量值称为异常值。在进行数据处理时，必须将异常值从测量数据中剔除。

（2）粗大误差产生的原因

粗大误差主要是由测量过程中的意外引起的，如读数错误、测量操作失误以及外部环境的突然剧烈变化等。粗大误差在表面上看与随机误差是相同的，要判断其偏离预期的程度需要根据一定的规则。一旦判断出某测量结果具有粗大误差，就要将其剔除。

（3）异常值的判断

在没有系统误差的情况下，测量中出现大误差的可能性是很小的。在正态分布的情况下，误差的绝对值超过 3 倍标准差的概率只有 0.27%。因此，在一系列重复测量的数据中，

如果存在与其他数据有明显差异的测量数据，则这些数据很可能含有粗差，可视其为可疑数据。对于可疑数据，需区分是因为测量方法错误、测量仪器缺陷或人为失误等异常情况造成的异常值，还是由于正常的大误差出现的可能性而产生的测量值。

利用统计学方法判断粗差的基本思路是：给定一个置信概率，按一定的分布确定相应的置信区间，凡超过该置信区间的误差，就认为是粗差，对应的测量数据为异常值，应予以剔除。

常用的统计判断准则有莱特准则和格拉布斯准则。

1）莱特准则：设 x_1，x_2，…，x_n 为被测量 X 在重复条件下的 n 次独立测量值，若第 m 次测量值 x_m 满足

$$|x_m-\bar{x}|>3s(x_i) \tag{2-13}$$

式中，$s(x_i)$为测量值的实验标准差。

则判断 x_m 为含有粗差的坏值，应予剔除。

莱特准则只限于对正态分布或近似正态分布的测量数据的判断处理，适合于测量次数足够多（一般要求测量次数大于20次）的情况。

2）格拉布斯准则：对于被测量的一系列重复测量值 $x_i(i=1,2,\cdots,n)$，若第 m 次测量值 x_m 满足

$$|x_m-\bar{x}|>G_p(n)s(x_i) \tag{2-14}$$

式中，$s(x_i)$为测量值的实验标准差；$G_p(n)$为给定置信概率 p 及重复测量次数 n 的格拉布斯系数，可通过查表2-1获得，则判断 x_m 为异常值，应予剔除。格拉布斯准则在测量次数较少的情况下也适用。

判断和剔除异常值时要注意的是，选择残差最大的测量值先进行判定，若为异常值，则剔除；剔除后再从余下数据中选择残差最大的测量值进行判定，直至无异常值为止。

表2-1　格拉布斯系数 G

G \ p n	95%	99%	G \ p n	95%	99%
3	1.15	1.16	17	2.47	2.78
4	1.46	1.49	18	2.50	2.82
5	1.67	1.75	19	2.53	2.85
6	1.82	1.94	20	2.55	2.88
7	1.94	2.10	21	2.58	2.91
8	2.03	2.22	22	2.60	2.94
9	2.11	2.32	23	2.62	2.96
10	2.18	2.41	24	2.64	2.99
11	2.23	2.48	25	2.65	3.01
12	2.29	2.55	30	2.74	3.10
13	2.33	2.61	35	2.81	3.18
14	2.37	2.66	40	2.87	3.24
15	2.41	2.70	50	2.96	3.34
16	2.44	2.75	100	3.17	3.59

例 2-3 对某电源电压进行 5 次等精密度测量，所得测量数据（单位为 V）为 5.37，5.33，5.14，6.46，5.24；如已知测量数据符合正态分布且最小值无异常，试判断最大值是否含有粗差。

解 由于测量次数少于 20 次，因此采用格拉布斯准则对异常值进行判断

1）将测量数据按大小顺序排列成顺序统计量：5.14，5.24，5.33，5.37，6.46。

2）
$$\bar{x} = \frac{1}{5}\sum_{i=1}^{5} x_i = 5.51$$

$$s(x_i) = \sqrt{\frac{1}{n-1}\sum_{i=1}^{n} v_i^2} = \sqrt{\frac{1}{4}\sum_{i=1}^{5} v_i^2} = 0.54$$

3）取 $p=95\%$，由 $n=5$，$p=95\%$ 查表 2-1 得 $G_{95}(5)=1.67$，则

$$|x_m - \bar{x}| = |6.46 - 5.51| = 0.95$$

$$G_{95}(5)s(x_i) = 1.67 \times 0.54 = 0.9018$$

4）由于 $|x_m - \bar{x}| > G_p(n)s(x_i)$，则表明测量数据 6.46 含有粗差，应剔除。

对保留的 4 个测量数据重新按以上步骤检验：$\bar{x}=5.27$，$s(x_i)=0.10$，$G_{95}(4)=1.46$，

$$|x_m - \bar{x}| = |5.37 - 5.51| = 0.14$$

$$G_{95}(5)s(x_i) = 1.46 \times 0.1 = 0.146$$

故所保留的测量数据已不含粗差。

2.2 测量不确定度

2.2.1 测量不确定度的概念

测量不确定度是在误差理论的基础上发展出来的概念。传统方法是以误差的大小来评定测量结果的质量。但由于真值是不可知的，误差无法准确得到，而利用约定真值替代真值后得到的误差的估计值实际上也存在一定的不确定性，因此，利用误差对测量结果质量进行评定在实际中不便于操作，并且在国际量值比对及数据交流利用方面也存在一定问题。

1993 年国际不确定度工作组制定了《Guide to the Expression of Uncertainty in Measurement》（GUM，测量不确定度表示指南），经国际计量局等七个国际组织批准实行，由国际标准化组织（ISO）公布。我国在 1999 年根据 GUM 发布了国家计量技术规范《测量不确定度评定与表示》（JJF 1059—1999），该规范采用了当前国际通行的观点和方法，规定完整的测量结果的表示一般由两部分构成，一部分为测量值的最佳估计值，即测量结果，另一部分为测量结果的不确定度。此规范主要对测量中评定与表示不确定度的通用规则作了规定，凡是涉及测量的技术领域和部门，可以按统一的准则对测量结果及其质量进行评定。

1. 不确定度的定义和分类

测量不确定度是与测量结果相关联的，表示由于测量误差的存在而对被测量不能肯定的程度。测量不确定度通常包含以下三个含义：

1）该参数是一个分散性参数，是可以定量表示测量结果的指标，它可以是标准差的倍数，也可以是某置信水平下的区间半宽。

2）该参数一般由若干分量组成，称为不确定度分量。重要的是应确切知道对每个分量估计的可靠程度。为了处理问题的方便，GUM 规定，将这些分量的评定方法分为两类，即 A 类评定的分量和 B 类评定的分量。

3）该参数用于完整表征测量结果，应包括对被测量的最佳估计和分散性参数两部分。分散性部分应包含所有的不确定度分量。

按照测量不确定度不同的表达形式，可分为标准不确定度和扩展不确定度。研究测量不确定度是为了评价一个测量数据的品质，因此其研究过程称为评定。按照评定方法的不同，测量不确定度分为 A 类不确定度和 B 类不确定度。相应的评定方法则分别称之为 A 类评定方法和 B 类评定方法。

A 类评定的分量是依据一系列测量数据的统计分布获得的实验标准差。B 类评定的分量是基于经验或其他信息假定的概率分布给出的标准差。在完成每个不确定度分量的评定后，还须按一定的规则进行合成，得到总的合成不确定度。

测量不确定度通常由测量的数学模型和不确定度的传播定律来评定。测量不确定度评定所要进行的过程有建立相关数学模型、进行不确定来源分析、不确定分量的量化、计算合成不确定度、计算扩展不确定度和形成不确定度评定报告等过程。

2. 测量不确定度的来源

测量不确定度来源于以下因素：

1）被测量定义不完善，被测量的测量方法不理想，被测样本不能代表所定义的被测量。

2）测量装置或仪器自身性能的限制，如仪器的灵敏度、分辨力、稳定性等。

3）测量条件不完善，测量人员操作过程的失误。

4）测量标准或标准物质本身的不确定度，测量方法和测量程序的近似和假设，数据简化算法中使用的常数及其他参数值的不确定度等。

5）其他各种随机因素。

3. 不确定度与误差的关系

测量不确定度是在测量误差理论的基础上发展出来的，两者之间存在着紧密的联系，同时又是两个完全不同的概念。

误差是测量过程中的客观产物，表明了从被测量真值的角度看，测量数据离真值有多远。置信度的概念则说明了一种不确定的信息，它说明了从测量数据的角度看，被测量真值可能处于其附近一定区域内的概率有多大。显然，置信度比误差概念更接近实际工程。不确定度概念则是在此基础上进一步的发展，同样表示了一种不可知的信息，它不仅说明了由随机误差引起的真值不确定性，而且说明了系统误差引起的真值不确定性。同时，不确定度概念还说明了一个测量系统或设备可能引入的测量误差有多大，因此不确定度也可以作为对测量系统品质的评价。

对测量不确定度的评定可以采用与随机误差的处理相似的统计方法进行，也可采用其他方法。实际上，不确定度的来源中有随机因素，也有系统因素，其评定方法与其来源并没有绝对的关系。A 类不确定度由统计方法获得，可以与随机误差相对应（如重复测量中的变化可由贝塞尔公式评定），也可以与系统误差相对应（如由上一级基准用统计方法得到的不确定度值）。B 类不确定度是用除统计方法以外的其他方法得到，它可以对应于随机误差（如温度波动影响），也可以对应于系统误差。

2.2.2 标准不确定度的评定

1. 测量不确定度的评定步骤

测量不确定度的一般评定步骤如下：

1）给出被测量，必要时给出被测量的定义及测量过程的简单描述。

2）建立被测量与各输入量关系的数学模型。

3）根据数学模型列出各不确定度分量的来源。

4）评定各输入量的标准不确定度 $u(x_i)$，进而给出与各输入量对应的标准不确定度分量 $u_i(y)$。

5）如果扩展不确定度用 U 表示，则可估算出对应于各输入量标准不确定度的自由度 v。

6）按照不确定度传递定律计算合成标准不确定度 $u_c(y_i)$，如果用扩展不确定度 U 表示则还应计算出合成标准不确定度的有效自由度 v_{eff}。

7）选定包含因子并计算扩展不确定度 U。

8）提交测量结果报告。

2. 数字模型与不确定度分量的分解

在评定不确定度的过程中需全面考虑各种因素，否则可能遗漏一些重要的因素，造成评定的结果出错。在评定之前应仔细研究测量系统和测量过程，尽可能找到各种影响不确定度的因素，并建立它们与不确定度之间的关系，这个关系也就是测量过程的数学模型。

测量中，被测量 Y（即输出量）由 n 个其他量 X_1，X_2，…，X_n 通过函数关系 f 来确定，即

$$Y=f(X_1,X_2,\cdots,X_n) \tag{2-15}$$

式（2-15）称为测量模型或数学模型。式中 X_i 是对 Y 的测量结果 y 产生影响的影响量（即输入量），它可能是某些中间检测值，也可能是测量系统中一些元器件的参数。

例如，在测量电阻的系统中，采用单位恒流源产生一定的电流 I，电流流过被测电阻 R_x 产生电压 U，对电压进行测量即可得到电阻值。可以看出，影响电阻检测精度的因素包括恒流源输出电流的精度、电压检测的精度等。因此可以建立模型 $R_x=U/I$，即电阻的测量不确定度被分解成恒流源的不确定度和电压测量的不确定度两个分量。而对于复杂的系统，可能需要进行多级分解才能建立起详尽的数学模型。

3. A 类标准不确定度的评定

A 类评定由统计方法获得，其标准不确定度用 u_A 表示，u_A 的求法等同于由一系列观测值获得的标准差，即 A 类标准不确定度就等于标准差，即 $u_A=s(\bar{x})$。具体步骤如下：

1）对被测量 X 进行 n 次测量，得到测定值 x_1，x_2，…，x_n；

2）求算术平均值 $\bar{x}=\dfrac{1}{n}\sum\limits_{i=1}^{n}x_i$ 和残差 $v_i=x_i-\bar{x}$；　　(2-16)

3）由贝塞尔公式可得标准偏差的估计值为

$$s(x_i) = \sqrt{\frac{1}{n-1}\sum_{i=1}^{n}(x_i - \bar{x})^2}; \tag{2-17}$$

4）求平均值的标准偏差估计值为 $s(\bar{x}) = \frac{s(x_i)}{\sqrt{n}}$; (2-18)

5）A类标准不确定度为 $u_A = s(\bar{x})$; (2-19)

6）自由度是指在方差的计算中，和的项数减去被测量的个数。自由度可以用来度量标准差的可靠程度。自由度越大，评定出的不确定度就越可靠。用贝塞尔法评定标准不确定度，标准不确定度的自由度 v 为

$$v = n - 1 \tag{2-20}$$

4. B类标准不确定度的评定

B类评定不用统计方法，而是基于其他方法估计概率分布或按一定条件假设概率分布来估算标准差并得到标准不确定度。B类评定是不确定度理论与误差理论的主要差别，在不确定度评定中占有重要地位。因为很多情况下数据的不确定度无法用统计方法来评定，所以在实际工作中，采用B类评定方法居多。

设被测量 X 的估计值为 x，其标准不确定度的B类评定是借助于对可能影响 x 的所有因素进行科学判定。这些因素可能是：

1）以前的观测数据；

2）对有关技术资料和测量仪器特性的了解和经验；

3）生产部门提供的技术说明文件；

4）校准证收、检定证书或其他文件提供的数据、准确度的级别；

5）手册或某些资料给出的参考数据及其不确定度；

6）规定实验方法的国家标准或类似技术文件中给出的重复性限 r 或复现性限 R。

采用B类评定方法，需要先根据实际情况分析，对测量值进行一定的假设分布，（可假设为正态分布或其他分布，）确定了分布则可求得某置信概率 p（如 $p=95\%$ 或 $p=99\%$）下的置信区间半宽 a。

B类标准不确定度就是区间的半宽 a 除以包含因子 k，即

$$u_B = \frac{a}{k} \tag{2-21}$$

包含因子 k（也称覆盖因子）的数值可查表2-2获得。

表2-2 常用分布的包含因子及标准偏差

分布类型	置信概率 p(%)	包含因子 k	标准偏差 $u(x_i)$
正态	99.73	3	$a/3$
正态	95.45	2	$a/2$
三角形	100	$\sqrt{6}$	$a/\sqrt{6}$
均匀	100	$\sqrt{3}$	$a/\sqrt{3}$
梯形	100	$\sqrt{3}$	$a/\sqrt{3}$
反正弦	100	$\sqrt{2}$	$a/\sqrt{2}$

B类标准不确定度的自由度可由下式确定，即

$$v \approx \frac{1}{2\left\{\frac{\sigma[u(x_i)]}{u(x_i)}\right\}^2} \tag{2-22}$$

式中，$\sigma[u(x_i)]$为标准不确定度$u(x_i)$的标准差，$\sigma[u(x_i)]/u(x_i)$为$u(x_i)$的相对标准差。

B类标准不确定度的自由度与$u(x_i)$的相对标准差的平方成反比，也就是说，$u(x_i)$的可靠性越高，$\sigma[u(x_i)]$越小，则自由度就越大。因此，可利用自由度评价不确定度的可靠程度，而利用不确定度则可评价测量结果的可靠程度。

2.2.3 测量不确定度的合成

1. 标准不确定度的合成

由于测量结果受多种因素影响，形成了若干个不确定度分量，这时测量结果的标准不确定度用合成标准不确定度$u_c(y)$表示。标准不确定度合成的基本规则称为测量不确定度的传递定律，经过合成的标准不确定度仍然用标准偏差表示，说明测量结果的分散性；合成标准不确定度的自由度称为有效自由度。测量不确定度传递定律与传统误差理论中的间接测量误差的传递定律一致。

在间接测量中，若被测量Y的估计值y由n个其他量的测得值x_1，x_2，…，x_n的函数求得，即$y=f(x_1,x_2,\cdots,x_n)$，且各直接测得值x_i的测量标准不确定度为$u(x_i)$，它对被测量影响的传递系数为$\partial f/\partial x_i$，则由x_i引起被测量Y的标准不确定度分量为

$$u_i(y) = \left|\frac{\partial f}{\partial x_i}\right| u(x_i) \tag{2-23}$$

测量结果的合成标准不确定度$u_c(y)$应按不确定度传递定律计算，即

$$u_c(y) = \sqrt{\sum_{i=1}^{n}\left(\frac{\partial f}{\partial x_i}\right)^2 u^2(x_i) + 2\sum_{i=1}^{n-1}\sum_{j=i+1}^{n}\frac{\partial f}{\partial x_i}\frac{\partial f}{\partial x_j}u(x_i,x_j)} \tag{2-24}$$

式中，x_i、x_j为输入量，一般情况下$i \neq j$；$\partial f/\partial x_i$、$\partial f/\partial x_j$为x_i、x_j的偏导数，称为灵敏系数；$u(x_i)$为输入量x_i的标准不确定度；$u(x_i,x_j)$为输入量x_i、x_j的估计协方差。x_i、x_j的相关程度可用估计的相关系数$\gamma(x_i,x_j)$来表示为

$$\gamma(x_i,x_j) = \frac{u(x_i,x_j)}{u(x_i)u(x_j)}$$

当全部输入量x_i彼此独立或不相关时，合成标准不确定度$u_c(y)$按下式计算，即

$$u_c(y) = \sqrt{\sum_{i=1}^{n}\left(\frac{\partial f}{\partial x_i}\right)^2 u^2(x_i)} \tag{2-25}$$

令灵敏系数$c_i=\partial f/\partial x_i$，上式可表示为

$$u_c(y) = \sqrt{\sum_{i=1}^{n}\left[c_i^2 u^2(x_i)\right]} \tag{2-26}$$

当影响测量结果的不确定度分量相互均不相关且彼此独立，而且各分量与总不确定度之间没有函数关系时，不确定度传递定律可简化为

$$u_c(y)=\sqrt{\sum_{i=1}^{n}u^2(x_i)} \tag{2-27}$$

式中，$u(x_i)$为第i个标准不确定度分量，各分量均为直接测量的结果；n为标准不确定度分量的数量。

用合成标准不确定度作为被测量Y的估计值y的测量不确定度，其测量结果可表示为

$$Y=y\pm u_c(y) \tag{2-28}$$

对一个特定的测量来说，可能有多个影响因素，每一个影响因素都将成为测量不确定度的分量。但合成标准不确定度的数值几乎完全取决于那些重要的不确定度分量。评估不确定度的正确做法是密切注意产生不确定度的所有可能来源，从中找出主要来源，分析主要的不确定度分量。某些灵敏度系数很小的分量对合成不确定度实际上起不到什么作用，为了简化分析与计算，可以忽略不计。

2. 扩展不确定度

合成标准不确定度$u_c(y)$可表示测量结果的不确定度，但它仅对应于标准差，由其所表示的测量结果Y含被测量真值的概率大概为68%左右。在实际工作中一些重要的测量往往要求置信概率比较大。为此，在标准偏差上乘以一个包含因子，得到扩展不确定度U为

$$U=ku_c \tag{2-29}$$

由于不同的k对应置信区间、置信概率都发生了变化，因此在给出U的同时必须指明包含因子k的值以及相应的置信概率，如k_{99}、k_{95}等。

确定k值的方法通常有以下两种：

1）若能够确定标准不确定度的有效自由度，并假设测量结果服从正态分布，则根据给定的置信概率p、有效自由度查找t分布积分表，确定包含因子k_p（即覆盖因子）。

2）若上面的条件不满足，无法使用t分布积分表获得包含因子，这时，根据实际工程经验一般取k的值在2~3之间。

合成标准不确定度的自由度被称为有效自由度，用v_{eff}表示。它是合成标准不确定度的度量，也是确定k值的关键因素。

如果$u_c^2(y)$是两个或多个合成标准不确定度分量$u_i(y)$的合成，当每一个x_i都是正态分布的输入量X_i的估计值，且各输入量彼此间相互独立时，则合成标准不确定度$u_c(y)$的有效自由度v_{eff}为

$$v_{\mathrm{eff}}=\frac{u_c^4(y)}{\sum_{i=1}^{n}\frac{u_i^{\,4}(y)}{v_i}} \tag{2-30}$$

式中，v_i为各输入量标准不确定度的自由度，式（2-30）称为韦尔奇-萨特恩韦特（Welch-Satterthwait）公式。

3. 不确定度的报告

一个完整的测量结果应包含被测量的最佳估计值和描述该估计值分散程度的测量不确定度两部分。

报告测量不确定度可以按合成标准不确定度方式给出，也可按扩展不确定度方式给出，但同时必须给出相应的包含因子。

2.2.4 测量不确定度评定举例

1. 测量目的

某电子设备生产中需要使用1MΩ 的高阻值电阻，要求其最大允许误差极限在 ±0.1% 以内。为此对选用的高阻值电阻进行测量，以确定其电阻值是否满足设计的要求。

2. 测量方法

选用一台 $5\frac{1}{2}$的数字多用表对被测电阻进行直接测量。数字多用表在电阻测量挡的技术指标：最大允许误差为 ±(0.003% × 读数 + 2 × 最低位数值)，满量程值为 1999.99kΩ，最低位数值为 0.01kΩ，当环境温度在 5 ~ 25℃ 时温度系数的影响可忽略，所使用的数字多用表经检定合格并在有效期内。

测量环境温度为 (23 ±1)℃。

对选用的高阻值电阻重复测量 10 次，将数字多用表电阻显示值 R 记录在下表中。

序　号	读　数	序　号	读　数
1	999.31	6	999.23
2	999.41	7	999.14
3	999.59	8	999.06
4	999.26	9	999.92
5	999.54	10	999.62

3. 数学模型

由于对被测电阻器的电阻 R 采用直接测量法，设输出被测量为 Y，故数学模型为 $Y = R$。

4. 被测电阻的测量结果

由于被测电阻器的电阻是在重复条件下进行的测量，因此其测量结果应为 10 次测量值的算术平均值，即

$$y = \overline{R} = \frac{1}{n}\sum_{i=1}^{n} R_i = 999.408$$

5. 测量结果的测量不确定度来源分析

分析测量方法可知，在标准条件下测量，由温度等环境因素带来的影响可忽略。因此，影响电阻测量不确定度的因素主要有各种随机因素影响使读数不重复和数字多用表不准。这两个不确定度来源引入了相应的标准不确定度分量。

6. 标准不确定度分量的评定

1）读数重复性引入的不确定度 u_1 采用 A 类评定方法，根据实测数据得实验标准差

$s(R_i)$为

$$s(R_i) = \sqrt{\frac{1}{n-1}\sum_{i=1}^{n}(R_i - \overline{R})^2} = 0.261\text{k}\Omega$$

标准不确定度 u_1 为

$$u_1 = s(\overline{R}) = \frac{s(R_i)}{\sqrt{n}} = \frac{0.261}{\sqrt{10}} = 0.083\text{k}\Omega$$

标准不确定度 u_1 的自由度 v_1 为

$$v_1 = n - 1 = 10 - 1 = 9$$

2）数字多用表不准引入的标准不确定度 u_2 应采用 B 类评定方法，根据其技术指标确定最大允许误差的半宽 a 为

$$a = (0.003\%\overline{R} + 2\times 0.01) = 0.00003\times 999.408 + 2\times 0.01 = 0.050\text{k}\Omega$$

由于数字多用表不准引入的标准不确定度 u_2 为

$$u_2 = \frac{a_2}{k_2} = \frac{0.050}{1.73} = 0.029\text{k}\Omega$$

其中 k_2 为包含因子，设测量值在该区间内为均匀分布（矩形分布），k_2 取 1.73。

考虑到被测量可能落在$[R+a, R-a]$区间外的概率极小，可设 $\Delta u_2/u_2$ 趋于零，则自由度 v_2 趋于无穷大，即 $v_2\to\infty$。

7. 标准不确定度的评定

由于上述两项标准不确定度分量之间不相关，并且根据数学模型，偏导数为 1，所以合成标准不确定度 u_c 为

$$u_c = \sqrt{u_1^2 + u_2^2} = \sqrt{(0.083\text{k}\Omega)^2 + (0.029\text{k}\Omega)^2} = 0.088\text{k}\Omega$$

合成标准不确定度的有效自由度为

$$v_{\text{eff}} = \frac{u_c^4(y)}{\sum_{i=1}^{N}\frac{u_i^4(y)}{v_i}} = \frac{(0.088)^4}{\frac{(0.083)^4}{9} + \frac{(0.029)^4}{\infty}} = 11.4$$

8. 合成标准不确定度的评定

因为被测电阻的数学模型为 $Y = R$，灵敏系数为 1，因此电阻测量结果的标准不确定度即为合成标准不确定度，自由度即为有效自由度，即

$$u_c = u = 0.088\text{k}\Omega \quad v_{\text{eff}} = v = 11$$

9. 确定扩展不确定度

由于读数重复性的分布为正态分布，其标准不确定度分量 u_1 对被测电阻测量结果的标准不确定度贡献大，可近似看做是占优势的分量。因此判定被测电阻可能值的分布也接近正态分布，则包含因子采用 t 分布。

根据要求的置信概率 $p = 95\%$ 以及有效自由度 $v_{\text{eff}} = 11$，查 t 分布临界值表，得 $t_{95}(11) = 2.20$，故 $k_{95} = 2.20$。

扩展不确定度 U 为

$$U_{95}=k_{95}u_c=2.20\times0.088=0.20\text{k}\Omega \qquad (k_{95}=2.20,\ p=95\%)$$

10. 测量不确定度报告

$$R=\overline{R}\pm U=(999.41\pm0.20)\text{k}\Omega$$

表 2-3 测量不确定度

标称值	测量结果	示值误差	测量要求的允许误差极限	测量结果的测量不确定度
1MΩ	999.41kΩ	+0.59kΩ	±1kΩ	0.20kΩ($k_{95}=2.20$)

由表 2-3 可知，测量不确定度与被测电阻器的允许误差极限的绝对值之比为 1:5，说明测量结果的可信度较高，而且由于被测的高值电阻器的示值误差为 0.59kΩ，在允许误差极限 ±1kΩ 的范围内，因此检定合格，满足使用要求。

2.3 测量数据处理

通过测量得到的数据，需要进行处理，即计算、分析、整理后得出所需要的结果数据。有时还要把测量数据绘制成表格、曲线或归纳成经验公式以便得出正确、直观的结果。

2.3.1 有效数字的处理

1. 有效数字的概念

如果用最小刻度为毫米的直尺来测量某物体的长度，测得物体的长度为 2.02cm 或 2.03cm。虽然直尺的最小刻度为毫米，但凭目力可以估计到 1/10mm（最小刻度的 1/10）。前两位数字从尺上直接读出，是准确可靠的数字，而第三位数字是观测者估计读出来的。估计的结果可能会因观测者或环境条件的不同而有所差异，因此这一位数字是有疑问的欠准确数字，含有误差，通常称为存疑数字或可疑数字。由于第三位数字已是可疑的，所以在它后面的各位数字的估计就没有意义了；而前三位数字都是有意义的，缺少任何一位不能正确表示物体长度的测量值。

通常人们把测量结果中可靠的几位数字加上最后一位存疑数字统称为测量结果的有效数字，或者说，从发生误差的这一位算起，包括这一位及以上的数字都是有效数字。有效数字的最后一位虽然是可疑的，但它在一定程度上反映客观实际，因此它也是有效的。显然，有效数字位数的多少与所用测量工具的准确度高低以及被测量的大小有关，因此有效数字的位数不可随意增减。

有效数字的位数与小数点的位置无关。换句话说，表示小数点位置的“0”不是有效数字。例如 0.0202m = 2.02cm = 20.2mm 都是三位有效数字。同理 2.20cm 也是三位有效数字，不能写成 2.2cm，有效数字末尾的“0”表示存疑数字的位置，所以不能随意在测量数据的末尾添加或删减数字“0”。

若存疑数字的右边带有若干位零，通常把这个存疑数写成 $a\times10^n$ 形式，且 $1\leqslant a<0$。利用这种写法，可从 a 含有几个有效数字来确定近似数的有效位数，如 2.400×10^3，表示四位有效位数；2.40×10^3 和 2.4×10^3，分别表示三位和两位有效位数。

测量结果的存疑位取决于测量不确定度发生位，即测量结果有效数字位数的末位数与其不确定度的末位数对齐。换句话说，测量不确定度的大小决定了有效数字的位数。例如，有一个电流表，测量精度只能达到0.01mA，若测出电流 $I=6.632$mA，显然小数点后第二位数字已不可靠，而第三位数字更不可靠，此时应只保留小数点后第二位数字，即写成 $I=6.63$mA，为三位有效位数。由此可知，测量结果应保留的位数原则是其最末一位数字是不可靠的，而倒数第二位数字应是可靠的。测量误差一般取1~2位有效数字，因此上述测量结果可表示为 $I=(6.63\pm0.01)$ mA。

如果知道误差的单位量级，则在表达测量数据时，也应相配合。例如，设频率测量的误差为±1kHz量级，某测量结果为6 900kHz，这里的最后一位有效数字与误差的单位是配合的，误差为kHz量级，也可以写成6.900MHz和 6900×10^3 Hz，但不允许写成6900000Hz（误差为Hz量级）和6.9MHz（误差为0.1MHz量级）。

在进行比较重要的测量时，测量结果和测量误差可比上述原则再多取一位数字作为参考，如测量结果可表示为15.214±0.042。因此，凡遇有这种形式表示的测量结果，其可靠数字为倒数第三位数字，不可靠数字为倒数第二位数字，而最后一位数字则为参考数字。

2. 数字修约

根据有关规范，测量不确定度的数值不应给出过多的位数，在计算测量结果不确定度的过程中，中间结果的位数可以多保留几位，在报告最终结果时，测量不确定度的有效位数最多为两位，即非零首位后面最多只能有一个数字。

对于位数很多的近似数，当有效位数确定后，其后面多余的数字应舍去，而保留的有效数字最末一位数字应按下面的修约（舍入）规则进行凑整：

1）小于5舍去，即舍去部分的数值小于保留部分的末位的半个单位，则末位不变。

2）大于5进1，即舍去部分的数值大于保留部分的末位的半个单位，则末位加1。

3）等于5时取偶数，即舍去部分的数值，等于保留部分的末位的半个单位，则末位凑成偶数。即当末位为偶数时则末位不变，当末位为奇数时则末位加1。

例如，按上述舍入规则，将下表各个数据保留四位有效数字进行凑整。

原有数据	3.14159	2.71729	4.51050	3.21550	6.378501	7.691499	5.43460
舍入后数据	3.142	2.717	4.510	3.216	6.379	7.691	5.435

由于数字舍入而引起的误差称为舍入误差。按上述规则进行数字舍入，其舍入误差皆不超过保留数字最末位的半个单位。必须指出，这种舍入规则的第三条明确规定，被舍去的数字不是见5就入，从而使舍入误差成为随机误差。在大量运算时，其舍入误差的均值趋于零。这就避免了过去所采用的四舍五入规则时，由于舍入误差的累积而产生系统误差。

在等于5的舍入处理上，采用取偶规则是为了在比较多的数据舍入处理中，使产生正负误差的概率近似相等，从而使测量结果受舍入误差的影响降到最低程度。

2.3.2 测量数据的处理

测量数据处理是指从获得测量数据起，到得出测量结果止的加工处理过程。其中主要包括记录、整理、计算、分析等处理方法，最基本的测量数据处理方法有列表法、作图法、最小二乘法等。列表法就是把测量数据按一定规律列成表格，是记录数据的基本方法，又是其他数据处理方法的基础。列表法处理数据简单、方便，数据易于参考比较，但不如图解和公式直观明了，能看到数据的变化趋势。

1. 测量结果的图形处理

把测量结果绘成曲线，可以直观形象地表示数据的变化规律，例如，晶体管的输出特性曲线，放大器的幅频特性曲线等。由于测量结果中存在误差，数据有一定的离散性，难以得到一条光滑连续的曲线。

作图时要选好坐标，一般宜选用直角坐标，有时也要用极坐标。如果自变量的范围很宽，可选用对数坐标。坐标的比例可以根据需要确定，二者分度可以不同，作曲线图应使用坐标纸。注意坐标的幅面及数据点的标注方式。曲线急剧变化的地方测量数据应多取一些。另外，注意曲线的修匀。所谓修匀是将各数据点连成光滑曲线的过程。由于测量误差的存在，不同的人员所做的曲线可能差异较大。

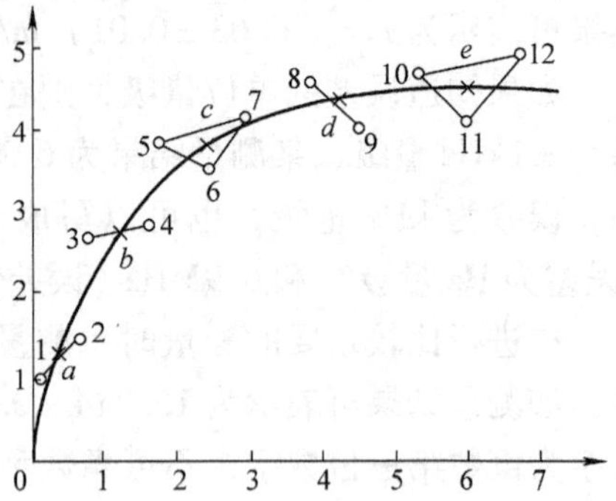

图 2-4 用分组平均法修匀曲线

为了提高作图的精度，可用分组平均法进行曲线修匀。这种方法是将相邻的 2 ~ 4 个数据分为一组，然后估计出各组的几何重心，再用光滑的曲线将重心点连接起来。用分组平均法进行曲线修匀的方法如图 2-4 所示。由于这种方法减小了随机误差的影响，从而使曲线较为符合实际。

2. 最小二乘法处理数据

最小二乘法的原理简单地说就是被测量的最佳值是这样一个值，它与各次测量值之差的平方和为最小。采用最小二乘法可以从一组等精度的测量值中确定最佳值，也可以找出一条最合适的曲线使它能最好地拟合于各测量值。最小二乘法的原理和计算比较复杂，这里仅介绍如何应用最小二乘法进行一元线性拟合（或称一元线性回归）。

设某实验中可控制的参量取 x_1、x_2、…、x_i、…、x_n 值时，对应的参量依次为 y_1、y_2、…、y_i、…、y_n，假定 x_i 的误差很小，而 y_i 的误差是主要的误差且为线性关系。直线拟合的任务就是用数学分析的方法，由这些数据求出一个误差最小的最佳经验公式为

$$y = a + bx$$

根据这一最佳经验公式作出的直线，能以最接近这些实验点的方式平滑地穿过它们。对应于每一个 x_i 值，测量值 y_i 与从最佳经验公式得到的 y 之间存在偏差 δ_y，即

$$\delta_y = y_i - (a + bx_i)$$

由最小二乘法原理可知，若各测量值 y_i 的误差相互独立，且服从正态分布，当 y_i 的偏差的平方和为最小时，可得到最佳经验公式。利用这一原理可求得常数 a 和 b。

各 δ_y 的平方和为

$$\sum(\delta_y)^2 = \sum[y_i - (a + bx_i)]^2$$

式中，x_i 和 y_i 是已知的测量值，a 和 b 是待定参量，也就是说 δ_y 的平方和是 a 和 b 的函数。令其对 a 和 b 的偏导数为零，可得参量 a 和 b 分别为

$$b = \frac{\bar{x}\,\bar{y} - \overline{xy}}{\bar{x}^2 - \overline{x^2}} \tag{2-31}$$

$$a = \bar{y} - b\,\bar{x} \tag{2-32}$$

在式（2-31）、式（2-32）中，有

$$\begin{cases} \bar{x} = \dfrac{1}{n}\sum_{i=1}^{n} x_i \\ \bar{y} = \dfrac{1}{n}\sum_{i=1}^{n} y_i \\ \overline{x^2} = \dfrac{1}{n}\sum_{i=1}^{n} x_i^2 \\ \overline{xy} = \dfrac{1}{n}\sum_{i=1}^{n} x_i y_i \end{cases} \tag{2-33}$$

由式（2-31）、式（2-32）和式（2-33）确定了 a 和 b，即可得到最佳经验公式。这样计算 a 和 b 虽是最佳的，当然也有误差。设 a 和 b 的标准误差分别为 $s(a)$ 和 $s(b)$，则有

$$s(a) = \frac{\sqrt{\overline{x^2}}}{\sqrt{n(\overline{x^2} - \bar{x}^2)}} s(y) \tag{2-34}$$

$$s(b) = \frac{1}{\sqrt{n(\overline{x^2} - \bar{x}^2)}} s(y) \tag{2-35}$$

其中

$$s(y) = \sqrt{\frac{\sum[y_i - (a + bx_i)]^2}{n-2}} \tag{2-36}$$

称之为 y_i 的剩余标准差。

参量 a 和 b 确定之后，还应计算相关系数 r，以对结果进行检验。对一元线性拟合，r 定义为

$$r = \frac{\overline{xy} - \bar{x}\,\bar{y}}{\sqrt{(\overline{x^2} + \bar{x}^2)(\overline{y^2} - \bar{y}^2)}} \tag{2-37}$$

式中，$\overline{y^2} = \dfrac{1}{n}\sum_{i=1}^{n} y_i^2$，$r$ 的值总是在0和±1之间。r 越接近1，说明测量数据的分布密集，越符合求得的直线，即说明用线性函数拟合比较合理。相反，如 r 接近于零，说明用线性函数拟合不妥，实验数据无线性关系，必须用其他函数重新试算。$r>0$ 时拟合直线的斜率为正，称为正相关；$r<0$ 时，拟合直线的斜率为负，称为负相关。

本章小结

1. 测量是为确定被测对象的量值而进行的实验过程。一个量在被观测时，该量本身所具有的真实大小称为真值。在实际测量中，真值难以获得，通常用高一级或高出数级的标准

仪器或计量器具所测得的数值代替真值，称为约定真值 x_0 或者称为实际值，这时绝对误差写成：误差 = 测量指示值 - 实际值。

2. 误差的表示方法

误差的表示方法分为以下几种：

1）绝对误差为 $\Delta x = x - x_0$；

2）测量值相对误差为 $\gamma = \frac{\Delta x}{x_0} \times 100\%$；

3）标称相对误差为 $\gamma_x = \frac{\Delta x}{x} \times 100\%$；

4）引用误差为 $\gamma_m = \frac{\Delta x}{x_m} \times 100\%$。

3. 随机误差

随机误差是指在等精度重复条件下多次测量同一被测量时，误差的绝对值、符号都以不可预见的规律变化、但具有抵偿性的误差。

从随机误差的性质可以看出，它完全类同于概率论中的随机变量，具有正态分布（包括 t 分布）特性。因此对随机误差的处理也要用统计的方法。

4. 系统误差（系差）

系统误差是指多次测量同一量值时，误差的绝对值和符号保持不变，或者在条件改变时，按一定的规律变化的误差。系统误差不具有抵偿性，它是固定的或服从一定函数规律的误差，要通过测量找出规律，予以修正。

5. 粗大误差

在规定条件下明显偏离预期检测结果的误差称为粗大误差。处理方法是给定一置信概率，确定相应的置信区间，凡超出置信区间的误差就认为是粗大误差，当做坏值予以剔除。具体检验方法常见的有以下两种。

1）莱特准则 $|x_m - \bar{x}| > 3s(x_i)$；

2）格拉布斯准则 $|x_m - \bar{x}| > G_p(n)s(x_i)$。

莱特准则是以正态分布为依据的，测量数据最好 $n > 200$，若 $n < 10$ 则会失效；格拉布斯准则理论严密，概率意义明确，实验证明效果较好。

6. 测量不确定度

测量不确定度是用一定的置信区间及其相应的置信概率表征被测量之值可能的分散程度的一种参数。这个参数可以使用数据的标准偏差 s 或其若干倍 ks 来表示。

测量不确定度的定义表明，一个完整的测量结果应包含被测量值的估计与不确定度两部分，即

$$Y = y \pm U$$

式中，y 是被测量值的估计，通常取多次测量值的算术平均值；U 是测量不确定度，在 GUM 中规定不确定度可以是标准偏差 s 或者 s 的倍数 ks，也可以是具有某置信概率 p（如 $p = 95\%$ 或 $p = 99\%$）下置信区间的半宽。

A 类标准不确定度等于标准差，即 $u_A = s(\bar{x})$。

B 类标准不确定度为 $u_B = \frac{a}{k}$。

合成标准不确定度为 $u_c(y) = \sqrt{\sum_{i=1}^{n} \left(\frac{\partial f}{\partial x_i}\right)^2 u^2(x_i)}$。

扩展不确定度为 $U = ku_c$。

不确定度报告为 $y \pm U$。

7. 测量不确定度的评定步骤

首先，明确被测量的定义、数学模型及测量条件，明确测量原理、方法及测量标准、测量设备；其次，分析不确定度来源；第三，分别采用 A 类和 B 类评定方法，评定各项不确定度分量，A 类评时要剔除异常数据；第四，计算合成不确定度；第五，计算扩展不确定度；最后，报告测量结果。

思考题与习题

2-1　名词解释：真值、实际值、示值、误差、修正值。

2-2　误差按性质分为哪几种，各有何特点？

2-3　何谓标准差、平均值标准差、标准差的估计值？

2-4　测量误差和不确定度有何不同？

2-5　归纳不确定度的分类和确定方法。

2-6　用一内阻为 R_I 的万用表测量图 2-5 所示电路 A、B 两点间电压，设 $E = 12\text{V}$，$R_1 = 5\text{k}\Omega$，$R_2 = 20\text{k}\Omega$，求：

（1）如 E、R_1、R_2 都是标准的，不接万用表时 A、B 两点间的电压实际值 U_A 为多大？

（2）如果万用表内阻 $R_I = 20\text{k}\Omega$，则电压 U_A 的示值相对误差和实际相对误差各为多大？

（3）如果万用表内阻 $R_I = 1\text{M}\Omega$，则电压 U_A 的示值相对误差和实际相对误差各为多大？

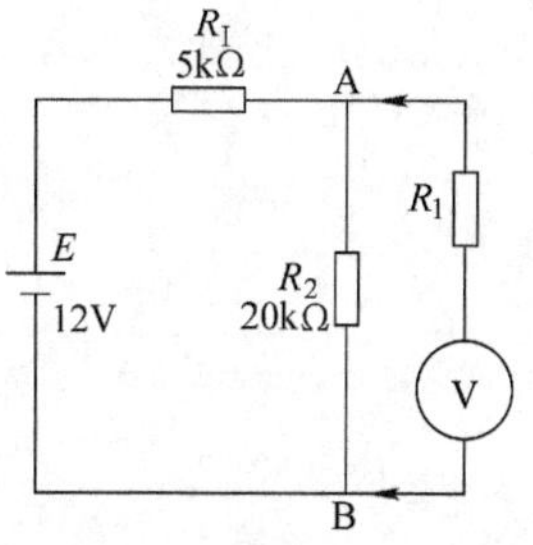

图 2-5　题 2-6 图

2-7　检定一只 2.5 级电流表 3mA 量程的满度相对误差。现有下列几只标准电流表，问选用哪只最适合，为什么？

（1）0.5 级 10mA 量程；　　（2）0.2 级 10mA 量程；

（3）0.2 级 15mA 量程；　　（4）0.1 级 100mA 量程。

2-8　对某直流稳压电源的输出电压 U_x 进行了 10 次测量，测量结果如下：

次　数	1	2	3	4	5	6	7	8	9	10
电压/V	5.003	5.011	5.006	4.998	5.015	4.996	5.009	5.010	4.999	5.007

求输出电压 U_x 的算术平均值 $\overline{U}$ 及其标准偏差估值 $s(U)$。

2-9　对某电阻进行了 10 次测量，测得数据如下：

次数	1	2	3	4	5	6	7	8	9	10
电阻/kΩ	46.98	46.97	46.96	46.96	46.81	46.95	46.92	46.94	46.93	46.91

问以上数据中是否含有粗差数据？若有粗差数据，请剔除，设以上数据不存在系统误差，在要求置信概率为 99% 的情况下，估计该被测电阻的真值应在什么范围内？

2-10 设某测量结果有关A类不确定度如下表所示，求该测量结果的合成不确定度、自由度及总不确定度（取置信概率 $p=0.95$）。

序号	不确定度			自由度	
	来源	符号	数值	符号	数值
1	基准	u_{A1}	1	v_1	5
2	读数	u_{A2}	1	v_2	10
3	电压表	u_{A3}	$\sqrt{2}$	v_3	4
4	电阻表	u_{A4}	2	v_4	16
5	温度	u_{A5}	2	v_5	1

第3章 电压测量

3.1 概述

电压测量是电子测量的一个重要内容。在表征电信号能量的三个基本参数（电压、电流、功率）中，电压测量是最直接也是最普遍的。电路中的其他电参量包括电流、功率以及信号的调幅度、波形的非线性失真系数、网络的频率特性、设备的灵敏度等，都可以视为电压的派生量，通过电压测量获得其量值。同时，电压比较器结构简单且应用广泛，这使电压的数字化非常容易。基于这些原因，对电压的测量成为电子测量技术中最基本和最重要的内容。实际上，利用各种传感器和变换电路，可以把其他类型的物理信号（如温度、压力、流量、声音等）转换为电压，通过测量电压来实现对这些参量的测量。

3.1.1 电压测量的特点

1. 频率范围

电压测量的频率范围相当广，包括直流电压和交流电压的测量，交流电压的频率可从 10^{-6}Hz 至 10^{12}Hz（或更高）。对于不同频段的信号，须采用不同的测量系统。大多数模拟电压表可测量的频率范围要比数字电压表高，中、低频信号的测量可采用数字电压表，而高频或微波信号则必须采用专门的高频和微波电压表。

2. 测量范围

电压幅值的变化范围极宽，包括低至纳伏级的微弱信号和高至数百千伏的超高压信号。为了能在不同的电压测量范围内提高测量精度，往往要求测量系统能采用合适的量程。

3. 电压波形

待测电压除直流电压外，交流电压波形多种多样。这要求电压表能够以适当的方式准确测量各种波形的信号，包括方波、三角波、各种调制波形以及噪声等非正弦信号。

4. 输入特性

被测信号接入电压表后，电压表的等效输入阻抗将对测量结果产生影响。在直流电压表中，输入阻抗为纯电阻。对于交流高频电压表，其输入阻抗常为电阻与电容并联。为使电压表对被测电路的影响尽可能小，要求电压表的输入阻抗尽可能大。同时还需考虑被测电路与电压表输入阻抗的匹配。

5. 测量精度

在直流电压测量中，各种分布性参量的影响极小，因此直流电压的测量可获得较高的测量准确度。但交流电压测量精度要低得多，因为交流电压须经交流-直流（AC-DC）转换电路转变成直流电压，同时高频测量时分布参数的影响很难避免，通常交流电压测量的准确度只能达到 10^{-5}量级左右。

6. 抗干扰性能

在实际电压测量中，总是遭受各种干扰信号的影响，影响测量精度，尤其是对微弱信号的测量。为此，高精度电压的测量要求电压表具有足够的抗干扰能力。

3.1.2 电压测量的方法和分类

被测电压通常分为直流电压和交流电压，按测量方法有模拟测量和数字测量，不同的测量方法，所用的测量仪器有所不同。

1. 电压的模拟测量方法

对于不断变化的电压信号，电压表只能得到其某些特定参数。电压测量系统将变化的电压信号首先变换为直流电压，然后再进行测量。直流电压的模拟测量方法是将被测电压成比例地转换为电流，再采用机械动圈式电流表进行测量。而交流信号转变为直流信号的基本方法是检波，交流电压的模拟测量方法简单，可测量高频电压。

2. 直流电压的数字测量方法

通过模-数转换器（ADC）可以实现高精度直流电压的数字测量。以 ADC 为核心可构成数字电压表（DVM）。数字电压表是典型的数字化仪器，具有精度高、响应速度快、读数清晰、直观方便、测量结果可打印输出、便于与计算机技术相结合等特点。

3. 交流电压的数字测量方法

交流电压经过 AC-DC 转换后得到直流电压，通过对直流电压的数字测量，实现交流电压的数字测量。

数字多用表（DMM）除了能测量直流电压外，还同时能测量交流电压、电流、阻抗等，因而得到广泛应用。

4. 交流采样

实现交流电压数字化测量的另一种方法是采用高速 ADC，直接对高频信号进行数字化采集与处理，通过微处理器换算出对应的有效值、峰值、平均值。由于嵌入式微处理器的应用，能够实现自动量程转换、自动零点调整、自动校准、自动诊断等功能，操作更方便，测量更准确。

5. 示波测量方法

除了用电压表、多用表测量电压外，示波器也是测量电压信号最常用的仪器之一，尤其在测量脉冲电压时，用宽频带示波器可以显示出被测电压的瞬时幅度以及脉冲波形的各部分电压值。

3.1.3 电压标准

直流电压标准有标准电池、齐纳二极管电压标准和约瑟夫森（Josephson）量子电压基准。

标准电池利用化学反应产生稳定、可靠的电动势，它是一种重要的电压实物标准，常作为各级计量、检定、研究和生产部门的直流电压标准量具。标准电池受环境温度的影响很大，内部存在的内阻也对仪表输入电阻有很高的要求，同时它的化学反应依赖于其内部的电解液等化学物质，因此不能倾倒，不易安装、搬运，也很难在工程现场使用，所以使用较少。

齐纳二极管利用了二极管反向击穿时的稳压特性，系统结构简单，容易实现集成，广泛应用于工程仪表中。齐纳二极管的稳压特性仍然存在温度漂移的影响，但采用高稳定电源和内部恒温控制电路可使其温度系数非常小。将齐纳二极管与恒温控制电路集成在一起构成精密电压基准源，可获得较大的输出电压。为克服输出电压的波动，还可将多个精密电压基准源并联，输出它们的平均值，获得更加稳定的输出电压。

1962 年约瑟夫森发现，在两块相互隔开的超导体之间，由于量子隧道效应，超导电流可以穿透该绝缘层，使两块超导体之间存在微弱耦合，这种超导体—绝缘体—超导体（SIS）结构称为约瑟夫森隧道结。电压与频率在约瑟夫森结上存在一个不受时间、空间环境变化的系数 K_J。由于时间（频率）基准具有最高准确度，所以约瑟夫森量子电压基准的准确度可接近时间（频率）的准确度。

根据国际计量委员会的建议，从 1990 年 1 月 1 日开始，在世界范围内同时启用了约瑟夫森电压量子基准并给出了 K_J 常数值，记为 $K_{J-90}=483597.9\text{GHz/V}$。此后，许多国家都相继建立了约瑟夫森电压基准，并广泛开展国际间的相互比对，以保证国际范围内的可溯源性（即基准量的一致性）。

中国计量科学研究院于 1993 年建立了 1V 约瑟夫森结阵电压基准，测量不确定度达到 6×10^{-9}，1999 年建立了 10V 约瑟夫森结阵电压基准，合成不确定度为 5.4×10^{-9}，并作为我国的国家标准，广泛应用于对标准电池、固态电压标准的量值传递以及高精度数字多用表等的计量检定工作。

3.2 电压的模拟测量

3.2.1 交流电压的表征

由于信号电压是随时间不停变化的，而且其变化规律非常复杂，为了定量说明电压这种复杂的状态，交流电压通常用峰值 U_p、平均值 U_{av}、有效值 U_{rms} 及瞬时值等来表征，如图 3-1 所示。瞬时值常用示波器来测量。

1. 峰值 U_p

交流电压 $u(t)$ 在一个周期内偏离零电平的最大值称为峰值，用 U_p 表示。有时将峰值分为正峰值 U_{p+} 和负峰值 U_{p-}。计算峰值时，都是从参考 0 电平开始计算的。

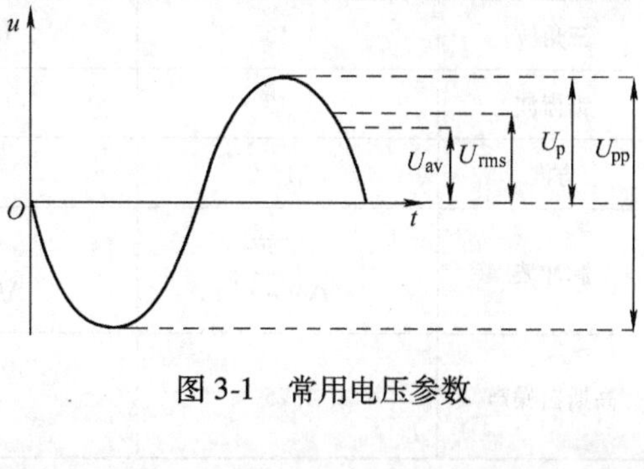

图 3-1 常用电压参数

2. 平均值（均值）U_{av}

交流电压的平均值定义为

$$U_{av}=\frac{1}{T}\int_0^T u_x(t)\,\mathrm{d}t \tag{3-1}$$

U_{av} 实质上就是周期性电压的直流分量 U_0。对周期信号而言，T 为信号的周期。对纯正弦交流电压 $U_{av}=0$。从交流电压的测量观点来看，U_{av} 是指检波后的平均值，不加说明时，通常指全波平均值，即

$$U_{av} = \frac{1}{T}\int_0^T | u_x(t) | \mathrm{d}t \tag{3-2}$$

3. 有效值 U_{rms}

交流电压有效值是指该交流电压在一个周期内通过某一纯电阻负载时所产生的热量，与一个直流电压在同样的条件下所产生的热量相等时，该直流电压的量值，记为 U_{rms}。

数学上，有效值与方均根同义，且有

$$U_{rms} = \sqrt{\frac{1}{T}\int_0^T u_x^2(t)\mathrm{d}t} \tag{3-3}$$

当讨论一个交流电压是多少伏时，实际上就是指它的有效值是多少伏。

4. 波形因数 K_F 和波峰因数 K_p

为了表征同一信号的峰值、有效值及平均值的关系，引入波形因数 K_F 和波峰因数 K_p。

交流电压的波形因数定义为该电压的有效值与平均值之比，用 K_F 表示，即

$$K_F = \frac{U_{rms}}{U_{av}} \tag{3-4}$$

交流电压的波峰因数定义为该电压的峰值与有效值之比，用 K_p 表示，即

$$K_p = \frac{U_p}{U_{rms}} \tag{3-5}$$

不同的信号电压具有不同的波形因数 K_F 和波峰因数 K_p，见表 3-1。

表 3-1 常见波形的波形因数 K_F 和波峰因数 K_p

名称	波形因数 $K_F = U_{rms}/U_{av}$	波峰因数 $K_p = U_p/U_{rms}$	用峰值表达的有效值 U_{rms}	用峰值表达的均值 U_{av}
正弦波	1.11	1.414	$U_p/1.414$	$0.637U_p$
正弦半波整流	1.57	2	$U_p/2$	$0.318U_p$
正弦全波整流	1.11	1.414	$U_p/1.414$	$0.637U_p$
三角波	1.15	1.73	$U_p/1.73$	$0.5U_p$
锯齿波	1.15	1.73	$U_p/1.73$	$0.5U_p$
方波	1	1	U_p	U_p
脉冲波	$\sqrt{\frac{T}{\tau}}$	$\sqrt{\frac{T}{\tau}}$	$\sqrt{\frac{\tau}{T}}U_p$	$\frac{\tau}{T}U_p$
高斯白噪声	1.25	3	$\frac{1}{3}U_p$	$\frac{1}{3.75}U_p$

3.2.2 交流-直流转换器

交流电压的测量，最主要的方法是用交流-直流转换器将交流电压转换为直流电压，然后再接到直流电压表进行测量。转换后的直流电压可与交流电压的均值、峰值或有效值成正比。相应的电压表简称为平均值电压表（均值表）、峰值电压表（峰值表）和有效值电压

表。

1. 均值交流-直流转换

均值交流-直流转换器又称平均值检波器，其基本电路如图3-2所示，四只性能相同的二极管构成桥式全波整流电路，如图3-2a所示，图3-2b是半波整流电路。

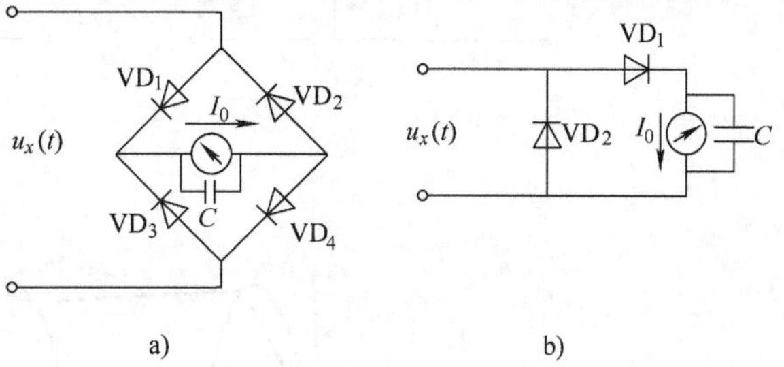

图3-2 平均值检波原理图

a）全波整流电路 b）半波整流电路

以图3-2a为例，放大后的交流电压 $u_x(t)$ 加到检波电路的输入端，在电压信号的正半周，二极管 VD_1 和 VD_4 导通，VD_2 和 VD_3 截止，忽略反向电流的作用，正半周流过电表的平均电流为

$$\bar{I}_+ = \frac{1}{T}\int_0^T \frac{|u_x(t)|}{2R_d + R_m}dt = \frac{U_{av}}{4R_d + 2R_m}$$

式中，R_m 为表头的内阻；R_d 为二极管正向电阻。

在电压信号的负半周，二极管 VD_2 和 VD_3 导通，VD_1 和 VD_4 截止，忽略反向电流的作用，负半周流过电表的平均电流为

$$\bar{I}_- = \frac{1}{T}\int_0^T \frac{|u_x(t)|}{2R_d + R_m}dt = \frac{U_{av}}{4R_d + 2R_m}$$

则一个周期流过电表的平均电流为

$$\bar{I}_0 = \bar{I}_+ + \bar{I}_- = \frac{U_{av}}{2R_d + R_m} \tag{3-6}$$

式（3-6）表明，流过表头的平均电流只与输入电压的平均值有关而与波形无关，且与平均值成正比。可见，全波均值检波器响应被测电压的平均值。

均值检波器的输入阻抗较低，用它做成的电子电压表应在检波前加高输入阻抗的放大器。因此均值表一般都是放大—检波式。

2. 峰值交流-直流转换

峰值交流-直流转换器又称峰值检波器，如图3-3所示，其中，图3-3a为串联式峰值检波器，图3-3b为并联式峰值检波器，图3-3c为串联式峰值检波后的波形图。

峰值检波的基本原理是通过二极管正向快速充电达到输入电压的峰值，而二极管反向截止时保持该峰值。图3-3中，选择不同的 R、C，可以对应不同频率的电压测量。但对其基本要求是使检波器的充电时间常数远小于放电时间常数，同时放电时间常数也要远大于输入信号中最大的周期 T_{max}，即

$$RC \gg T_{max}, (R_s + R_d)C \ll T_{min} \tag{3-7}$$

式中，R_s 和 R_d 分别为等效信号源 $u_x(t)$ 的内阻和二极管正向导通电阻；C 为充电电容（并联式检波电路中 C 还起到隔直流的作用）；R 为等效负载电阻；T_{max} 和 T_{min} 为 $u_x(t)$ 的最大和最小周期。而且，被测回路的电阻 R_d 应较小，负载电阻 R 要大，以保证式（3-7）成立。这样，输出的直流电压（R 两端的电压）正比于被测电压的峰值。

由于 R 取值很大，峰值检波器作输入级可使电压表具有很高的输入电阻，它常做在仪表的探头内，以减小引线的长度，输入电容可小到1～3pF。因此峰值表适合于高频电压的

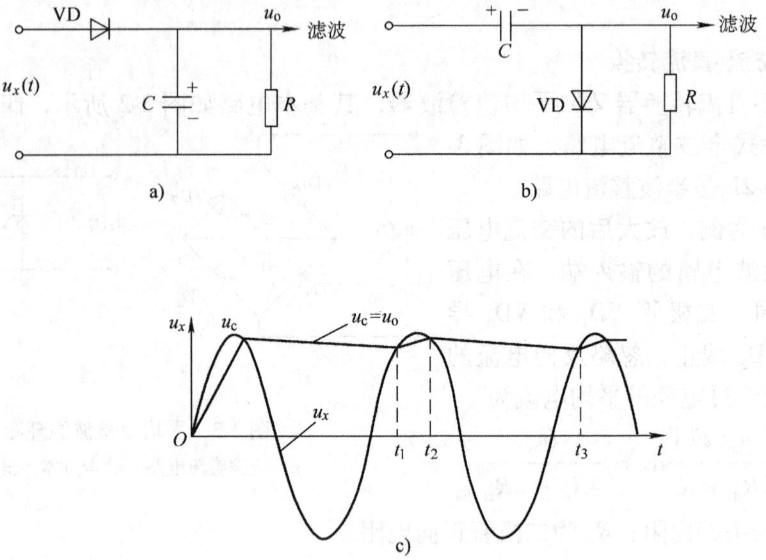

图 3-3　峰值检波原理图

a）串联式峰值检波器　b）并联式峰值检波器　c）串联式峰值检波的波形

测量。峰值表一般都是检波—放大式。

峰值检波器与平均值检波器在电路形式上虽相似，但二者参数的取值有较大差别：峰值检波器中电容器的充电时间常数比放电时间常数短得多，而平均值检波器中的电容器充、放电时间常数近似相等。

3. 有效值交流-直流转换

在实际使用中交流电压的有效值较峰值或平均值的应用更普遍，所以电压表中交流测量的主要功能是交流有效值（RMS）的测量。如测量失真的正弦波、噪声电压等，若采用峰值电压表或平均值电压表，则难以换算为有效值，而采用有效值电压表可以直接测量，不需要进行换算。

交流电压有效值测量的常用方法有三种：其一是模拟运算法，它是直接根据式（3-3）用模拟运算电路完成转换；其二是数字采样法，通过对交流电压的采样，并经数字化运算得到它的有效值；其三是热电转换法，根据热电转换的原理来实现交流电压有效值到直流电流之间的转换。

（1）模拟运算法

常用的有效值计算方法是模拟运算法。它的工作原理是使用模拟电路实现式（3-3）中定义的有效值运算。模拟运算法分为直接型 RMS-DC 运算法和间接型 RMS-DC 运算法两种类型。

直接型 RMS-DC 运算法如图 3-4 所示，使用乘法器和运算放大器直接计算有效值，其组成框图如图 3-4a 所示。图中第一级接成平方运算的模拟乘法器，其输出正比于 $u_x^2(t)$，第二级接成积分平均电路，第三级将积分器的输出进行开方，最后输出的电压正比于被测电压的有效值。图 3-4b 是上述运算过程构成的有效值转换器原理图，通常又称为直接计算型 RMS 转换器。这种方案需用两个模拟乘法器和一个运算放大器。

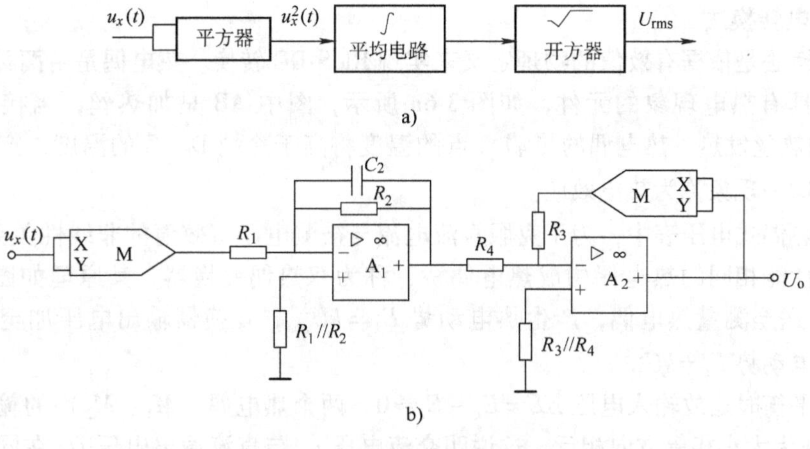

图 3-4 直接型 RMS-DC 运算法

a）框图 b）有效值转换器原理图

间接型 RMS-DC 运算法如图 3-5 所示。图中第一级为模拟乘法/除法器，第二级是由运算放大器组成的低通滤波器，它在电路的输入级使用反馈间接实现平方根运算。u_x^2/U_o 将随着输入信号的有效值线性变化。这样增加了器件的动态范围，减少了电路元器件，减低了功耗，但是它的测量频带较直接型窄。

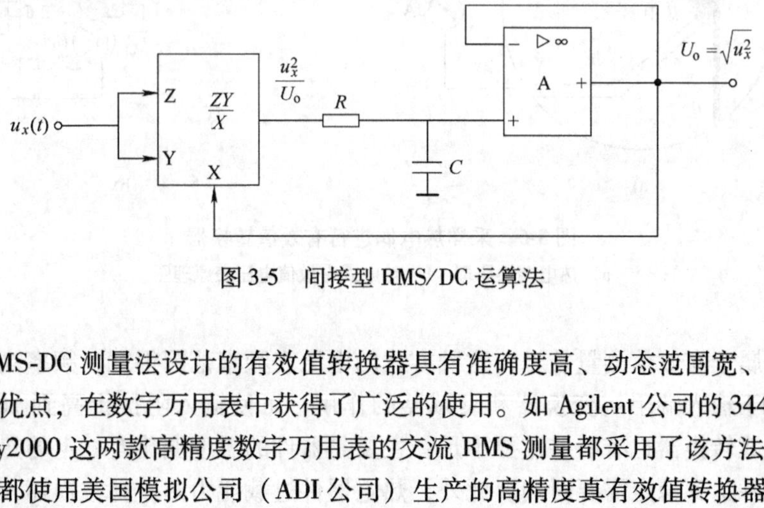

图 3-5 间接型 RMS/DC 运算法

间接型 RMS-DC 测量法设计的有效值转换器具有准确度高、动态范围宽、过载能力强和响应速度快的优点，在数字万用表中获得了广泛的使用。如 Agilent 公司的 34401 和 Keithley 公司的 keithley2000 这两款高精度数字万用表的交流 RMS 测量都采用了该方法。这两款高精度数字万用表都使用美国模拟公司（ADI 公司）生产的高精度真有效值转换器件 AD637。

（2）数字采样法

采样又称为取样。根据式（3-3）有效值的定义，若把式中的连续积分变为在信号周期内足够多采样值平方的代数和，则可得交流电压有效值的另一个表达式，即

$$U_{rms}=\sqrt{\frac{1}{N}\sum_{i=1}^{N}u_x^2} \tag{3-8}$$

数字采样有效值转换采用高速 A-D 器件作为信号的数据采集基本装置，对信号进行实时逐点采样，以实现式（3-8）中交流信号的真有效值测量，还可以检测出信号的瞬时特性，比如信号峰值、波形畸变因数等其他瞬时信号特性。只要采样的频率足够高，就可以尽量真实地再现被测信号。数字采样式 RMS-DC 转换器既可用于传统仪器，又可用于虚拟仪器。

（3）热电转换法

热电转换法是依据有效值的物理定义来实现 RMS-DC 转换。热电偶是由两种不同材料的导体构成的具有热电现象的元件，如图 3-6a 所示，图中 AB 是加热丝，当接入被测电压 $u_x(t)$时，加热丝发热，热电偶的热端 C 点的温度将高于冷端 D、E 的温度，产生热电动势 $E_x = kU_{rms}^2$，这一现象称为热电效应。

在实际热偶式电压表中，为了克服直流电流与被测电压有效值的非线性关系($I \propto U_{rms}^2$)，常利用两个性能相同的热电偶构成热电偶桥，称为双热偶变换器，其原理如图 3-6b 所示。被测电压 u_x 送至测量热电偶，产生热电动势 $E_x = kU_{rms}^2$，变换器输出电压加至另一个热电偶，产生热电动势 $E_f = kU_o^2$。

当电路平衡时运放输入电压 $\Delta E = E_x - E_f \approx 0$，两个热电偶（$M_1$、$M_2$）的输出热电动势 E_x 与 E_f 可视为大小相等方向相反。这说明交流电压 u_x 与直流输出电压 U_o 在同样热丝上做的功相同。此时，输出电压 $U_o = U_{rms}$。因而图 3-6b 完成了线性有效值转换，而且，两个热电偶受环境温度的影响可相互抵消，提高了热稳定性。由于电路存在负反馈，可提高稳定性。

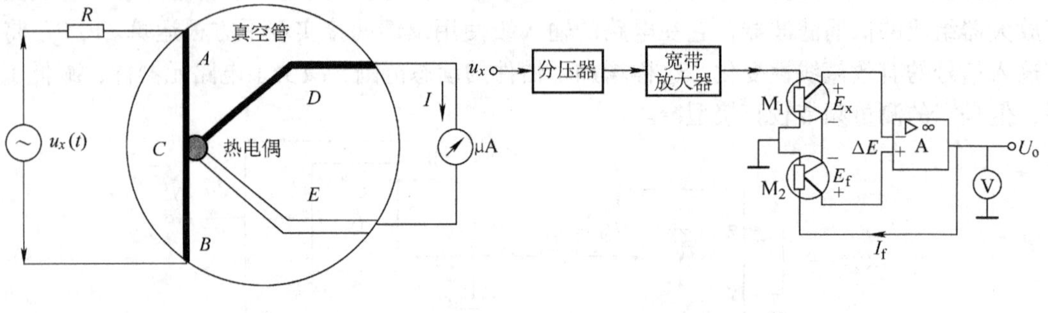

图 3-6 采样热电偶进行有效值转换器

a）热电转换原理 b）热电式有效值电压表原理图

热电转换属于有效值测量技术，这种方式的电压表频率范围很宽，频率高端可达几十兆赫兹以上，由于输入端阻抗变换器和衰减器的作用，可使输入阻抗提高到 10MΩ 左右。但是，热电转换式转换器也有一些重要不足：主要是器件的温度变化有一定的热惯性，加热到一个新的温度并达到稳定需要时间。此外，热电器件过载能力差，易被损坏，不少热电器件在价格和一致性方面也不够理想。因此，作为普通有效值电压表使用热电式转换器已经逐渐减少。但作为射频电压标准，在进行高准确度计量或测量等情况下还会用到。

3.2.3 交流电压表的刻度特性

在进行交流电压测量时，国际上一直以有效值表示被测电压的大小，因为有效值反映了被测信号的功率。但在实际测量中由于检波器的工作特性不同所得结果有峰值、平均值、有效值之别。因此，各种特性的 AC-DC 转换器都应该将最后的测量结果表示为有效值。当提到一个交流电压是多少伏时，实际上就是指它的有效值是多少伏。有时还注明某电压值是有效值，例如 $U_{rms} = 10V$。

不论交流电压表的 AC-DC 转换器是什么类型，电压表对纯正弦电压均显示有效值。同时，真有效值电压表对任意波形均显示有效值。所以测量纯正弦波或使用真有效值电压表测量时不必考虑刻度特性，其显示值就是被测电压的有效值。

对非正弦波的测量，一种方式是选择真有效值表进行测量，另一种方式是使用均值表或峰值表测量后，根据被测波形均值、峰值和有效值之间的关系进行刻度修正，由读数间接得到它的有效值。

1. 均值表测量时的刻度特性

根据正弦波及有效值的实际意义，均值表的读数都用正弦有效值进行定度，即

$$\alpha_{av} = KU_{av}$$

式中，α_{av}为均值表的指示值；K 为定度系数，或称刻度系数；U_{av}为被测电压的平均值。

如果被测电压是正弦波，又采用全波检波电路，已知正弦波有效值电压为 1V 时，全波检波后的平均电压为 $2\sqrt{2}/\pi$V，故有

$$K = \frac{\alpha_{av}}{U_{av}} = \frac{\pi}{2\sqrt{2}} \approx 1.11$$

利用均值表测量非正弦波形电压时，其示值 α_{av} 一般没有直接意义，只有把示值经过换算后，才能得出被测电压的有效值。

首先将示值 α_{av} 换算成被测电压的平均值为

$$U_{av} \approx 0.9\alpha_{av} \tag{3-9}$$

均值表的读数间接反映了被测量（均值）的大小，即均值表的读数乘以 0.9 等于被测电压的均值。

用均值表测量非正弦波电压时，其读数应作修正，即

$$U_{rms} = K_F U_{av} \approx 0.9 K_F \alpha_{av} \tag{3-10}$$

如果不作修正，即将读数当成有效值时，将产生波形误差 γ_V 为

$$\gamma_V = \frac{\Delta U}{\alpha_{av}} = \frac{\alpha_{av} - U_{rms}}{\alpha_{av}} = (1 - 0.9K_F) \times 100\% \tag{3-11}$$

由于各波形的波形因数与正弦波的相差不大，因此，均值表的波形失真不大。但是用均值表测量失真正弦电压的有效值时，其测量误差不仅取决于各次谐波的幅度，而且还取决于它们的相位。

例 3-1 用均值表测量一个三角波电压，读得测量值为 10V，求有效值和波形误差各为多少？

解 对于均值表，读数乘以 0.9 就是均值，则三角波的均值为

$$U_{av} \approx 0.9\alpha_{av} = (0.9 \times 10)\text{V} = 9\text{V}$$

由表 3-1 查得三角波 $K_F = 1.15$，故被测三角波的有效值为

$$U_{rms} = 0.9K_F\alpha_{av} = (0.9 \times 1.15 \times 10)\text{V} = 10.35\text{V}$$

测量的波形误差为

$$\gamma_V = (1 - 0.9K_F) \times 100\% = -4\%$$

2. 峰值表测量时的刻度特性

峰值表响应被测电压的峰值 U_p，按正弦有效值定度，读数为

$$\alpha_p = KU_p$$

式中，α_p 为峰值表的指示值；K 为定度系数，$K=\sqrt{2}/2$；U_p 为被测电压的峰值。

当被测电压为非正弦波形时，应进行波形换算才能得出被测电压的有效值。首先将示值 α_p 折算成被测电压的峰值

$$U_p = \sqrt{2}\alpha_p \tag{3-12}$$

上式表明，峰值表的读数乘以$\sqrt{2}$后所得就是输入电压的峰值。

利用波形因数 K_p 求出被测电压的有效值为

$$U_{rms} = \frac{\sqrt{2}}{K_P}\alpha_p \tag{3-13}$$

由于峰值表的读数没有直接的物理意义，测量非正弦波时，如果不进行换算，将产生波形误差。其定义为

$$\gamma_V = \frac{\Delta U}{\alpha_p} = \frac{\alpha_p - U_{rms}}{\alpha_p} \times 100\% = \left(1 - \frac{\sqrt{2}}{K_P}\right) \times 100\% \tag{3-14}$$

例 3-2　用峰值表测量一个三角波电压，读得测量值为 10V，试求有效值和波形误差各为多少？

解　对于峰值表，读数乘以$\sqrt{2}$就等于被测电压的峰值，则有

$$U_p = \sqrt{2}\alpha_p = (1.414 \times 10)\,V = 14.14V$$

由表 3-1 查得三角波 $K_p = \sqrt{3}$，故被测三角波的有效值为

$$U_{rms} = \frac{\sqrt{2}}{K_P}\alpha_p = \frac{1.414 \times 10}{1.73}V = 8.2V$$

测量的波形误差为

$$\gamma_V = \left(1 - \frac{\sqrt{2}}{K_P}\right) \times 100\% = \left(1 - \frac{\sqrt{2}}{\sqrt{3}}\right) \times 100\% = 18\%$$

与例 3-1 的波形误差相比，可见峰值表的波形失真较大。峰值表测量失真的正弦电压或非正弦电压时，若将读数当成输入电压的有效值，就会产生较大的波形误差。

3.2.4　模拟式交流电压表

1. 放大—检波式电压表

通常把测量低频信号电压的电压表称为交流电压表或交流毫伏表。这类电压表一般采用放大—检波式，如图 3-7 所示。检波器通常采用平均值检波器或有效值检波器，交流放大器采用多级宽频带放大器，其性能往往是整个电压表质量的关键。这种电压表具有很高的灵敏度，可以测量几微伏到数千伏的交流电压，但频率范围只能达到几百千赫。由于进入检波器的电压已经放大，故可避免检波器工作在小信号时检波二极管产生的非线性。

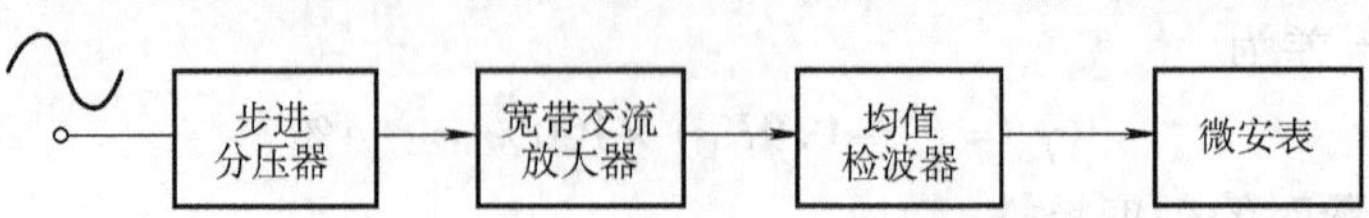

图 3-7　放大—检波式电压表

2. 检波—放大式电压表

如果被测电压的频率很高，用上述方法来测量会产生较大的频率误差，可以采用检波—放大式电压表，检波器一般采用峰值检波器，如图3-8所示。由于先检波后放大，故频率范围、输入阻抗等性能都主要取决于检波器。

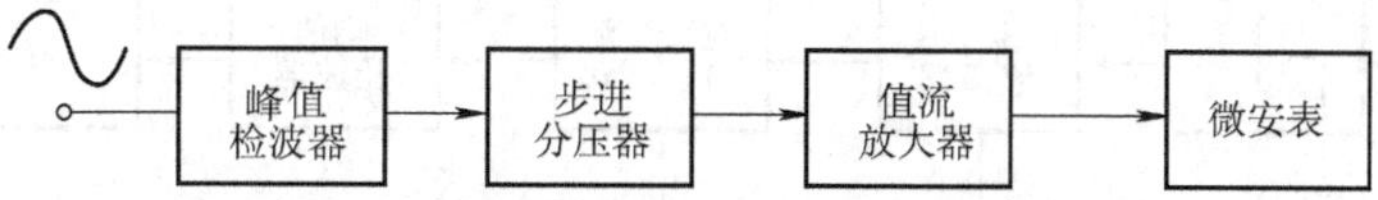

图3-8 检波—放大式电压表

为了提高测量频率的上限，可选用结电容小的超高频检波二极管和体积小的电容器，并把检波器作成探头的形式，使其直接接触被测电路，这样就大大减小了各种分布参数对高频电压测量的影响。结构优良的探头，输入电容可小于1～2pF，可测的电压频率范围可达几百兆赫。因此，超高频电压表多采用这种先检波后放大的测量方案。由于检波器在放大器之前，受检波器件非线性的影响，测量微弱电压时，外界干扰就特别明显。因此，这种电压表的灵敏度将受到限制，一般不做成毫伏计。由于采用了直流放大器，将引起零点漂移，影响表的读数，所以对电源电压的稳定度要求比较高，要采用稳压措施。

3. 分贝测量及宽频电平表

在通信系统中，常用分贝来表示放大器的增益、噪声电平等相关参数。在声学中，分贝是表示音量强弱的一个单位。分贝的原始定义是描述两个信号的比值，称为相对电平。

当用分贝表示功率时，定义为

$$\text{功率相对电平(dB)} = 10\lg P_x/P_0 \tag{3-15}$$

当用分贝表示电压时，由功率与电压的关系可知

$$\text{电压相对电平(dB)} = 20\lg U_x/U_0 \tag{3-16}$$

可见，分贝是一个用对数表示的相对量值（记作dB），如果相对于一个确定的参考基准量P_0和U_0，此时的分贝值则表示了一个绝对电平。

取基准量$P_0=1\text{mW}$，则功率电平定义为

$$P_x(\text{dB}_\text{m}) = 10\lg\frac{P_x}{P_0} = 10\lg\frac{P_x(\text{mW})}{1\text{mW}} \tag{3-17}$$

当$P_x=P_0=1\text{mW}$时为0dB_m，若$P_x>1\text{mW}$，分贝值为正；若$P_x<1\text{mW}$，分贝值为负。

对于电压电平，则以600Ω电阻上吸收$P_0=1\text{mW}$的基准功率时电压的有效值U_0为参考基准，显然，由于$(0.775\text{V})^2/600\Omega=1\text{mW}$，因此，取基准量$U_0=0.775\text{V}$，其分贝值用dB或$\text{dB}_\text{v}$表示。对于任意被测电压$U_x$，其电压电平定义为

$$P_\text{v}(\text{dB}_\text{v}) = 20\lg\frac{U_x}{U_0} = 20\lg\frac{U_x(\text{V})}{0.775\text{V}} \tag{3-18}$$

根据式（3-17）和式（3-18），可以直接在$P_x(\text{mW})$、$P_x(\text{dB}_\text{m})$之间和$U_x(\text{V})$、$P_\text{v}(\text{dB}_\text{v})$之间进行换算，为方便起见，常将$P_x(\text{mW})$、$P_x(\text{dB}_\text{m})$和$U_x(\text{V})$、$P_\text{v}(\text{dB}_\text{v})$作成

换算曲线。

前述的放大—检波式交流电压表，在对表头重新设计后，可从表头直接读取分贝值，这种具有分贝读数的电压表常称为“宽频电平表”，其组成框图如图 3-9 所示。

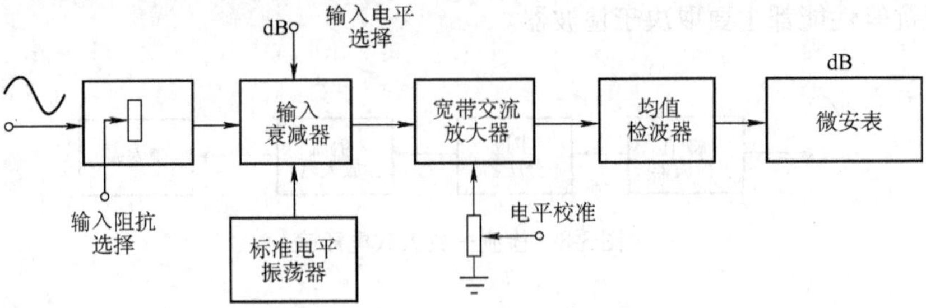

图 3-9　宽频电平表组成框图

宽频电平表是在均值电压表的基础上设计的。其宽带放大器前的输入衰减器上，用 dB 表示输入电平选择，衰减器的衰减步进为 10dB，相当于衰减 $\sqrt{10}=3.162$ 倍，表头刻度为 dB。需注意的是，实际被测电压或功率的 dB 值需由表头读数和衰减器共同决定。

对于电压电平，表头读数只能表示输入无衰减且交流放大器增益为 1 时被测电压的分贝值。当引入衰减和放大后，被测电压的 dB 值应为衰减器读数加上表头读数。

对于功率电平的测量，实际上是对阻抗两端电压电平的测量，与 1mW 基准功率对应的阻抗 Z_0 称为零刻度基准阻抗，取为 600Ω，此时表头的功率电平刻度与电压电平刻度一致。在图 3-9 所示的宽频电平表中，若选择输入阻抗 $Z_i=600\Omega$，就可直接从表头读出功率电平值。当输入阻抗 $Z_i\neq600\Omega$ 时，则应根据读出的电压电平换算出功率电平，即

$$P_x(\mathrm{dB_m})=20\lg\frac{U_x}{0.775}+10\lg\frac{600}{Z_i}=P_v(\mathrm{dB_v})+10\lg\frac{600}{Z_i} \tag{3-19}$$

式中，$P_v(\mathrm{dB_v})$ 为电压电平的 dB 值；Z_i 为选用的宽频电平表输入阻抗；$10\lg(600/Z_i)$ 可认为是对 $P_v(\mathrm{dB_v})$ 的修正。

图 3-10 所示为 MF-20 型电子式万用表度盘上的分贝刻度及两侧的附表，其测量范围为 −70 ~ +57dB。分贝刻度在刻度线中间位置有一个 0dB 点，它是以基准功率（电压）来确定的。一般规定，在基准阻抗 $Z_0=600\Omega$ 上加交流电压，使其产生 $P_0=1\mathrm{mW}$ 的功率为基准，相当于在仪表输入端加上电压 $U_0=\sqrt{P_0Z_0}=\sqrt{1\times10^{-3}\times600}\mathrm{V}\approx0.775\mathrm{V}$。即在 1.5V 量程的 0.775V 处定为 0dB，被测电压有效值 $U_x>0.775\mathrm{V}$ 时其分贝数为正值，$U_x<0.775\mathrm{V}$ 时其分贝数为负值。该仪表刻度为 −30 ~ +5dB。

mV~	dB
15	−40
60	−28
300	−14
1500	0

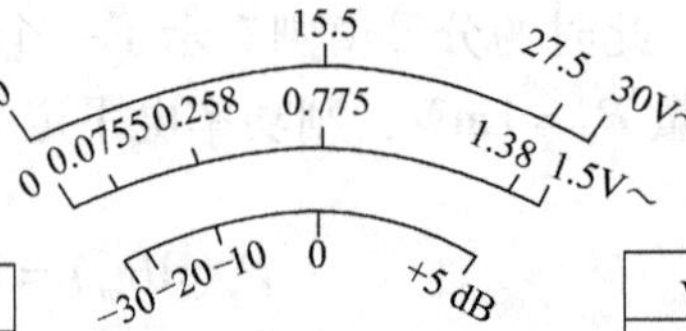

V~	dB
6	+12
30	+26
150	+40
600	+52

图 3-10　分贝刻度的读法

例 3-3　用 1.5V 量程万用表测电压，$U_x=1.38\mathrm{V}$，问对应的分贝值为多少？

解 $$P_v(dB_v)=20\lg\frac{U_x}{U_0}=20\lg\frac{1.38}{0.775}dB=+5dB$$

即此时该表指针指向 +5dB 处。

例 3-4 用 MF-20 的 30V 电压量程测得电压 $U_x=27.5V$，问其分贝值为多少？

$$P_v(dB_v)=20\lg\frac{27.5}{0.775}=+31dB$$

但此时 MF-20 表针指出的分贝值为 +5dB，显然这不是 U_x 的分贝值。原因在于 MF-20 多用表的电压基本量程是 0～1.5V，表盘上的分贝值与该量程上电压值相对应。当使用 30V 量程时，在该表的可变量程分压器的分压比为 30/1.5 = 20，因此加在后面电压表表头上的电压是衰减 20 倍的被测电压，或者说实际被测电压应是加在表头上电压的 20 倍。设表头上电压为 U'_x，则实际被测电压为 $U_x=20U'_x$，写成分贝形式为

$$U'_x(dB)=20\lg(20U'_x)=20\lg(20)+20\lg U'_x=26dB+20\lg U'_x$$

例 3-5 用 MF-20 的 300mV 档测电压，表针指在 10dB 处，被测电压的分贝值为多少？

解 由图 3-10 左侧附表可知，使用 300mV 挡时，被测电压的分贝值应是表盘上指针指出的分贝值减去 14dB，所以被测电压为

$$U_x(dB)=(-10-14)dB=-24dB$$

由此可见，对于 MF-20 型表，仅当使用 1.5V 挡时，才能直接读取分贝值，使用其他电压挡时都应进行相应的换算。

4. 外差式选频电平表

放大—检波式宽频电平表受宽带交流放大器的内部噪声影响，其灵敏度和带宽均有限。采用外差式接收原理的选频电平表则可大大提高测量灵敏度，在放大器谐波失真的测量、滤波器衰耗特性测量及通信传输系统中得到广泛应用。由于灵敏度高，选频电平表也被称为高频微伏表。图 3-11 为选频电平表组成框图。

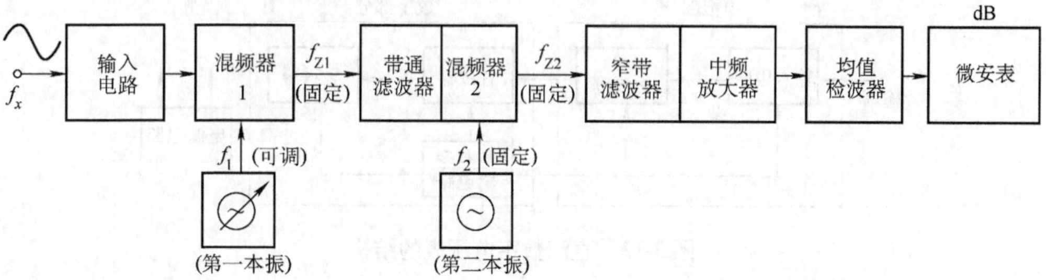

图 3-11 选频电平表组成框图

从图 3-11 可见，外差式选频电平表利用内部振荡器产生的信号与输入信号进行混频，其工作原理与外差式接收机相同：频率为 f_x 的被测信号通过输入电路后，与第一本振输出 f_1（可调）混频，得到固定的第一中频 f_{Z1}，f_{Z1} 再与第二本振输出 f_2 混频，得到固定的第二中频 f_{Z2}，中频信号 f_{Z2} 经过高增益放大器和检波器，驱动表头并以 dB 指示被测信号。选频电平表经过两级变频，对测量信号具有很好的频率选择性，从而在窄带中频上获得很高的增益，很好地解决了测量灵敏度与频率范围的矛盾。

3.3 电压的数字化测量

数字化测量技术是指将连续变化的被测模拟量转换成离散的数字量，然后进行编码、存储、数据处理、图像显示及打印等。进行这种处理，比较方便的参量是直流电压和脉冲频率，对应的测量仪器是数字电压表和电子计数器。

自1952年世界上第一台数字电压表问世以来，数字仪器所用器件经历了由电子管、晶体管、集成电路到大规模集成电路、专用集成电路的演变历程。20世纪70年代微处理器和微型计算机的出现，使数字仪器的发展出现了根本性的变革，产生了真正意义上的数字化测量，即采用微型计算机作为测量系统的主体和核心，通过对电信号的采样并利用数字信号处理技术对采样数据进行处理，获得所需要的电信号信息。

数字化测量技术解决了传统电子测量方式不能自动进行分析和处理的缺陷，实现了传统方式无法实现的各种复杂测量，使测量内容更广，测量精度和速度更优。同时出现了大量具有高分辨率和高准确度的智能化数字仪器，其中高精度数字电压表和数字多用表就是典型代表之一。

3.3.1 数字电压表的组成

数字电压表（DVM）是利用模-数（A-D）转换原理，将被测电压（模拟量）转换为数字量，并将测量结果以数字形式显示出来的一种电子测量仪器。直流数字电压表的结构如图3-12所示，主要由输入电路、模-数转换器（ADC）、控制逻辑电路、计数器、显示器等几部分组成。输入电路和ADC统称为模拟电路部分，而计数器、显示器和控制逻辑电路统称为数字电路部分。

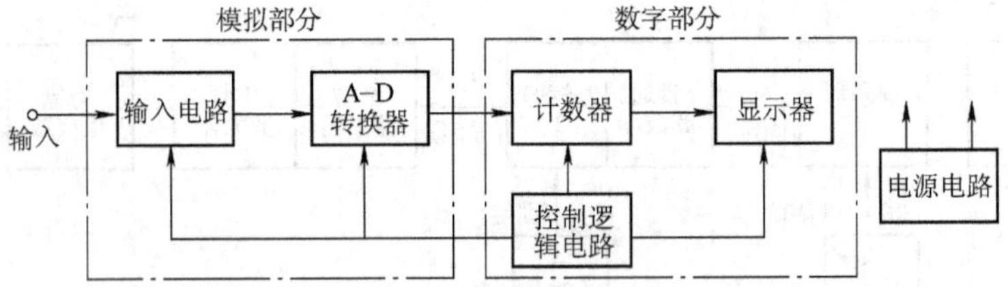

图3-12 直流数字电压表的结构

ADC是数字电压表的核心。在数字电压表中使用ADC的目的是把被测电压转换成与之成比例的数字量，因而它是一个电压-数字（U-D）转换器。而电压是一个最基本的电量，且其他许多物理量都能方便地转换成电压，因此电压-数字转换是一种最基本、最常用的A-D转换方式。由于实现电压-数字转换的原理和方案有很多种，因而相应地也有各种不同类型的数字电压表。

电压的数字测量有两个好处。其一，可以将一些处理模拟量的问题转化为处理数字量的问题。前者需用模拟电路，而后者则用数字技术。现在数字逻辑电路集成度越来越高，不仅有利于电压表的小型化，更能提高仪器的可靠性。其二，由于电压的数字测量方法采用数字技术，因此DVM可以很方便地与计算机以及计算机的外设（例如打印机、绘图仪）相连接。这样就可以借助计算机的资源进一步增强和完善 DVM 的功能，而且还可以通过标准总线接入自动测试系统实现测量自动化。

3.3.2 数字电压表的主要性能指标

1. 测量范围

（1）显示位数

显示位数是表征 DVM 性能的一个最基本的参量。显示位分为完整显示位和非完整显示位。例如 4 位显示是指 DVM 具有 4 位完整显示位，其最大显示数字为 9 999，而 $4\frac{1}{2}$位（4 位半）指 DVM 具有 4 位完整显示位和 1 位非完整显示位，其最大显示数字为 19 999。

（2）量程

DVM 的量程包括基本量程或扩展量程。在基本量程上，输入电路不需对被测电压进行放大或衰减，便可直接进行 A-D 转换。DVM 在基本量程基础上，通过输入电路对输入电压按 10 倍放大或衰减，扩展出其他量程。

（3）超量程能力

超量程能力是 DVM 的一个重要性能指标。最大显示为 9 999 的 4 位表是没有超量程能力的。而基本量程为 1V，最大显示为 19 999 的 4 位半表有 100% 的超量程能力；但是基本量程为 2V，最大显示为 19 999 的 4 位半表就没有超量程能力。

有了超量程能力，当被测量超过标定的满度量程时，读取的测量结果不会降低精度和分辨率。例如，使用满量程为 10V 的 4 位数字电压表，其输入电压从 9.999V 变成 10.001V 时，若 DVM 没有超量程能力，则必须换用 100V 量程挡，从而得到“10.00V”的显示结果，这样就丢失了 0.001V 的信息。

2. 分辨率

分辨率是指 DVM 能够分辨最小电压变化量的能力。显然，在不同的量程上能分辨的最小电压变化的能力是不同的，例如 3 位半的 DVM，在 200mV 量程上，可以测量的最大输入电压为 199.9mV，其分辨力为 0.1mV/字，即当输入电压变化 0.1mV 时，显示的末尾数字将变化“1 个字”。在 DVM 中，每个字对应的电压量也可用刻度系数表示。目前分辨率可小至 1nV，个别产品附加低噪声前置放大器选件，分辨率可达 1pV 的极高水平。

3. 测量速度

测量速度是指 DVM 每秒钟完成的测量次数。它直接取决于 ADC 的转换速度，一般低速高精度的 DVM 测量速度在每秒几次至每秒几十次。

4. 测量精度

DVM 的测量精度通常用固有误差表示，即

$$\Delta U_x = \pm(a\% U_x + b\% U_m) \tag{3-20}$$

相对误差为

$$\gamma = \pm\frac{\Delta U_x}{U_x} = \pm\left(a\% + b\%\frac{U_m}{U_x}\right) \tag{3-21}$$

式中，U_x 为被测电压的读数；U_m 为该量程的满度值；a 为误差的相对项系数；b 为误差的固定项系数。

在有些 DVM 中，给出的测量绝对误差表达式为

$$\Delta U_x = \pm(a\% U_x + n\text{字}) \tag{3-22}$$

5. 输入阻抗

DVM 的输入阻抗通常都较高，量程不同，输入阻抗也不同。对于直流 DVM，输入阻抗用输入电阻表示，一般为 1000MΩ。对于交流 DVM，输入阻抗用输入电阻和并联电容表示，电容值一般在几十至几百皮法之间。

3.4 电压测量中的模-数转换器

在数字电压表发展中曾使用过多种 ADC，通常可分为积分式和比较式两大类。积分式 ADC 是一种间接转换形式，首先将输入的模拟电压通过积分器变成时间（T）或频率（f）等中间量，再把中间量转换成数字量。比较式 ADC 是采用对输入的模拟电压与标准电压进行比较的方法，是一种直接转换形式。目前使用较多的积分式 ADC 主要有双斜积分式、三斜积分式、多斜积分式和脉冲调宽式等。利用这种积分比较的电荷平衡原理又发展出脉冲调宽型、V-F 转换型等。积分式 ADC 具有平均值响应的特点，抗干扰能力强，但存在转换速度相对较慢的缺点。比较式 ADC 目前使用的主要有逐次逼近比较式和余数再循环比较式 ADC。这类转换器的特点是对电压瞬时值进行比较，因而抗干扰能力差，但转换速度快，可以测量输入信号的瞬时值。另外，还有复合型的 ADC，是将积分式和比较式两种 ADC 组合在一起的，发挥各自的优点，因而能够获得高的准确度和优越的电气性能。复合型 ADC 多用在较高档的电压表中。

目前，数字电压表和数字多用表中大都采用集成电路完成模-数转换功能，甚至用单片集成芯片就能完成 ADC、BCD 译码、显示驱动等多种功能。

3.4.1 积分式 ADC

1. 双斜积分式 ADC

双斜积分式 ADC 又称为双积分式 ADC。它是电压表中积分式 ADC 的基础，双斜式 ADC 转换器属于间接型 ADC 转换器。

所谓双斜积分是指第一次对输入电压 U_x 作定时（T_1）积分，第二次对基准电压 U_r 作定值积分。通过二次积分得到与输入电平的平均值成正比的时间间隔 T_2，在 T_2 内对时钟脉冲计数，完成电压—时间—数字转换。原理如图 3-13a 所示。

由图 3-13a 可见，它主要由积分、比较和计数三部分组成。工作过程由逻辑控制电路控制。下面以测量负直流电压 $-U_x$ 为例说明双积分式 ADC 的工作过程。

（1）复零阶段

开关 S_0 闭合，积分电容 C 短接，使积分器的输出电压为 $u_o=0$，同时，给计数器复零。

（2）采样阶段（定时积分阶段）

开关 S_0 断开，S_1 接被测电压 $-U_x$。由于积分运放的另一端接地，可以认为积分电容 C 上的端电压就是积分器的输出电压 u_o。积分器输出 u_o 线性增长，经固定的积分时间 T_1，u_o 达到最大 u_{om}，即

$$u_{om} = -\frac{1}{RC}\int_{T_1}(-U_x)dt = \frac{T_1}{RC}\overline{U_x} \tag{3-23}$$

被测电压 U_x 的绝对值越大，定时积分结束时得到的 u_{om} 越大。在图 3-13b 中 $|U_{x2}| > |U_{x1}|$，则 $u_{o2m} > u_{o1m}$。从正向积分开始，比较电路的输出信号使计数部分的主门开通，十进制计数器对时钟信号计数。由于时钟信号的周期 T_0 是固定的已知值，若令计数值达到某确定的 N_1，则定时积分的时间 $T_1 = N_1 T_0$ 是确定的。

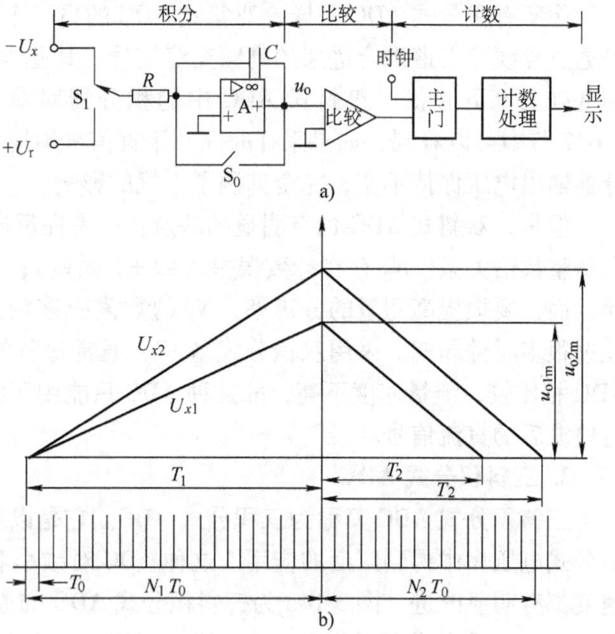

图 3-13 双斜式 A-D 转换器的原理图
a）原理框图 b）双积分过程

(3) 比较阶段（定值积分阶段）

开关 S_1 切换至基准电压 $+U_r$ 端并保持不变。由于积分电阻 R 与积分电容 C 的交点接于运放的虚地，运放的输入阻抗又足够大，因而可以认为在电容 C 上的积分电流值为 U_r/R 不变。这样，u_o 的下降斜率不变，所以第二阶段的积分称为定值积分。

随着 u_o 的均匀下降，当 u_o 下降至 0V 时，比较器的两输入电压相等，比较器的输出信号在这一瞬间关闭了主门。从定值积分开始至主门关闭，反向积分的时间为 T_2。

$$u_o = u_{om} - \frac{1}{RC}\int_{T_2} U_r dt = u_{om} - \frac{U_r}{RC}T_2 = 0 \tag{3-24}$$

将式（3-23）代入式（3-24），得

$$\overline{U_x} = \frac{T_2}{T_1}U_r \tag{3-25}$$

若在 T_1 和 T_2 两时段，对相同时钟 T_0 的计数值分别为 N_1 和 N_2，则时间比可用计数值之比来代替，即

$$\overline{U_x} = \frac{N_2}{N_1}U_r \tag{3-26}$$

在式（3-26）中，因 N_1 和 U_r 均为固定值，并选 $e = U_r/N_1$ 的数值为 10 的整数次幂，e 称为刻度系数。通过小数点的自动定位，往往可用 N_2 直接显示 U_x 的大小，即

$$\overline{U_x} = eN_2 \tag{3-27}$$

由式（3-26）可以看出，双斜式 ADC 被测电压的表达式中不存在积分元件 R、C 及时钟周期的数值。由于双斜式 ADC 在同样的硬件电路上进行了采样、转换两次积分操作，将电压的比较转换为两个时间的比较，或者是两个计数值的比较，因此，在运算过程中，积分元件 R、C 以及计数时钟等因素已被去除，其误差和长期不稳定性不会影响转换精度。电路

对这些器件的要求仅是在同一次转换的采样和比较期间参数不会发生变化，这种要求很容易达到，所以双斜式 ADC 是一种廉价且具有较高转换精度的 ADC，在中、低档 DVM 中广泛应用。

像所有积分式 ADC 一样，双斜式 ADC 的另一个重要优点是抗干扰性强。通常干扰信号是通过导线等渠道耦合进来的高频交流信号，其基本影响是使输入信号电压在原有直流电压的基础上上下起伏。双斜式 ADC 中的积分器对输入信号具有很强的平均作用。在本章 3.6.2 节中可以看到，如果采样时间与干扰信号周期之间满足一定的条件，采样期结束时积分器输出电压保持不变，完全抑制了干扰的影响。

但是，双斜式 ADC 也有明显的缺点：一是在反向积分时，积分时间 T_2 与时钟周期不一定是整数倍关系，N_2 存在计数误差（即 ±1 误差）；二是要经过正、反两次积分才能完成变换，而且要想提高测量的分辨率，N_2 的数值应该较大，而 N_1 通常还应大于 N_2，这就要求经过很多时钟周期。采用双积分式 ADC，通常每秒钟只能测量几次到几十次，与非积分式 ADC 相比较，测量速度不高，故这种 ADC 只能用于测量变化速度比较慢的信号，或者是经过检波后的直流信号。

2. 三斜积分式 ADC

三斜积分式 ADC 又称为三积分式 ADC。它是以双斜积分式 ADC 为基础发展起来的，在积分式电压表中得到广泛的应用。这种 ADC 对减小双斜积分式 ADC 的计数误差和提高转换速度都有明显改进。图 3-14a 为三斜积分式 ADC 的原理图，它与双斜积分式 ADC 原理图十分相似，只是在反向积分时，除一段时间接入基准电压 U_r 外，另有一段时间接入一个小 2^n 倍的基准电压 $U_r/2^n$。同时用另一个计数器，在对基准电压 $U_r/2^n$ 积分期间对同一时钟进行计数。

三斜积分式 ADC 的采样阶段与双斜积分式完全相同，而三斜积分式 ADC 的比较阶段分为如图 3-14b 所示的 T_{21} 和 T_{22} 两部分。在 T_{21} 期间，积分器对基准电压 U_r 进行积分，放电速度较快；在 T_{22} 期间，积分器改为对较小的基准电压 $U_r/2^n$ 进行积分，放电速度较慢。在计数时，把计数器也分成两段进行计数。在 T_{21} 期间，从计数器的高位（2^n 位）开始计数，设其计数值为 N_{21}；在 T_{22} 期间，从计数器的低位（2^0 位）开始计数，设其计数值为 N_{22}。则计数器中最后的读数为 $N=2^nN_{21}+N_{22}$。

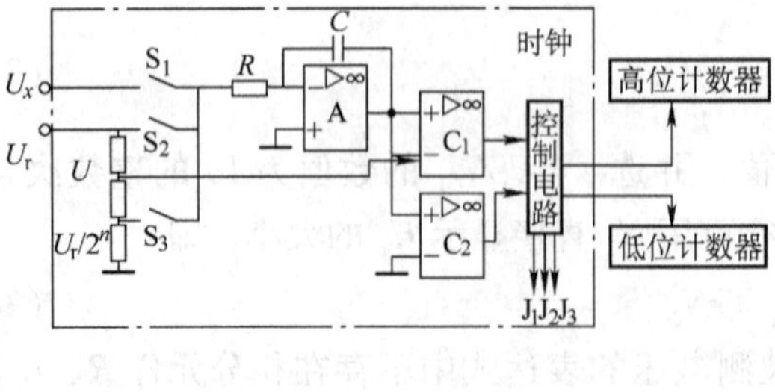

a)

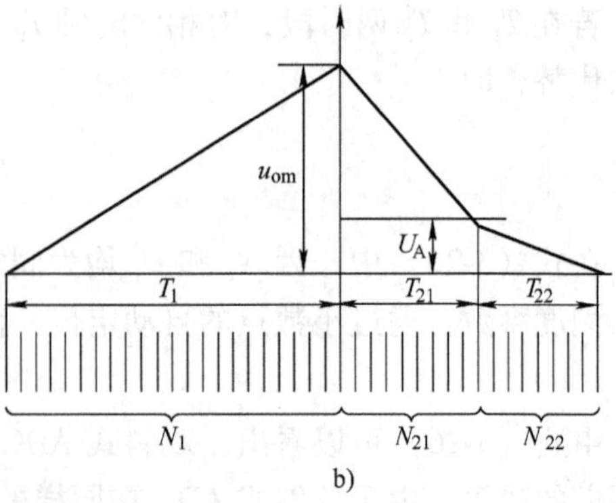

b)

图 3-14　三斜积分式 A-D 转换器的原理图

a）原理图　b）工作波形

在一次测量过程中，积分器上电容器的充电电荷与放电电荷是平衡的，则

$$-\frac{1}{RC}\int_{T_1}(-U_x)\mathrm{d}t-\frac{1}{RC}\int_{T_{21}}U_r\mathrm{d}t-\frac{1}{RC}\int_{T_{22}}\frac{U_r}{2^n}\mathrm{d}t=0 \tag{3-28}$$

三斜积分式 ADC 的基本关系式为

$$\overline{U}_x=\frac{2^nT_{21}+T_{22}}{2^nT_1}U_r \tag{3-29}$$

在 T_1、T_{21} 和 T_{22} 期间对同一时钟的计数值分别为 N_1、N_{21} 和 N_{22}，可得 U_x 的另一种表达式为

$$\overline{U}_x=\frac{2^nN_{21}+N_{22}}{2^nN_1}U_r=\frac{N}{2^nN_1}U_r=\frac{NT_0}{2^nT_1}U_r \tag{3-30}$$

式（3-30）中，如果取 $2^n=2^7$，时钟脉冲周期 $T_0=120\mu s$，基准电压 $U_r=10V$，并希望把 12V 被测电压变换为 $N=120\,000$ 的数码读数，由式（3-30）可计算出 $T_1=100ms$，而传统的双斜积分式 ADC 在相同的条件下所需要的积分时间 $T_1=15.36s$，可见三斜积分式 ADC 可以使测量速度大幅度提高。

由式（3-29）和式（3-30）可见，T_1 及 T_{21} 对被测结果的影响比 T_{22} 的影响大 2^n 倍，或者说 N_1 及 N_{21} 对被测结果的影响比 N_{22} 的影响大 2^n 倍。在对时间 T_1 和 T_{21} 的计数值 N_1 和 N_{21} 中是没有计数误差的，只有影响较小的 N_{22} 存在计数误差。由于主要部分没有误差，次要部分的误差又被削弱为原来的 $1/2^n$ 倍，所以三斜积分式 ADC 的计数误差被明显减小了。

由于在 T_{21} 期采用了较大的基准电压，加快了测量速度，在 T_{22} 期采用了较小的基准电压，减小了计数误差，提高了测量精度，因而三斜积分式 ADC 较好地解决了测量速度与测量精度的矛盾。

3. 多斜积分式 ADC

前面介绍的积分式 ADC 的采样阶段（T_1）只对被测信号 U_x 采样。通常为了克服干扰信号，尤其是工频（50Hz）串模干扰信号对测量精度的影响，取 $T_1=n\times 20ms$。而 T_1 的数值较大致使转换速率很低，影响 DVM 的读数速率。为提高测量速度，多斜积分式 ADC 在 T_1 期内不仅对被测信号进行积分，而且也对基准电压（$+U_r$ 或 $-U_r$）进行积分。因此，在采样期内就得到部分测量结果（数据的高位部分），提高了转换速率。

在多斜积分式 ADC 中，T_1 期称为斜升期，T_2 期称为斜降期，其基本工作过程如图 3-15 所示。

1）斜升期可分为若干小阶段。首先对被测信号进行积分，设 U_x 为负，积分器输出电压上升。经过固定的积分时间 T_{10} 后，对 $U_x+(-U_r)$ 积分，经积分时间 T_{11} 后，输出电压达到较高水平，如果继续积分，则可能造成积分器进入非线性状态，因此电路开始对 U_x+U_r 进行积分，输出电压下降。再次经过固定的积分时间 T_{12} 后，输出电压下降至较低的水平，而后再次对 $U_x+(-U_r)$ 进行积分。如此反复可以实现对被测电压进行很长时间的积分采样。由于斜升期中的每个阶段时间都是由定时器产生的固定值，因此不存在计数误差。

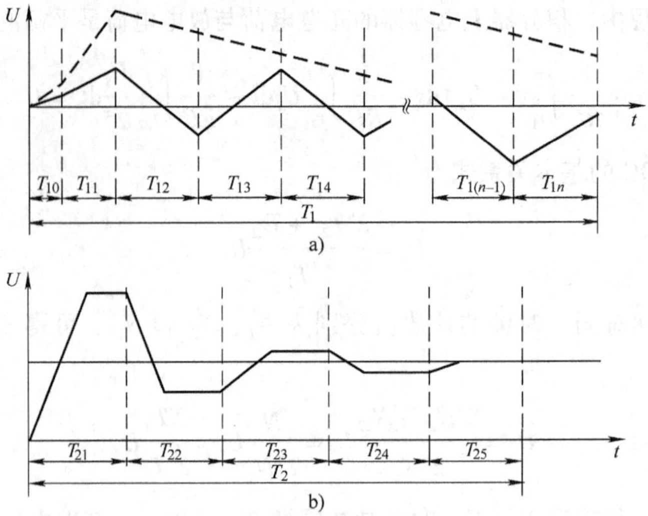

图 3-15 多斜积分式 ADC 原理图

a）斜升过程 b）斜降过程

在采样期内多次变换积分输出电压的方向，减小了积分器的动态范围，避免了积分器进入饱和状态，同时也减轻了积分电容介质吸收效应对测量精度的影响。

2）在斜降期，被测电压被断开，只对基准电压进行积分。这个阶段与三斜积分式的原理相同，只是采用了更多的辅助基准电压。通常斜降期分为五个阶段，在这五个阶段，积分器输入端分别接入 $-U_r$、$+U_r$、$-U_r/10$、$+U_r/100$、$-U_r/1000$。在 T_2 中的每个阶段，积分器越过零点后，再积分一段时间，之后输入不接任何电压，使输出保持一段水平不变。这样经过反复积分，使 T_2 期结束时过零比较的精度大大提高了。

在整个转换周期，积分器输出电压始于零而终于零，计数器在正向积分时递增计数，反向时递减计数，计数结果即反映了被测电压的大小。当然，在 T_2 期的计数值须根据基准电压的不同进行加权。

4. 脉冲调宽式 ADC

脉冲调宽式 ADC 也是一种以积分器为基础的 ADC，它将输入的被测电压准确地调制成为脉冲的宽度，使脉冲的宽度与被测电压的大小成正比，然后对正、负脉冲的宽度之差进行计数。其基本原理如图 3-16a 所示。由图可见，脉冲调宽式 ADC 与双积分式 ADC 的差别在于积分器的输入电压不仅有被测电压 U_x、基准电压 $+U_r$ 或 $-U_r$，还有周期固定（T_s）、幅度为 $\pm U_s$ 的方波电压。由于在测量过程中 U_s 总是大于 U_x 与 U_r 之和，因此 A-D 的转换周期取决于方波电压的周期，积分器输出斜变方向也取决于 U_s 的极性，该方波也就称为节拍方波。

在脉冲调宽式 ADC 中，被测电压 U_x 和方波电压 U_s 始终加在积分器的输入端，而基准电压 $+U_r$ 或 $-U_r$ 则在控制电路的作用下，根据需要分时地加到积分器输入端，如图 3-16b 中的波形①所示。下面结合图 3-16b 的波形说明其工作过程。

积分器的输出电压 u_o 加在比较器上，与加入比较器的另一电平——零电平作比较，当 $u_o>0$ 时，正基准电压 $+U_r$ 反馈到积分器的输入端；当 $u_o<0$ 时，负基准电压 $-U_r$ 反馈到积分器输入端，电路构成了一个不连续的负反馈闭环系统。积分器输出电压的波形如图 3-16b

③所示。从波形①可见，积分器输出过零时，基准电压 U_r 改变极性，波形出现转折点。由于节拍方波是正、负对称的，它在整个周期内平均电压为零，而这时反馈电压 $+U_r$ 和 $-U_r$ 对应的时间宽度决定于被测电压 U_x 的值，从而得到调宽脉冲电压，其波形如图 3-16b④所示。

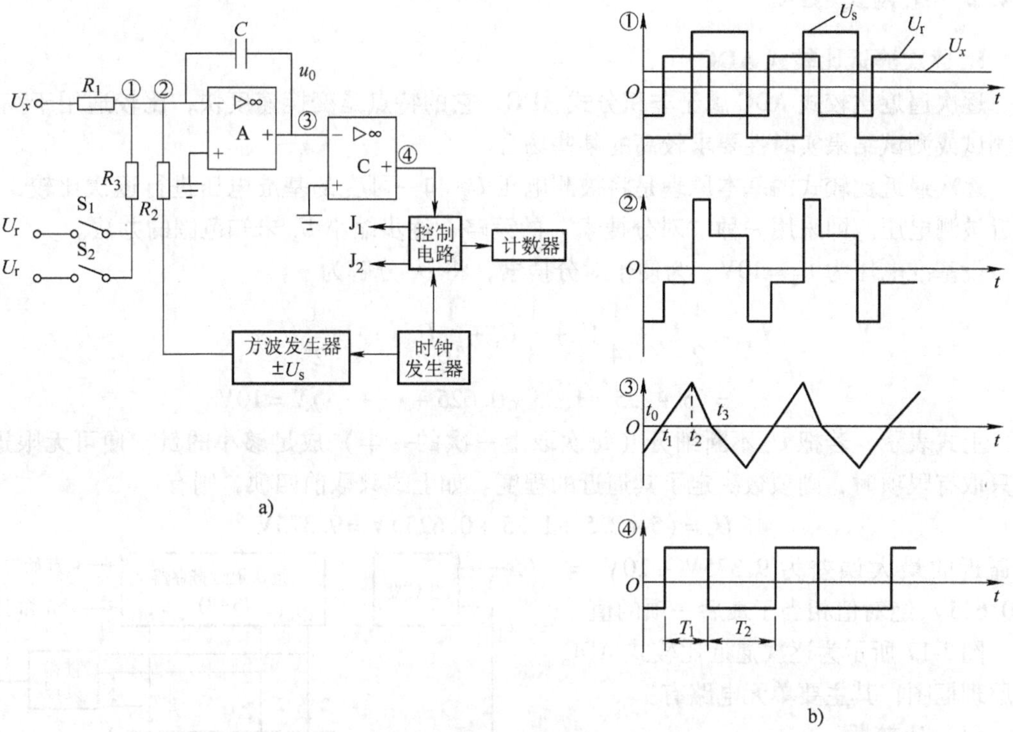

图 3-16 脉冲调宽式 ADC

a）原理图 b）波形图

①积分器输入电压 ②积分器输入合成波形 ③积分器输出波形 ④比较器输出波形

在一次 A-D 转换过程中，由于节拍方波 U_s 是正、负对称的，一个周期内积分的平均电压为零，所以它对 A-D 转换的结果没有任何贡献，仅仅用于控制 A-D 转换周期；而 $+U_r$ 及 $-U_r$ 的作用时间则取决于 U_x 的大小。图 3-16b 波形④中 T_1 和 T_2 分别表示 $+U_r$ 和 $-U_r$ 的作用时间，一次 A-D 转换过程中它的总作用时间为方波的周期 T_s，即 $T_1+T_2=T_s$。

按照电荷平衡原理，在方波的一个周期内积分电容器净得电荷量为零，因此得到下式为

$$\frac{U_x}{R_1}(T_2-T_1)+\frac{U_r}{R_3}T_1+\left(-\frac{U_r}{R_3}\right)T_2=0$$

如果取 $R_1=R_3$，则

$$U_x=\frac{T_2-T_1}{T_s}U_r=\frac{2U_r}{T_s}\left(T_2-\frac{T_s}{2}\right) \tag{3-31}$$

可见只需利用计数器测量时间 T_2 即可得到 U_x 的 ADC 结果。

脉冲调宽式 ADC 仍属于积分式 ADC，具有积分式 ADC 的各种特点，如积分元件 R、C

的精度不影响转换精度，具有良好的抗串模干扰能力，如果选择节拍方波的周期为工频周期的整数倍，则可获得对工频干扰无限的抑制能力。同时，它能满足一些用户希望 ADC 始终与被测相连的要求。脉冲调宽式 ADC 在每一个转换周期内要往返积分四次，使积分器的动态范围减小，从而降低其非线性失真的影响。

3.4.2 比较式 ADC

1. 逐次逼近比较式 ADC

逐次逼近比较式 ADC 属于非积分式 ADC，它的特点是变换速度快，比较适用于高速自动测试或测试结果实时性要求较高的某些场合。

逐次逼近比较式的基本原理是将被测电压 U_x 和一可变的基准电压进行逐次比较，最终逼近被测电压。即采用一种“对分搜索”的策略，逐步缩小 U_x 未知范围的办法。

设基准电压为 $U_r=10V$，为便于对分搜索，将 U_r 分解为

$$U_r=\frac{1}{2}U_r+\frac{1}{4}U_r+\frac{1}{8}U_r+\frac{1}{16}U_r+\cdots+\frac{1}{2^n}U_r+\cdots$$
$$=(5+2.5+1.25+0.625+\cdots+\cdots)V=10V$$

上式表示，若把 U_r 不断细分（每次取上一次的一半）成足够小的量，便可无限逼近，当只取有限项时，则项数决定了其逼近的程度。如上式只取前四项，则有

$$U_r=(5+2.5+1.25+0.625)V=9.375V$$

其逼近的最大误差为 9.375V − 10V = −0.625V，绝对值相当于最后一项的值。

图 3-17 所示为逐次逼近比较式 ADC 的原理框图，其主要单元电路有：

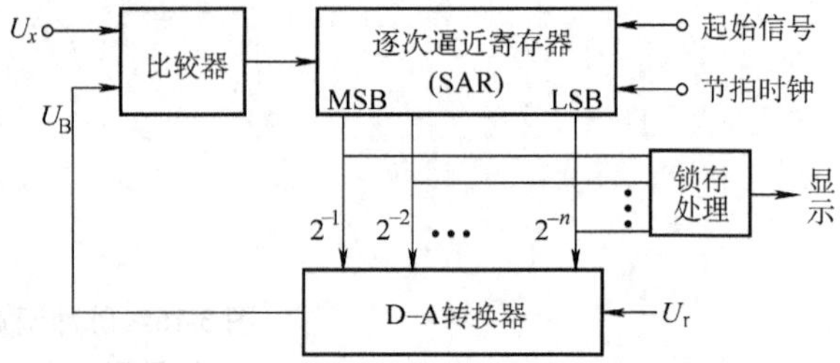

图 3-17 逐次逼近比较式 ADC 的原理框图

(1) 比较器

比较器的特性类似于天平，实现输入端两电压的比较运算，若 $U_B>U_x$，比较器输出为 0；若 $U_B\leqslant U_x$，比较器输出为 1。

(2) 逐次逼近寄存器（SAR）

SAR 从高位到低位顺序输出脉冲 1，若输出的最高位（MSB）为 1，经 D-A 转换后反馈给比较器输入端的电压是基本量程的 1/2，若后面各位为 1，则分别使 U_B 增加基本量程的 $1/2^2$，$1/2^3$，…，$1/2^n$。若某位为 0，则它对 U_B 没有影响。

(3) D-A 转换器

D-A 转换器用于将 SAR 输出的二进制数字量转换成步进砝码电压。

对于 n 位的 D-A 转换器，若输入的数字量为 $a_{n-1}a_{n-2}\cdots a_1a_0$，则输出电压为

$$U_B=\frac{U_r}{2^n}\sum_{i=0}^{n-1}a_i\times 2^i \tag{3-32}$$

例如对于某 8 位的 D-A 转换器，若 $U_r=10V$，当输入二进制为 10110000 时，D-A 转换器输出为

$$U_B = \frac{10}{2^8} \times (1 \times 2^7 + 1 \times 2^5 + 1 \times 2^4)\ V = 6.875V$$

（4）控制器

控制器发出一系列的节拍脉冲，并根据比较器输出值控制 SAR 各位的输出状态。

逐次逼近比较式的 A-D 转换过程类似于天平称重的过程，U_r 的各分项相当于提供有限个电子砝码，而 U_x 是被测量的电压。逐步地添加或移去电子砝码的过程完全类同于称重中的加减砝码的过程，而称重结果的精度取决于所用的最小砝码。

下面以一个 8 位 D-A 转换器的逐次逼近比较式数字电压表来说明该类 DVM 的工作原理。设基本量程为 10V，SAR 输出为 8 位，被测电压 $U_x = 3.285V$。工作过程见表 3-2。

表 3-2 逐次比较式 A-D 转换工作过程

时钟节拍	逐次逼近寄存器（SAR）	D-A 转换器输出 U_B/V	比较器输出	SAR 输出
1	10000000	$1/2 \times U_r = 5$	0（$U_B > U_x$）	00000000
2	01000000	$1/4 \times U_r = 2.5$	1（$U_B < U_x$）	01000000
3	01100000	$(1/4 + 1/8)\ U_r = 3.75$	0（$U_B > U_x$）	01000000
4	01010000	$(1/4 + 1/16)\ U_r = 3.125$	1（$U_B < U_x$）	01010000
5	01011000	$(1/4 + 1/16 + 1/32)\ U_r$	0（$U_B > U_x$）	01010000
6	01010100	$(1/4 + 1/16 + 1/64)\ U_r$	1（$U_B < U_x$）	01010100
7	01010110	$(1/4 + 1/16 + 1/64 + 1/128)\ U_r$	0（$U_B > U_x$）	01010100
8	01010101	$(1/4 + 1/16 + 1/64 + 1/256)\ U_r$	0（$U_B > U_x$）	01010100

SAR 的最后输出即是 A-D 转换的结果，用数字量 N 表示，则有

$$U_x = \frac{N}{2^n} U_r = eN \tag{3-33}$$

式中，e 为定值，称为 ADC 的刻度系数，单位为 V/字，即表示 A-D 转换结果的每个“字”（N 的单位数字，1LSB）代表的电压量。

如 $U_x = 3.285V$，$U_r = 10\ V$，当用 U_x 的 8 个分项逼近时（相当于 8 位 ADC），A-D 转换的结果为 $N = (01010100)_2 = 84$，即

$$U_x = \frac{N}{2^n} U_r = \frac{(01010100)_2}{2^8} \times 10V = 3.281V$$

上述逼近结果与 U_x 的误差为 $3.281V - 3.285V = -0.004V$。可以想见，随着位数的增加，显示电压就更逼近被测电压。

从以上讨论可以看到，由于 D-A 转换器输出的基准电压是量化的，因此，A-D 转换精度主要决定于 D-A 转换器的位数。

逐次逼近比较式 ADC 的准确度，由基准电压、D-A 转换器和比较器的漂移等决定，其转换时间与输入电压大小无关，仅由它的输出数码的位数和时钟频率决定。这种 ADC 能兼顾速度、精度和成本三个主要方面的要求。

总的说来，逐次逼近比较式 ADC 由于采用对分搜索逐次逼近的直接比较方法，因此转换速度较快，但由于直接与被测电压比较，也容易受到干扰。

逐次逼近比较式 ADC 已单片集成化，常见产品有 8 位的 ADC0809、12 位的 AD574 和 16 位的 AD7805。

2. 余数循环比较式 ADC

逐次逼近比较式 ADC 完成一次比较程序后，通常不等于被测电压值，只能是逼近，因此有剩余误差。若要减小误差，提高分辨率，只有增加位数，而位数太多，不仅电路复杂，增加成本，关键是末位比较电压太小，易受噪声影响以致无法工作。若将完成了一遍比较程序之后的余数保存下来，放大后再比较一次，若还有误差则再比较一次，这样反复循环，则分辨率可以不断提高。这种方法称为余数循环比较，它的核心电路是比较器。

余数循环比较式 ADC 与逐次逼近比较式 ADC 具有类似的工作原理，是一种常见的逐次逼近方法的多周期转换（或称多节拍转换），其简化框图如图 3-18 所示。图中的比较器有两个输入端 U_C 和 U_B。其中 U_C 通过开关 S_1 接被测电压 U_x 或经采样保持电路所保持的电压，后者实际上是放大了的余数电压，也是需要测量的电压。U_B 是比较器输出的数字量经 D-A 转换反馈回来的模拟电压。

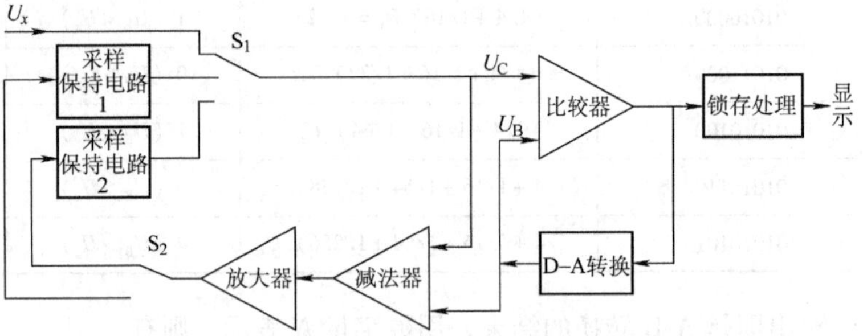

图 3-18 余数循环比较式 ADC 原理框图

U_B 一方面在比较器的输入端与 U_C 比较，另一方面在减法器的输入端与 U_C 相减，其差值就是 U_C 扣除整数部分的余数。若图中放大器增益为 10，则余数部分相当于小数点右移一位或整个余数左移一位。$U_{B1}=(U_C-U_B)\times10$ 通过开关 S_2 存于采样保持电路 1，至此第一次比较结束，所得数码为 D-A 转换的输入数码。第二次比较时，U_{B2} 与 U_C 比较，在第二次比较时，$U_{B2}=(U_C-U_{B1})\times10$ 通过开关 S_2 存于采样保持电路 2 中，作为第三次比较时的 U_{B2}，如此循环下去，所以有余数循环比较式 ADC 之称。假设多次循环比较过程中每次（或每个节拍）得数码 N_n，n 为循环比较次数（$n=1$，2，…），则余数循环比较式 ADC 总的转换结果 N 为各次转换时数码 N_n 的加权，即

$$N=N_1\times10^0+N_2\times10^{-1}+\cdots+N_n\times10^{-(n-1)} \tag{3-34}$$

式（3-35）中假设 D-A 是一位 BCD 码转换器。

下面以输入电压 $U_x=3.285\text{V}$ 为例，用表 3-3 说明四次循环比较过程。

在该例中，D-A 转换输出是一位 BCD 输入码，根据表 3-3 得余数循环 A-D 转换的结果为

$$N=(3\times10^0+2\times10^{-1}+8\times10^{-2}+5\times10^{-3})\text{V}=3.285\text{V}$$

表 3-3 余数循环比较过程

时钟节拍	输入电压或余数存储电压/V	数据判别 8 4 2 1	D-A 转换输出	余数电压/V	余数存储电压/V
1	3.285	0011	3	0.285	2.85
2	2.85	0010	2	0.85	8.5
3	8.5	1000	8	0.5	5.0
4	5.0	0101	5	0	0

余数循环式 ADC 的分辨率高，从上例可知，转换过程可以不断地进行下去，每转换一次分辨率就可以提高一个数量级。当然，实际上受到诸如电路元器件的热噪声、保持电容的泄漏、介质吸收效应以及 D-A 转换的非线性等的影响，目前余数循环比较式 ADC 的分辨率约为 $10^{-6}\sim10^{-7}$量级。

余数循环式 ADC 不像积分式 ADC 那样受采样期时间 T_1 的限制，其转换速度主要取决于 D-A 转换的速度，比较器、衰减器、余数放大器、采样保持电路的响应速度，以及在开关 S_1 改变位置时余数模拟电压的建立时间等。据资料介绍，完成一次 22bit 转换约需 1.6ms 的时间，远低于积分式 ADC 的转换时间，因此这种 ADC 用于数字多用表可以大大提高读数速率。

3.5 数字多用表

如前所述，直流电压的测量是最基本的测量。在直流电压测量的基础上，可以实现对其他参量的测量，例如交流电压、电流、电阻，甚至温度、压力等非电量的测量。对这些参量的测量都是在直流数字电压测量的基础上实现的，与此相应的仪器称为数字多用表（DMM），其组成如图 3-19 所示。

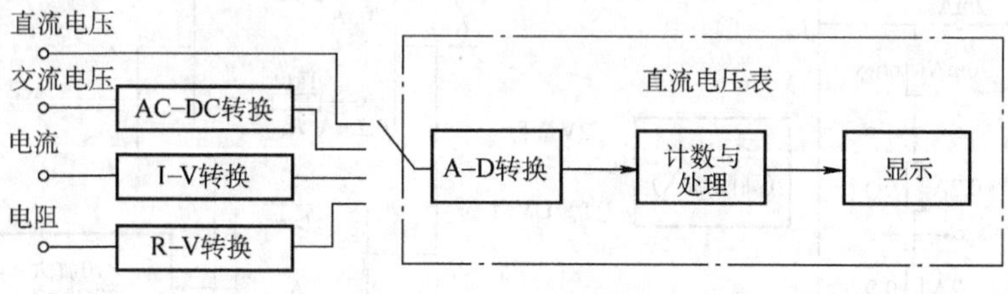

图 3-19 DMM 组成框图

3.5.1 AC-DC 转换原理

由于直流数字电压表是线性化刻度的仪器，因此若要对交流电压进行高精度的数字测量，则 AC-DC 转换必须是线性的。在模拟电压表中，常用二极管检波器构成简单的 AC-DC 转换器，但这种 AC-DC 转换器的转换特性是非线性的。这种非线性在模拟电压表中可以用非线性的刻度来校正。可是，直流数字电压表本身无法做这样的校正，因此这种简单的 AC-DC 转换器不适于交流电压的数字测量。

图 3-20 所示为采用运算的半波均值检波电路。当 u_x 为正半周时 VD_1 导通、VD_2 截止，

输出电压 u_o 为零。当 u_x 为负半周时 VD_1 截止、VD_2 导通，u_o 输出正的半波信号。在 u_o 的负半周，$u_x = i_A R_A$，$u_o = i_B R_B$，最后可得输出电压为

$$u_o = iR_B = \frac{R_B}{R_A} u_x \tag{3-35}$$

即在 u_x 的负半周，输出电压在数值上与输入电压成正比，克服了二极管带来的非线性。输出电压再经滤波平均，即可得到与输入负半周平均值成正比的电压，并使检波特性有很大改善。

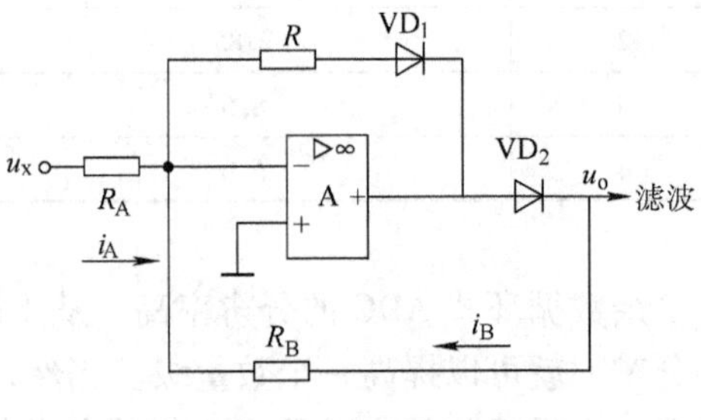

图 3-20 半波均值检波电路

在 DMM 中，AC-DC 的转换主要按真有效值的数学定义用集成电路实现。因为

$$U_{rms} = \sqrt{\frac{1}{T}\int_0^T u_x^2(t)\,dt}$$

利用模拟运算电路实现有效值电压的测量，本章 3.2.2 节已做了介绍。

3.5.2 电流-电压转换原理

基于欧姆定律即可实现电流-电压（*I-U*）转换，即将被测电流 I_x 通过一个已知的标准电阻 R_s，通过测量标准电阻两端的电压，即可得到被测电流 $I_x = U_x / R_s$。

图 3-21a 是一种常用的 *I-U* 转换电路，联动开关 S 切换被测直流电流流过的标准电阻，电阻上的电压经 10 倍增益的高输入阻抗直流放大器放大，再送至 2V 量程的 DVM 测量。因放大器高阻输入，所选标准电阻可以视为转换器的输入电阻。为了实现不同量程的电流测量，可以选择不同的标准电阻，如通过量程开关选择标准电阻分别为 100Ω、10Ω、1Ω、0.1Ω，便可测量 2mA、20mA、200 mA、2A 的满量程电流。

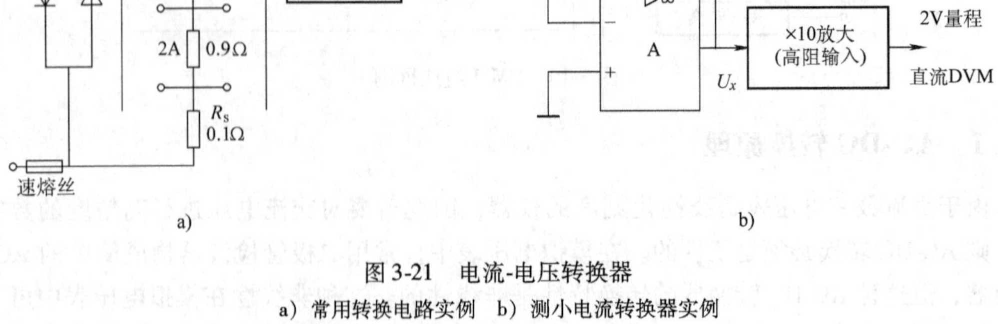

图 3-21 电流-电压转换器
a）常用转换电路实例 b）测小电流转换器实例

图中速熔丝和一对反向连接的二极管是为了防止被测电流或跨接的电压过大而损坏电流表。当被测电流较大时标准电阻是很小的，有的电表为避免引线电阻影响过大，对大电流另

配一套引线电阻很小的电路。随着被测电流的减小，所用标准电阻 R_s 增大，这是电流测量中所不希望的。特别是目前有的电流测量已发展到微安级，若仍用图3-21a的电路，电表内阻将大到不被允许的程度，所以该图不适用测量过小的电流。

图3-21b给出一种测小电流的 *I-U* 转换器实例。标准电阻 R_s 接至运放的并联电压反馈电路，由于运放本身的输入阻抗极高，可以认为被测电流全部流过联动开关S接入的标准电阻 R_s。由于运放输入端为虚地，10倍增益放大器输入端的电压即为 R_s 上的电压。

与图3-21a类似，若放大器后面接量程为2V的DVM，则 R_s 的选择应使放大器输入端电压 $U_x=0.2\text{V}$。例如，电流表量程为20μA，则 R_s 应选10 kΩ才能满足 U_x 为0.2V的要求。虽然运放本身的输入阻抗很高，但由它构成的并联电压负反馈的电路输入阻抗是很低的，正好适应了电流表对低内阻的需求。

3.5.3　电阻-电压转换原理

1. 比例法

利用数字电压表做成的多量程电阻表，采用的是比例法测量，它比起指针万用表的电阻测量来具有非常高的准确度，而且耗电很小。图3-22a为使用标准源的电路，其中标准电压源 U_r 及标准电阻数值已知，由于运放输入阻抗极高，可以认为 I 经 R_r 后全部流向被测电阻 R_x。同时由于运放反相端为虚地，可以认为运放输出电压在数值上等于 R_x 的端电压。若不考虑电压、电流的方向，只考虑其大小，则可得到

$$|U_o| = |I| R_x = (|U_x|/R_r) R_x$$

$$\left|\frac{U_o}{U_x}\right| = \frac{R_x}{R_r} \text{或} R_x = \left|\frac{U_o}{U_x}\right| R_r \tag{3-36}$$

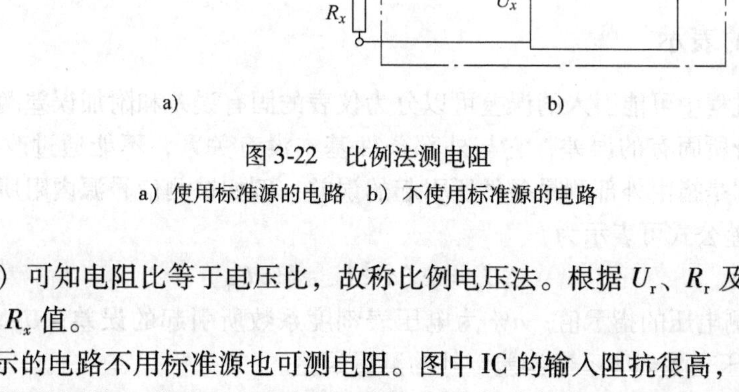

图3-22　比例法测电阻

a）使用标准源的电路　b）不使用标准源的电路

由式（3-36）可知电阻比等于电压比，故称比例电压法。根据 U_r、R_r 及测得电压 U_x 即可给出被测电阻 R_x 值。

图3-22b所示的电路不用标准源也可测电阻。图中IC的输入阻抗很高，可以认为电源 E 供给分压电阻及被测电阻 R_x 的电流 I 相同，开关S用来改变量程。通常这种表采用的集成电路（IC）在完成A-D转换的同时，还可具有比例读数功能。例如当 $U_x=U_r$ 时，显示就是 $U_x/U_r\times1000=1000$，按照需要点亮屏幕上的小数点，就可以直接读出被测电阻的阻值。在

数字万用表中，为了节省成本和简化电路，测量电流的分流电阻和测量电压的分压电阻以及测量电阻的基准电阻往往就是同一组电阻。

2. 恒流法

电阻-电压转换的另一种方法是恒源法。令标准电流流过被测电阻，再用直流 DVM 测量电阻上的电压，即可得被测电阻的数值。

数字多用表用二线法测量电阻非常方便，如图 3-23a 所示，但会带来引线误差。当 R_x 较小时，使用四线法测量电阻，如图 3-23b 所示，把数字电压表的激励源和测量端分开以消除引线误差。

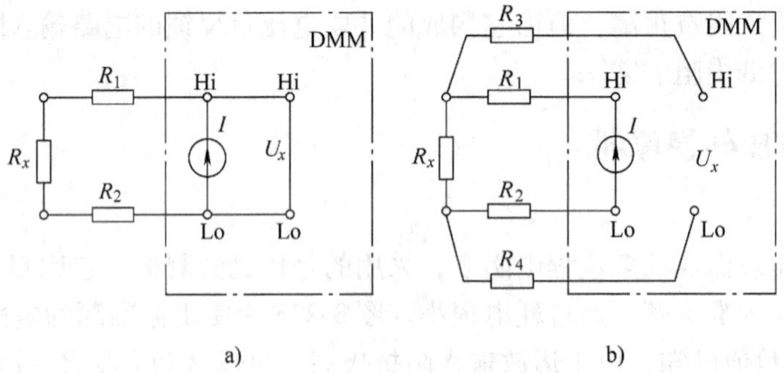

图 3-23　电阻的二线及四线测量

a）二线测量　b）四线测量

用四线测试时，尽管电流 I 仍在引线电阻 R_1 和 R_2 上产生电压降，但电压表并未将它们上的电压降测量计入。虽然与电压表的连线也存在电阻 R_3、R_4，它们与 R_x 比较也不能忽略，但由于电压表内阻极高，可以认为电流 I 只能流向 R_x 而不流向电压表支路，因而 R_3、R_4 上的电压可以忽略，即电压表测量的就是 R_x 上的电压，据此可根据该电压和供给的电流求出电阻值。通常新型台式 DMM 备有电阻二线及四线测量功能供用户选用。

3.6　数字电压测量的误差分析

3.6.1　误差的表示

电压测量过程中可能引入的误差可以分为仪表的固有误差和附加误差两个部分。固有误差是指仪表自身所固有的误差，它与外部条件基本没有关系，不能通过改善测量条件来削弱。附加误差则是指由外部测量条件所引起的误差，例如被测信号源内阻所引起的误差等。

DVM 的误差公式可表示为

$$\Delta U_x = \pm(a\% U_x + b\% U_m) \tag{3-37}$$

式中，U_x 为被测电压的指示值；$a\%$ 为电压表刻度系数所引起的误差；U_m 为所在量程的满度值；$b\%$ 为电压表除刻度系数误差以外的测量误差。

由式（3-37）可见，电压测量的误差可分为两个部分：其中第一项称为读数误差，以 Δa 表示；第二项称为满度误差，以 Δb 表示，即

$$\Delta a = a\% U_x \tag{3-38}$$

$$\Delta b = b\% U_m \tag{3-39}$$

读数误差与当前读数有关，主要包括 DVM 的刻度系数误差和非线性误差，刻度系数理论上是常数，但由于 DVM 输入电路的传输系数（如放大器增益）的漂移，以及 ADC 采用的参考电压的不稳定性，都将引起刻度系数误差；非线性误差则主要由输入电路和 ADC 的非线性引起。满度误差与读数无关，只与当前选用的量程有关，它主要由 ADC 的量化误差、DVM 的零点漂移、内部噪声等引起。

利用相对误差的形式，上述固有误差可以表示为

$$\gamma = \pm\frac{\Delta U_x}{U_x} = \pm\left(a\% + b\%\frac{U_m}{U_x}\right) \tag{3-40}$$

Δa、Δb 和 U_x 关系如图 3-24a，由图可知，绝对误差随着被测电压的增大而增大，当被测电压为 0 时，绝对误差最小，此时的绝对误差即为满度误差。图 3-24b 中，相对误差则随着被测电压的增大而下降，这是由于满度误差的相对误差形式是恒定的。在被测量 U_x 的读数值很小时，满度误差起主要作用，当被测量 U_x 的读数值较大时，读数误差起主要作用。为减小满度误差的影响，应合理选择量程，尽量使被测量 U_x 大于满量程的 2/3 以上。

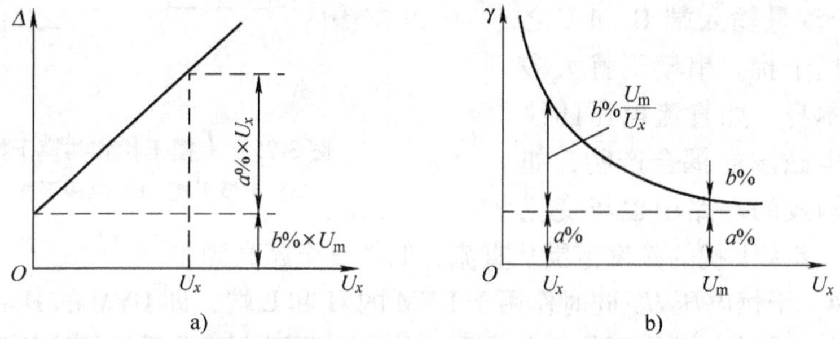

图 3-24 测量误差与被测电压 U_x 的关系

a）a、b 两项合成的绝对误差与 U_x 的关系 b）a、b 两项合成的相对误差与 U_x 的关系

在有些数字电压表中，给出的测量绝对误差表达式为

$$\Delta U_x = \pm(\alpha\% U_x + n\text{ 字}) \tag{3-41}$$

如某 $4\frac{1}{2}$ 位 DVM，说明书给出基本量程为 2V，$\Delta U_x = \pm(0.01\% U_x + 1\text{ 字})$，显然，在 2V 量程上，1 字 = 0.1mV，由 $b\% U_m = b\% \times 2V = 0.1mV$ 可知 $b\% = 0.005\%$，因此 ΔU_x 表达式中“1 字”的满度误差项与“$0.005\% U_m$”的表示是完全等价的。该 DVM 的相对误差为

$$\gamma = \pm\left(0.01\% + 0.005\%\frac{U_m}{U_x}\right)$$

3.6.2 数字电压测量的干扰及抑制

数字电压表的测量精度高达 $10^{-5} \sim 10^{-6}$，最高可达 10^{-8}。在实际的电压测量中，由于噪声和干扰信号的存在，很难实现电压的精密测量，尤其是对微小电压的精密测量。这里主要讨论影响电压测量精度的各种因素以及为提高测量精度所采取的技术措施。

1. 电压测量中的干扰与误差

当存在大的高频信号源时，如附近的无线电和电视发射机、计算机监视器和蜂窝电话

等，大多数电压测量仪器会产生错误的读数。高频能量还会耦合到系统线缆上的 DVM 中。为降低干扰，应使系统线缆受到高频（RF）源的影响减到最小。在系统线缆中使用共模轭流圈，可以衰减对 DVM 的辐射。

热电电压是低压测量中最常见的误差来源，当电路在不同温度下由不同金属连接时，会产生热电电压。每条金属与金属的连接构成了一个热电偶，这会产生与温度成比例的电压。通过使用铜—铜卷曲连接，可使低压测量中的热电偶电压和温度变化达到最小。

电动机、发电机、电视机和计算机监视器等周围通常会存在磁场，在磁场附近进行测量时，要采取预防措施，避免在测量连接中产生感应电压。输入连接线在固定磁场中移动或者变动的磁场都会产生电压。非屏蔽、遮蔽差的输入线在地球磁场中移动，可能会产生几毫伏的电压。AC 电源线周期的变动磁场也可能会引起几百毫伏的电压。在大电流的导线附近工作时，要特别予以注意。

干扰可分为串模干扰和共模干扰两种，如图 3-25 所示。图 3-25a 中，干扰电压 U_{sm}与被测电压 U_x 串联地加到 DVM 的两个测量输入端 H 和 L 之间，故称为串模干扰。串模干扰大多来自被测信号本身，如直流电压的纹波，也有空间电磁波的耦合产物，如信号线回路所构成的环路中磁场变化产生感生电流。串模干扰的频率范围从直流、低频直至超高频。

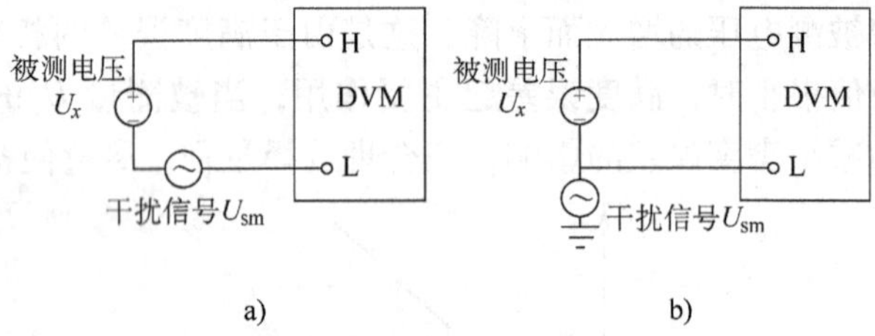

图 3-25　串模干扰和共模干扰

a）串模干扰　b）共模干扰

图 3-25b 中，干扰电压 U_{cm}同时作用于 DVM 的 H 和 L 端，即 DVM 的 H 和 L 端受到干扰信号的同等影响，故称为共模干扰。共模干扰的产生原因主要是系统的接地问题，由于被测电压与 DVM 相距较远，使得两者参考地电位不同，使仪表的两个输入端所受到的干扰影响不同。另外，由于仪表的输入信号线的布线基本在一起，因此空间电磁波在两条信号线上都会产生相似耦合产物，其中即包含了共模成分。在某些测量系统中，被测信号源本身就存在一定的共模电压。

2. 串模干扰及其抑制

仪表对串模干扰的抑制能力可用串模抑制比（*SMRR*，单位为 dB）定量表示，它定义为

$$SMRR = 20\lg \frac{U_{sm}}{\Delta U_{max}} \tag{3-42}$$

式中，U_{sm}为串模干扰电压的幅值；ΔU_{max}为由 U_{sm}引起的最大显示误差。

SMRR 愈大，表示 DVM 的抗串模干扰能力愈强，一般为 20～60dB。

串模干扰的基本抑制方法有输入滤波法和积分平均法。这两种方法都是在一定程度上削弱信号中的高频分量，这将影响仪表对被测信号的响应速度，降低读数速率。其中积分平均法在对高频成分进行削弱的同时还能对某些频率的干扰信号专门进行抑制，这在对工频干扰的抑制方面具有重要意义，因此它是数字电压表常使用的一种方案。

输入滤波法和积分平均法的具体实现可以采用硬件方式，也可以采用软件方式。软件方式的输入滤波法和积分平均法首先必须对被测电压进行采样，而这种采样可能引起混叠现象，这将影响检测的精度，因此即使采用了软件方式也必须使用一定的硬件措施。下面以双

斜积分式 ADC 为例，说明消除串模干扰的方法。

设串模干扰电压为一正弦波，通常以 50Hz 工频干扰出现，如图 3-26 所示，图中干扰电压为 $U_{sm}\sin(\omega t+\phi)$，加到 DVM 输入端的电压为

$$u_x = U_x + U_{sm}\sin(\omega t+\phi)$$

式中，U_x 是被测的直流电压；U_{sm} 为干扰电压的幅值；ω 为干扰电压的角频率。

u_x 在采样期 T_1 内的平均值为

$$\overline{u}_x = U_x + \Delta U = U_x + \frac{1}{T_1}\int_0^{T_1} U_{sm}\sin(\omega t+\phi)$$

$$\Delta U = \frac{U_{sm}T_{sm}}{\pi T_1}\sin\frac{\pi T_1}{T_{sm}}\sin\left(\frac{\pi T_1}{T_{sm}}+\phi\right) \tag{3-43}$$

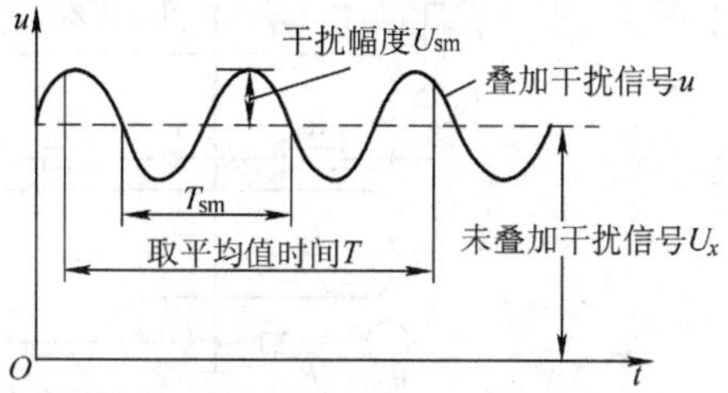

图 3-26 串模干扰电压波形

式中，ΔU 为由 U_{sm} 引起的显示误差；T_{sm} 为干扰信号的周期，$T_{sm}=2\pi/\omega$。

由式（3-43）可知，串模干扰引起的误差电压与采样时间和干扰信号的周期有关，T_{sm}/T_1 越小，干扰的影响就越小。同时还可看出，如果式中两个正弦因子中任意一个为零，则干扰电压的影响为零。即当 $T_1 = kT_{sm}$ 时，干扰对测量的影响为零。取

$$\Delta U_{max} = \frac{U_{sm}T_{sm}}{\pi T_1}\sin\frac{\pi T_1}{T_{sm}} \tag{3-44}$$

将式（3-44）代入式（3-42）可得

$$SMRR = 20\lg\frac{\dfrac{\pi T_1}{T_{sm}}}{\sin\dfrac{\pi T_1}{T_{sm}}} \tag{3-45}$$

由此可以看出，在采样时间 T_1 内，干扰源频率愈高（即 T_{sm} 愈小），$SMRR$ 愈大。所以串模干扰的危害主要在低频。对 50Hz 的工频干扰必须重视，它的 $T_{sm}=20\text{ms}$。如果取 $T_1 = nT_{sm}$，这时有

$$SMRR = 20\lg\frac{\dfrac{\pi nT_{sm}}{T_{sm}}}{\sin\dfrac{\pi nT_{sm}}{T_{sm}}} = 20\log\frac{n\pi}{\sin n\pi}$$

当 n 为整数时，$SMRR=\infty$，即干扰信号经平均后消失。所以积分型 DVM 使用的采样时间为 20ms 的整数倍，一般取正向积分时间 $T_1=60\sim80\text{ms}$。当然 T_1 取值愈大，平均效果愈好，但将降低测量速度。

3. 共模干扰及其抑制

图 3-27a 所示为共模干扰对电压表测量的影响，其中 u_x 及 R_x 为被测信号的电压和输出电阻，u_{cm} 及 R_{cm} 是共模干扰电压及其电阻，R_1 和 R_2 是输入信号线的电阻，Z_1 和 Z_2 是 DVM 两个输入端与机壳间的绝缘阻抗。H 和 L 是电压表的两个输入端，分别称为高端和低端。一般 Z_1 与 Z_2 不相等，Z_1 有时是电压表输入阻抗与 Z_2 的串联值。低端 L 至电源地之间通常不用导线相连，但低端常为印制电路板的地，并常是电解电容和屏蔽、散热等金属部件与印制

板地的连接点，它与金属外壳之间的漏电流和分布电容较高端要大得多，所以通常 $Z_1 >> Z_2$。

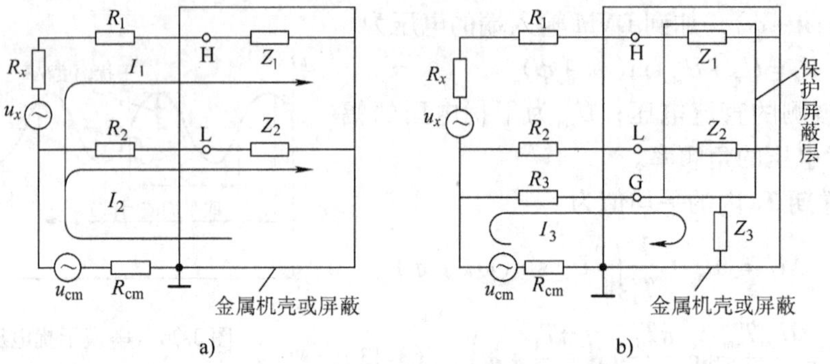

图 3-27　共模干扰及其抑制

a）共模干扰的影响　b）增加保护屏蔽抑制共模干扰

共模干扰电压一般存在于被测信号低端与 DVM 金属外壳之间。它的存在常见于两种情况：一是被测信号本身就没有接地端，是所谓浮置的，它的低端至地间存在一个电压，形成共模干扰电压；另一种情况是被测对象与电压表相距较远，这时被测信号低端虽然也接地，但与电压表的地之间不是等电位，其间的电位差就构成了共模干扰电压。

当被测信号的地端与 DVM 的机壳间存在共模干扰电压 u_{cm}时，将产生干扰电流 I_1 和 I_2，分别串入 R_1 和 R_2 两个支路。I_1 在信号源内阻 R_x 及 R_1 上的电压降以及 I_2 在 R_2 上的电压降，分别转换成串模干扰后，对测量产生误差。

对共模干扰的抑制能力用共模抑制比（$CMRR$，单位为 dB）来表示，即

$$CMRR = 20\lg \frac{U_{cm}}{\Delta U_{max}} \tag{3-46}$$

式中，U_{cm} 为共模干扰电压的峰值；ΔU_{max} 为由共模干扰引起的最大显示误差。

在图 3-27a 中由于 $Z_1 >> Z_2$，导致 $I_2 >> I_1$，因此 I_1 的影响可忽略。另外，由于 Z_2 是分布参量，尽管它明显小于 Z_1，但仍明显大于 R_2 和 R_{cm}，可得 I_2 的近似值为 $I_2 \approx u_{cm}/Z_2$。这样就可得到共模干扰电压造成的读数误差为

$$\Delta U_{max} = I_2 R_2 = u_{cm}\frac{R_2}{Z_2} \tag{3-47}$$

将式（3-47）代入式（3-46）可得这种情况的共模抑制比为

$$CMRR = 20\lg \frac{Z_2}{R_2} \tag{3-48}$$

由于 Z_2 通常为一个高阻与一个分布电容并联，Z_2 中的电阻成分反映对直流信号的共模抑制比，电容成分反映对交流信号的共模抑制比。由式（3-48）可见，当 R_2 一定时，增大 Z_2，可以提高 $CMRR$。一般将 DVM 进行浮置（DVM 与参考地的电路隔开）。L 端与机壳大地之间隔离得越好，Z_2 值就越大，$CMRR$ 就越高。如果 DVM 必须参考地，那么一定要把它和被测设备连接到同一个共同的接地点上，这将降低或消除两台设备间的任何电压差。

图 3-27b 所示为一种减小共模干扰的方法，除外层屏蔽外，在电路与外屏蔽间再增加一

层保护屏蔽。图中保护屏蔽的引出端子称为保护端G。工作时G与被测信号的低端用导线直接相连，导线电阻 R_3 应尽可能小。图3-27b中 Z_1、Z_2 由图3-27a的电表高、低端至金属外壳变为至保护屏蔽，其数值略有减小但相差不多。新增加的保护屏蔽与电表金属外壳之间的分布阻抗为 Z_3，它的数值是很大，通常远大于 R_3 和 R_{cm}。

由图3-27可见，图3-27a中共模电压直接加在电表的H、L端，而图3-27b中共模电压 u_{cm} 在 R_3、Z_3 和 R_{cm} 回路引起电流 I_3，I_3 在连线电阻 R_3 上产生电压降 u_{R3}，u_{R3} 是真正加在电表H、L端的共模干扰，即

$$u_{R3}=I_3R_3=u_{cm}\frac{R_3}{R_3+Z_2+R_{cm}}\approx u_{cm}\frac{R_3}{Z_3} \tag{3-49}$$

由式（3-49）可见，u_{R3} 是原来的共模干扰电压 u_{cm} 乘以远小于1的系数（R_3/Z_3），使得真正起作用的共模电压被大大削弱了，因而共模干扰受到很好的抑制。

3.6.3 电压测量的自动校正

各种误差对电压测量结果都会产生一定的影响，使电压测量的读数与被测电压的实际值之间存在差异，要提高电压测量的精度就要对测量系统进行自动校正。在现代测量仪器中，为了提高仪器的性能，引入了自动校零和软件校零功能。

1. 自动校零

在电压测量过程中，由于仪器内部器件的零点偏移（主要由运算放大器的失调电压和失调电流所致）及其温漂，即使零输入时也有输出读数，产生测量误差。消除这种误差的方法是自动校零。

自动校零的基本原理是在进行实际测量之前首先对零输入时的失调电压进行采样，然后在进行实际测量时对被测电压进行补偿。以运算放大器为例，失调电压和校零电路如图3-28所示，作用于输入端的等效失调电压为 U_{os}，设运放电路的增益为 A、输入电压为 U_x，则输出电压 U_o 为

$$U_o=A(U_x+U_{os}) \tag{3-50}$$

由上式可见，这时不仅输入电压 U_x 被放大，而且放大器的失调电压 U_{os} 也被放大 A 倍。在电子仪器中 AU_{os} 属于非被测量，将要引起测量误差。为了克服该误差，电子仪器可以采用校零技术。其原理是在放大器的有关部位加一偏移量以抵消失调电压的影响，其实只要在图3-28电路中加入少量元件就可以实现自动校零。通常校零电路可分为并联式和串联式两类。

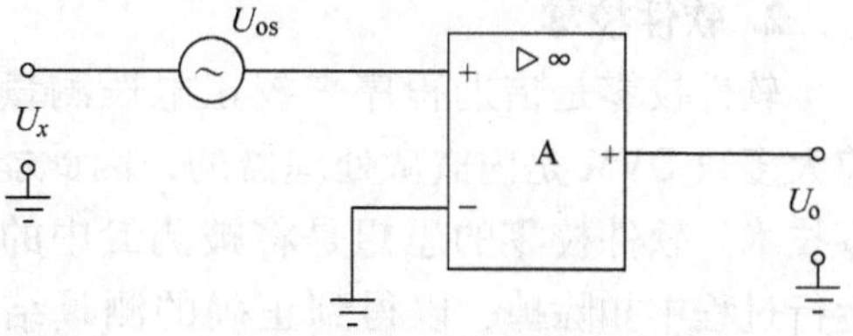

图3-28 失调电压和校零电路

并联式自动校零电路如图3-29a所示。电路利用电容 C_0 的存储能力对失调电压进行采样，并在检测期间对被测电压进行补偿。其工作过程分为两步。

（1）零采样期

开关 S_1 断开，S_2、S_3 接通，放大器电路成为输入接地的跟随器。这时由失调电压产生的输出电压 U_o 为

$$U_o=\frac{A}{1+A}U_{os} \tag{3-51}$$

S_3 接通使 C_0 的端电压等于 U_o，即失调电压在运放输出端引起的误差电压存储于电容 C_0 中。

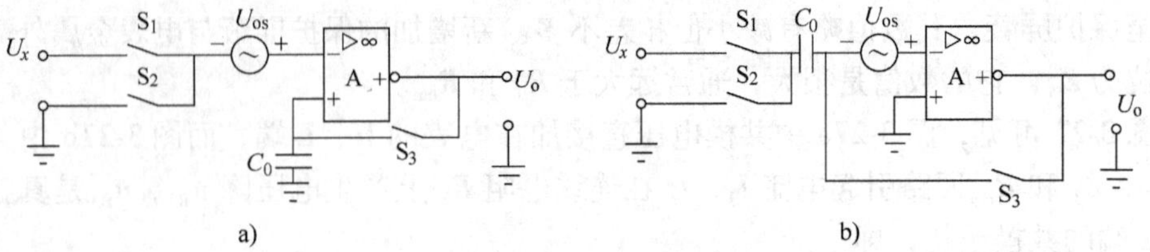

图 3-29 运算放大器的自动调零电路
a）并联式自动校零电路 b）串联式自动校零电路

（2）工作期

开关 S_1 接通，S_2、S_3 断开，放大器接通被测信号 U_x，处于正常的放大工作状态。考虑到 C_0 上电压的作用，其输出电压为

$$U_o = A\left(U_x + U_{os} - \frac{A}{1+A}U_{os}\right) = A\left(U_x + \frac{1}{1+A}U_{os}\right)$$

假设由于失调电压 U_{os} 引起的输出误差为

$$U_{oos} = A\frac{1}{1+A}U_{os} \tag{3-52}$$

对比式（3-50）和式（3-52）可见，由于采用并联补偿，在放大器工作期失调电压 U_{os} 对输出的影响已经下降了 $1/(1+A)$ 倍。此时基本上消除了失调电压的影响。

串联式自动校零电路如图 3-29b 所示，虽然与并联式电路结构不同，但都可以达到自动校零的目的。校零过程分两步，即零采样期和工作期。零采样期是对测量误差进行采样；工作期是对被测量进行测量，同时也消除测量误差。这两步动作都由开关 S_1、S_2、S_3 在控制电路的作用下自动完成，所以称为“自动校零”。校零过程是由硬件完成的，故又称硬件校零。

2. 软件校零

软件校零是借助程序来校正电压测量中的零点偏移。目前大多数 DVM 是内嵌微处理器的，因此能方便地采用软件校零技术。软件校零的思想是将被测量中的零点偏移在程序的运行过程中扣除掉，以得到正确的测量结果，其原理如图 3-30 所示。DVM 的测量分两步进行，第一步，DVM 的输入电路通过开关 S 接地（位置 2），在输入信号为零的条件下 DVM 测得零点偏移量 U_{off}；第二步，输入电路接入输入电压（包含零点偏移量在内），得测量值 U。因此，被测电压 U_x 为

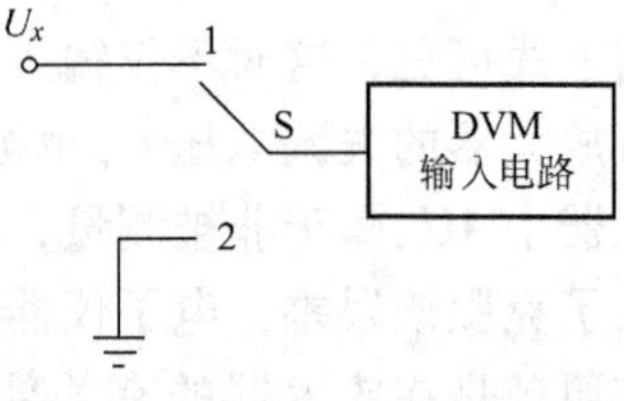

图 3-30 软件校零原理

$$U_x = U - U_{off} \tag{3-53}$$

按照上式可以容易编制自动校零程序，求得 U_x 值。

本章小结

1. 电压测量是电参量，也包括非电参数测量的基础，是电子测量中的一个主要参数。

2. 表征交流电压有三个基本参量：有效值、峰值和平均值。相应地，有三种交流电压表，它们都是以正弦波的有效值来标定刻度读数的，只有用有效值电压表测量的值是真有效值。峰值电压表又称为检波—放大式电压表，这种电压表的频率范围和输入阻抗主要取决于检波器。均值电压表又称为放大—检波式电压表，这种电压表的频率范围主要取决于宽带交流放大器。用峰值电压表和均值电压表测量非正弦波时，读数一般没有直接意义，需要将示值经过换算才能得出被测电压的有效值。热电偶有效值检波原理是通过被测交流电压对热电偶的热端进行加热，所产生的热电动势将反映该交流电压的有效值，从而实现有效值检波。利用模拟运算电路可实现 RMS-DC 转换，包括直接型 RMS-DC 转换与间接型 RMS-DC 转换。有效值电压表在理论上不存在波形误差，因此也称为真有效值电压表。

3. 分贝值测量实质介绍交流电压的测量，只是表盘以 dB 分度。通常，它是以基准电压（0.775V）为零电平刻度的，并称为电压电平，即

$$P_{\mathrm{v}}(\mathrm{dB_v}) = 20\lg\frac{U_x}{U_0} = 20\lg\frac{U_x(\mathrm{V})}{0.775\mathrm{V}}$$

式中，U_0 为基准电压。一般规定在 $Z_0 = 600\Omega$ 上产生 $P_0 = 1\mathrm{mW}$ 的功率为基准，相应于基准电压为 0.775V。

以基准功率量 $P_0 = 1\mathrm{mW}$ 作为零功率电平（$0\mathrm{dB_m}$），则任意功率（被测功率 mW）P_x 的功率电平定义为

$$P_x(\mathrm{dB_m}) = 10\lg\frac{P_x}{P_0} = 10\lg\frac{P_x(\mathrm{mW})}{1\mathrm{mW}}$$

4. 数字电压表（DVM）是利用模拟-数字转换原理，将被测电压（模拟量）转换为数字量，并将测量结果以数字形式显示出来的一种电子测量仪器。ADC 是 DVM 的核心，通常以 ADC 的组成原理来分类。DVM 的准确度和分辨率主要决定于 ADC 的位数，目前，世界水平可以做到 8 位半的 DVM。

5. 积分式 ADC 中，双斜积分式 ADC 是应用最广的一种。它具有抗串模干扰能力强、电路简单等特点，当前 3 位半至 4 位半的便携式 DVM 都采用这类 ADC 转换集成芯片。

双斜积分式 ADC 的基本关系式为

$$\overline{U_x} = \frac{T_2}{T_1}U_{\mathrm{r}}$$

双斜积分式 ADC 转换速度低，精度也有限。因此，出现了三斜、多斜积分式 ADC，大大提高了测量速度和分辨率。

三斜积分式 ADC 的基本关系式为

$$\overline{U}_x = \frac{2^n T_{21} + T_{22}}{2^n T_1}U_{\mathrm{r}}$$

6. 脉冲调宽式 DVM 是将被测电压转换成与之成比例的脉冲宽度的 V-T 变换式，属于积分型 DVM。它比双斜积分式 DVM 的线性度高两个数量级，是一种高精度 DVM。

7. 比较式 ADC 转换器的原理是将被测输入电压与转换器内部的一套基准电压进行比较。通过不断比较，不断鉴别，把电压转换成数字量。最常用的典型形式是逐次逼近比较式，它采用对分搜索逐次逼近的直接比较方法，所以转换速度较快，但容易受到干扰。

逐次逼近比较的输出电压表达式为

$$U_x = \frac{N}{2^n} U_r = eN$$

式中，N 为二进制比较结果。

8. 余数循环比较式 ADC 是对逐次逼近比较式 ADC 的改进，它能将完成了一遍全部比较程序之后的相差的余数（剩余误差）保存下来，放大后再比较一次，若有误差则再比较一次，且无需很多位数。通过循环比较就可以获得很高的分辨率。现在已有用余数循环比较式 ADC 做的 DVM。

9. 数字多用表（DMM）以测量直流电压的直流数字电压表为基础，并通过交流-直流（AC-DC）电压转换器、电流-电压（I-V）转换器、电阻-直流电压（R-V）转换器；把交流电压、直流电流和电阻转换成自流电压。它分便携式（3 位半至 4 位半）和台式两种。台式 DMM 的位数较多，精度及自动化程度较高，各厂家都有自己的专利技术，近年已做到 8 位半的精度。

10. 数字电压表（DVM）从设计开始就得研究如何减小误差和防止干扰。

DVM 的测量误差的表达式如下：

绝对误差为

$$\Delta U_x = \pm(a\% U_x + b\% U_m)$$

绝对误差为

$$\gamma = \pm\frac{\Delta U_x}{U_x} = \pm\left(a\% + b\% \frac{U_m}{U_x}\right)$$

由于噪声及干扰信号的存在，很难实现微小电压的精密测量，通常有以下两种确定性干扰。

1）串模干扰是指干扰电压 U_n 与被测电压 U_x 串联到 DVM 两个测量输入端 H 和 L。抑制方法为输入滤被法和积分平均法。

2）共模干扰产生的主要原因是测量系统的接地问题。抑制方法为屏蔽和浮置。

思考题与习题

3-1 简述电压测量的基本要求及电压测量仪器的分类方法。

3-2 交流电压表都是以何值来标定刻度读数的？

3-3 利用全波平均值电压表测量三种不同波形（正弦波、方波、三角波）的交流电压，设电压表的读数都是 1V，问：

（1）对每种波形，电压表的读数各代表什么意义？

（2）三种波形的峰值、平均值及有效值分别为多少？

3-4 若在示波器上分别观察峰值相等的正弦波、方波、三角波，得 $U_p = 5V$；现在分别采用三种不同检波方式并以正弦波有效值为刻度的电压表进行测量，试求其读数分别为多少？

3-5 用峰值表和均值表分别测量同一波形，读数相等。这可能吗？为什么？

3-6 已知某电压表采用正弦波有效值为刻度，如何以实验方法判别它的检波类型？试列出两种方案，并比较哪一种方案更合适。

3-7 在分贝测量中，分别用 6V 挡和 60mV 挡测量输入电压 U_{x1}、U_{x2}，表针均指在 +2dB 处，问 U_{x1}（dB）、U_{x2}（dB）各为多少？电压值各为多少？

3-8 下面给出四种数字电压表的最大计数容量：

（1）9999；（2）1999；（3）5999；（4）19999。

试说明它们分别是几位的数字电压表？其中第（2）种的最小量程为0.2V，问它的分辨率是多少？

3-9　甲、乙两台DVM，显示器最大显示值甲为9999，乙为19999，问：

（1）它们各是几位DVM？

（2）若乙的最小量程为200mV，其分辨率等于多少？

（3）若乙的工作误差为±0.02% ±1个字，分别用2V挡和20V挡测量 $U_x=1.56\text{V}$ 电压时，绝对误差、相对误差各为多少？

3-10　DS-18型5位双积分型数字电压表中 $U_r=-6.0000\text{V}$，$f_c=0.75\text{MHz}$，计数器满量程 $N_1=60000$，求被测电压 $U_x=2.5000\text{V}$ 时，计数器计数值 N_2 为多大？采样时间 T_1 和测量时间 T_2 分别为多大？

3-11　某脉冲调宽式DVM，其节拍方波的频率为25Hz、幅度为 $U_c=\pm15\text{V}$，基准电压为 $U_r=\pm7\text{V}$。假设输入电压 $U_x=+3\text{V}$，试求 T_2 及 T_1 等于多少？

3-12　某逐次逼近比较型模数转换器采用12位二进制码，其内部的数-模转换器最高位输出为2048mV，最低位输出为1mV，设输入电压 $U_x=1893\text{mV}$。

（1）列表说明逐次逼近的比较过程；

（2）画出输出电压 U_o 的时间波形图；

（3）输出数字量是什么？

3-13　在双斜积分式DVM中，假设采样期 $T_1=100\text{ms}$，工频干扰的频率为49Hz、幅度 $U_c=2\text{V}$，初相角为 $\phi=0°$。试求：

（1）由此干扰引起的测量误差；

（2）该DVM的串模抑制比 $SMRR$ 为多少？

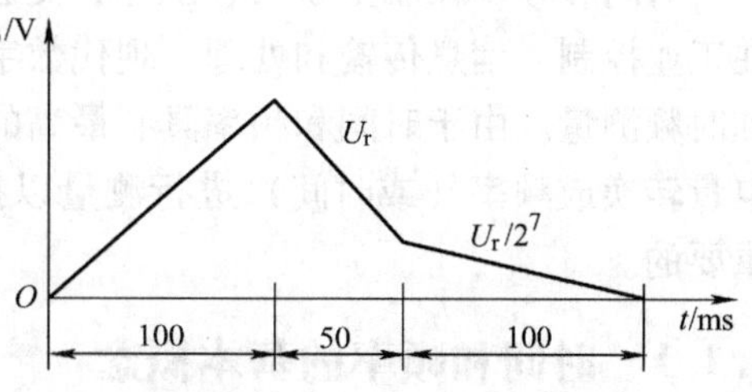

图3-31　题3-14图

3-14　图3-31为三斜积分式ADC积分器的输出时间波形，设基准电压 $U_r=10\text{ V}$，试求积分器的输入电压大小和极性。题中假设在采样期和比较期内，积分器的时间常数 RC 相等

3-15　在余数循环比较式ADC中，输入电压为 $U_x=8.9099\text{V}$，试按表3-3的方法说明其转换过程。

第 4 章　时间频率测量与调制域分析

4.1　时间频率测量

时间与频率（简称时频）是电子技术中两个重要的基本参量，时间是国际单位制中七个基本物理量之一，是目前能够实现的测量精度最高的一个量，时间频率测量遥遥领先于其他量值的测量水平。

时间和频率在航空航天、工业、交通、通信及国民经济各个领域有着十分广泛的应用。在工业控制、信息传输和处理、现代数字化技术和计算机技术等各个方面都离不开时频技术和时频测量。由于时间和频率具有最高的精度和稳定度，在实际工作中，常把其他电量或非电量转换成频率（或时间）进行测量以提高测量的准确度。因此时间和频率的测量是非常重要的。

4.1.1　时间和频率的基本概念

通常所说的时间往往包含时间间隔和时刻双重概念。时间间隔是指某个时刻与另一个时刻之间的距离，例如飞机飞行了 3 小时 15 分，这是一个时间间隔；时刻是指一个瞬时与规定起点间的距离，这个规定起点可以是公元的起点，也可以是为了某种需要而指定的一个瞬时，这个瞬时记为零时零分零秒。例如，卫星发射后 36 小时 25 分太阳能电池板完全展开。这里的 36 小时 25 分是一个时刻，它的起点规定为卫星发射瞬时。36 小时 25 分表示太阳能电池板完全展开的瞬时到卫星发射瞬时的距离。显然，时刻是一种特殊的时间间隔，表示某一个瞬时到一个人为规定的固定瞬时的距离。为了统一计时，要有一个共同的时刻标尺的标度确定出同一时刻，并有固定不变的时间单位来计量时间，时间的基本单位是 s（秒）。

频率是时间的导出量，在法定计量单位中，是具有专门名称的导出量。频率表征在 1 秒的时间间隔内，周期现象重复出现的次数。出现一次，称为 1Hz（1 赫兹）。在时间 t 内，周期现象重复出现 n 次时，则频率定义为 $f=n/t$（Hz）。所以标准时间和标准频率互相依存，溯源于同一标准，有了时间标准也就有了频率标准。

4.1.2　时间频率基准

时间的单位（秒）的确定经过了世界时 UT、历书时 ET 和原子时 AT 的过程。

自 17 世纪以来，天文学家们以地球自转作为时间尺度：当地球绕轴自转一周，地球上任何地点的人连续两次看见太阳在天空中同一位置的时间间隔为一个平太阳日。1820 年法国科学院正式提出一个平太阳日的 1/86400 为一个平太阳秒，称为世界时。由于地球自转季节性变化、不规则变化和长期减慢，所以世界时的准确度只能达到 10^{-8}量级。

为了得到更准确的均匀不变的时间标准，从 1960 年起，采用历书时。历书时是以地球绕太阳公转为标准的计时系统，以 1900 回归年的 1/31556925.9747 作为历书秒。由于历书时是以特定的1900年的平太阳日来确定的，因此，历书时是一种完全稳定的计时系统，准确度可达10^{-9}左右。

1953年是时频科学的一个新的里程碑。世界上第一台原子钟在美国哥伦比亚大学研制成功，原子钟的出现标志着一门崭新的学科——量子电子学诞生。1967年13届国际计量大会决定铯原子Cs^{133}基态的两个超精细能级间跃迁辐射振荡9192631770周所持续的时间为1秒。这个定义已为全世界所接受，并且自1972年1月1日零时起，时间单位秒由天文秒改为原子秒，时间标准则转而改由频率标准来定义。这就使时间标准由实物基准转为自然基准，把时间单位建立在更加科学的基础上，以原子秒为标准定出的时间标准称为原子时，其准确度可达$\pm5\times10^{-14}$，是所有其他物理量标准远远达不到的。

世界时和原子时分别从宏观和微观尺度两个方面对时间进行了定义，它们之间互有联系，可进行相互转换。同时，原子时适用于准确提供较短的相对时间间隔，而世界时则更适于描述绝对时间。目前国际上对于绝对时间的描述通常采用世界时的形式，而采用原子时标来对天文时标进行修正，称为协调世界时（UTC）。协调世界时采用国际原子秒长定义，通过闰秒方式对世界时进行修正。

人类对新的时频基准的研究仍在继续，大铯钟作为时间基准的地位受到严重冲击。例如原子喷泉、光频标就是它的强力对手。喷泉钟的准确度进入10^{-15}量级，最好的达到1×10^{-15}（美国标准与技术研究院）。光抽运铯束基准频标的准确度也进入10^{-15}量级（法国巴黎时间频率实验室）。因此，不久的将来，喷泉钟或光频标完全有可能取代目前的微波频标，成为新一代的时间频率基准

4.1.3 时间频率测量的特点和方法

1. 时间频率测量的特点

时间频率测量具有动态的特点，与长度、质量等物理量不同，在时刻和时间间隔测量中，时刻是始终在变化的，上一次和下一次所比较的时间间隔已经是不同时刻的时间间隔。频率信号的测量也是如此，任何测量技术得到的频率都是在一定时间范围内信号的平均频率。所以在时频测量中，人们必须依靠信号源和时钟的稳定性，使后一个周期是前一周期的准确复现。在时频测量中，特别要重视稳定度及其他一些反映频率和相位随时间变化的技术指标。

时频测量的另一个特点是时间频率信号可以通过电磁波将国家时间频率标准传递到需要的地方，极大地扩大了时间频率的比对和测量空间。人们可以利用相应的接收比对设备接收含标准时频信息的电磁波，改变传统的量值分级传递方法，获得世界上性能最好的时间标准。例如GPS卫星导航系统，可以实现全球范围最高准确度的时频比对和测量。

极高的测量精度和直接传递的特性使时频测量成为其他量值测量向着量子基准转化的先导。在1983年第17届国际度量衡会议上，重新定义了米的长度为光在真空中于1/299792458s的时间间隔内所传播的距离，把长度测量转化为精确的时间测量。完成这种转换而重新定义的量值还有电压的单位——伏特（1990年）和电阻的单位——欧姆（1990年）。由此可见，时间频率已成为当今物理量准确计量的基础。

信号的周期、频率非常容易实现数字化，尤其是中低频领域，这使得时频测量系统容易实现智能化，并具有较高的测量精度。

2. 时间频率测量技术分类

时间频率测量的基本思路主要有两类：一是利用标准频率直接与被测频率进行比较来测量，二是利用某些电路或元件的频率特性将频率转换为其他的物理量进行测量。

频率的模拟测量包括直读法和比较法。直读法简单，但精度低，其中谐振法测频是利用电感、电容和电阻串联或并联谐振回路的谐振特性来实现频率的测量。而电桥法测频是利用电桥的平衡条件与被测信号频率有关这一特性来测频的。模拟频率比较法有拍频法和差频法两类。这两种电路都是将两个频率的信号叠加，得到频率的差值，当差值为零时，系统出现某种特定的状态，以此获得被测频率的大小。

比较法是采用电子计数器进行时间频率测量。电子计数器将被测信号与标准信号通过门电路进行比较。利用电子计数器测量时间和频率具有精度高、使用方便、测量迅速以及便于实现测量过程自动化等一系列突出优点，已发展成为近代频率测量的重要手段。

4.2　电子计数器

4.2.1　电子计数器的功能与组成

电子计数器顾名思义就是能对“事件”进行计数，并以数字形式显示出来的一种电子仪器。这里的“事件”是指所有能够变换为电信号的“事物”，这种可以进行计数的“事物”在自然界中是不计其数的。如个数、长度、距离、频率、频率稳定度、重复周期、极短的时间、瞬态现象的速度、转速、流量等。为了能够对所有不同种类的量进行计数，首先必须把这些量变换为电信号。经过传感器变换出来的电信号，可以利用计数器对它们进行计数。计数器通常具有三种主要功能：累计计数（对输入信号连续地计数）、频率测量（在确定的时间内对输入信号计数）、时间测量（对周期准确的时标信号计数）。

下面以通用电子计数器为例，介绍电子计数器的基本组成。电子计数器的基本测量原理是用逻辑电路实现在稳定的时间内累计标准时间信号的脉冲个数。通用电子计数器一般由输入通道、时基信号产生电路、主门电路、控制电路、计数及显示电路等组成。如图 4-1 所示。

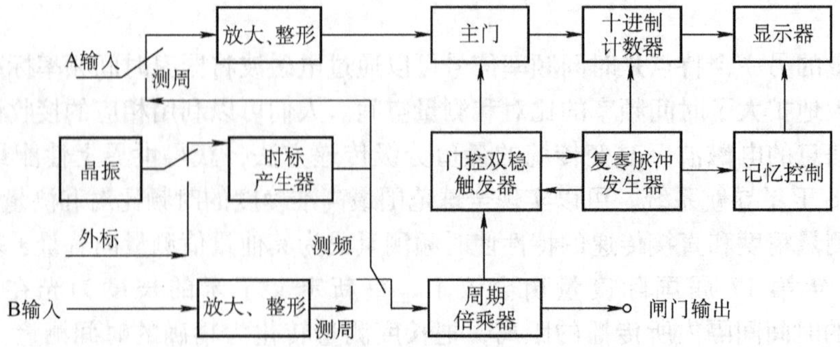

图 4-1　电子计数器的基本组成

1. 输入通道

输入通道部分包括 A、B 两个通道，其作用是将被测信号进行放大、整形，使其变为标准脉冲。A 输入端为测频输入端，测频通道要求整形的频率范围较宽，当测量频率时，计数脉冲是输入的被测信号经过整形而得到的；当测量时间时，该信号是仪器内部的晶振信号经倍频或分频后再经整形而得到的。B 输入端为测周输入端，测周通道是闸门时间信号的通道，用于控制主门是否开通。该信号经整形后用来触发双稳态触发器，使其翻转。以一个脉冲开启主门，以随后的一个脉冲关门，两个脉冲之间的时间间隔为开门时间。在主门的开门时间内，计数器对经过测频通道的计数脉冲进行计数。

2. 主门电路

电子计数器的基本原理是基于比较法进行测量，主门的作用是实现时间（频率）的量化比较，将时间（频率）转换成数字量。主门有两个输入信号，其中一个是来自门控双稳触发器的门控信号；另一个是用于计数的脉冲信号。在门控信号作用的有效期间，计数脉冲被允许通过主门进入计数器计数。

3. 时基信号产生电路

时基信号产生电路产生各种标准的时间信号。它一般由高稳定度的石英晶体振荡器、分频器、倍频器等组成。为了测量需要，在实际的电子计数器中，时间基准分若干挡位。时基电路具有以下两个特点：

1）标准性，闸门时间准确度应比被测频率高一个数量级以上，故通常晶振频率稳定度要求达到 $10^{-6}\sim10^{-10}$。

2）多值性，包括用于计数的时标信号（10MHz、1MHz、…、1kHz 等）和控制闸门的时基信号（1ms、10ms、…、1s、10s 等）。

4. 控制电路

控制电路产生各种控制信号去控制和协调计数器的各单元工作，使仪器的各部分电路按照准备——测量——显示这一流程有条不紊地自动进行测量工作。控制电路产生的门控信号可以控制主门在规定的时间内打开，使被计数的脉冲通过主门；控制电路还可以产生复零信号，使所有电路在计数完毕或需要时复原到初始状态；此外，控制电路还产生记忆指令信号和显示时间信号，控制记忆显示、测量的重复周期等。

5. 计数及显示电路

计数及显示电路用于对主门输出的脉冲信号计数并且显示十进制脉冲数。计数显示电路由计数电路、译码器、数字显示器等构成。其中由计数器累计脉冲个数，由译码器译成相应的十进制数码，最后由控制电位的方式点亮显示数码管的相应字码。显示方式通常有记忆显示和不记忆显示两种。显示器可以是荧光数码管、半导体数码管（LED）或液晶显示器（LCD）等。

4.2.2　电子计数器测量频率和周期

1. 计数器的测频原理

频率是周期性信号在单位时间（1s）内变化的次数，电子计数器测频率时，把被测频率 f_x 作为计数脉冲，对标准时间 T 进行量化。根据计数器的计数值可得到两者的比值 N，则被测信号频率 f_x 为

$$f_x=\frac{N}{T} \tag{4-1}$$

式中，f_x 为被测频率，单位为 Hz；N 为计数值；T 为计数时间又称闸门时间，单位为 s。

严格说来，上述计数器测频结果为计数时间 T 内的平均结果。它的原理及工作波形图如图 4-2 所示。

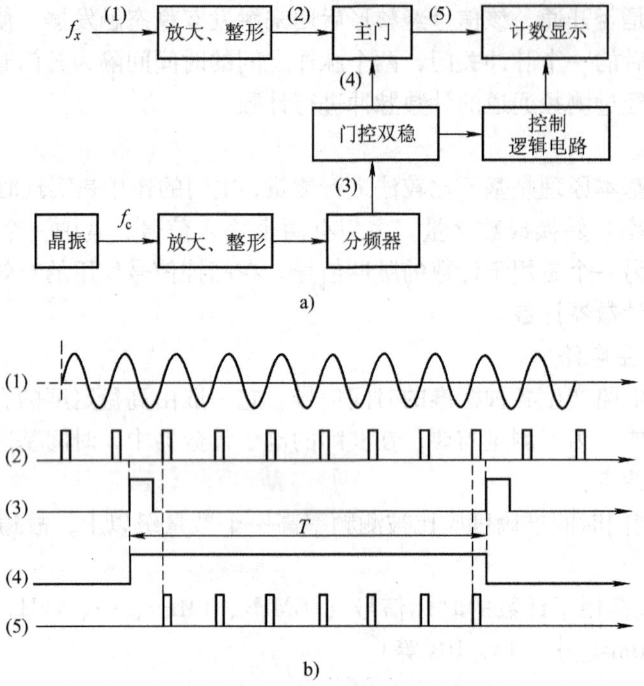

图 4-2 电子计数器测频原理框图及工作波形

a）测频原理 b）各点波形

被测信号经放大、整形后，形成重复频率等于被测信号频率 f_x 的计数脉冲，把它加至闸门的一个输入端。门控电路将时基信号变换为控制闸门开启的门控信号。只有在闸门开通时间 T 内，被计数的脉冲才能通过闸门，并由十进制电子计数器对计数脉冲计数，设计数值为 N，则 $N = T/T_x$。

电子计数器的测频原理实质是基于比较法，将被测信号频率 f_x 和时基信号频率相比，两个频率相比的结果以数字形式显示出来。

计数电路在闸门开启时对被测信号的个数计数，通过设置闸门时间就可直接显示频率值。闸门时间通常取 1ms、10ms、0.1s、1s、10s 等秒的十进制倍率。例如测 1MHz 的信号，若闸门时间选 1s，计数值应为 1 000 000，显示为 1000.000 kHz。对于同一信号，若将闸门时间改为 0.1s，显示单位不变，则计数值为 100 000，显示为 1000.00 kHz。由此可见，对同一信号，计数值只与选择的闸门时间有关，但小数点的位置却与所选闸门时间和显示的频率单位均有关。仪器的自动定位电路保证了小数点总是处于正确位置，即显示的总是被测频率，而非计数值。

2. 计数器的测周原理

电子计数器测量时间包括信号周期、脉冲宽度、时间间隔等的测量。与用计数器测频相反，测周时是在被测时段 T_x 内使计数器闸门开启，对已知周期为 T_s 的时标信号计数。若计

数值为 N，则被测时间即为 NT_s。

图4-3所示为电子计数器测周原理框图。被测周期信号 T_x 从B通道输入，经放大、整形后作为门控电路的触发信号去控制主门的开闭，使主门脉冲信号的宽度等于被测信号的周期 T_x；石英晶振输出 f_c 接入A通道，经倍频或分频后产生时标信号 f_s，f_s 经放大、整形后被送入主门；在主门开启时间内，时标信号进入计数器进行计数。若计数器的计数值为 N，则被测信号的周期为

$$T_x = NT_s = NkT_c \tag{4-2}$$

式中，T_x 为被测信号周期；N 为计数值；T_s 为实际使用的时标信号周期；T_c 为时标发生器所产生的周期；k 为对晶振信号 f_c 的分频系数。

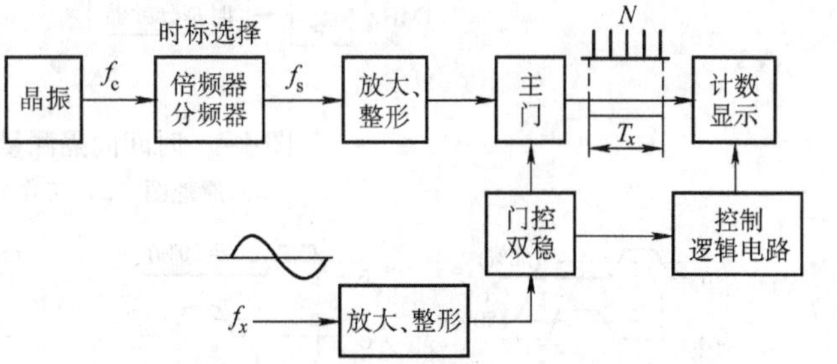

图4-3　电子计数器测周原理框图

与测频显示类似，虽然测周通常直接得到的是计数值 N，但由于式(4-2)中的 k 一般取 10^n，当显示单位s、ms、μs及 k 确定后，就容易用简单的小数点自动定位电路，自动确定小数点的位置，使显示值就是被测信号的周期。

4.2.3　电子计数器的其他功能

通用电子计数器除了测量频率和周期外，还常有多种其他功能。例如，测量两路脉冲信号任意边沿间的时间间隔、测量脉冲的正负脉宽及占空比、对事件计数、测频率比等。作为计数器的功能扩展，还可以添加测相位差、各种旋转速度等功能。计数器还能输出机内的时基、时标信号作为准确度较高的信号使用。

1. 时间间隔的测量

前面所讨论的周期测量，实质上是时间间隔的测量，即一个周期信号波形上，同相位两点之间的时间间隔。也可以把时间间隔的测量扩展到同一信号波形上两个不同点之间的时间间隔的测量（如脉冲宽度的测量）；或两个信号波形上，两点之间的时间间隔的测量（如相位差的测量）。

电子计数器测量时间间隔的原理如图4-4a所示。测量时间间隔除了测频（或测周）所需要的A通道和B通道外，还需要第三个通道——C通道，B通道和C通道的电路结构完全相同。B通道用作门控双稳的开启通道，产生打开时间闸门的触发脉冲，使双稳电路翻转；C通道用作门控双稳的停止通道，产生关闭时间闸门的触发脉冲，使其复原。工作波形如图4-4b所示。开关S用于选择两个通道输入信号的种类。当S闭合时，两个通道输入同一信号，可以测量同一信号波形中两点间的时间间隔；当S断开时，两通道输入不同的信号，可以测量两个信号间的时间间隔。

被测时间间隔 T 与计数器的计数值 N 及时标信号周期 T_s 之间的关系为

$$T = NT_s \tag{4-3}$$

为保证信号在一定的电平下触发，在A和B两个通道内设有电平调节，可对输入信号的电平进行连续调节。输入端在施密特电路之后还接有倒相器，可用来选择所需要的触发脉冲的极性。通过对触发极性和触发电平的选择，可选取两通道中的信号波形上的任意点分别

作为时间间隔的起点和终点，从而实现两输入信号任意两点的时间间隔的测量。图 4-5a、b、c、d 分别表示两信号之间的时间间隔以及脉冲宽度测量、脉冲上升时间测量。

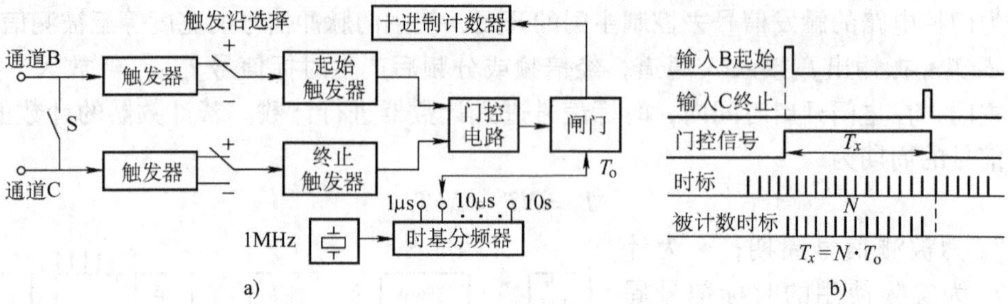

图 4-4　时间间隔测量原理

a）原理图　b）工作波形

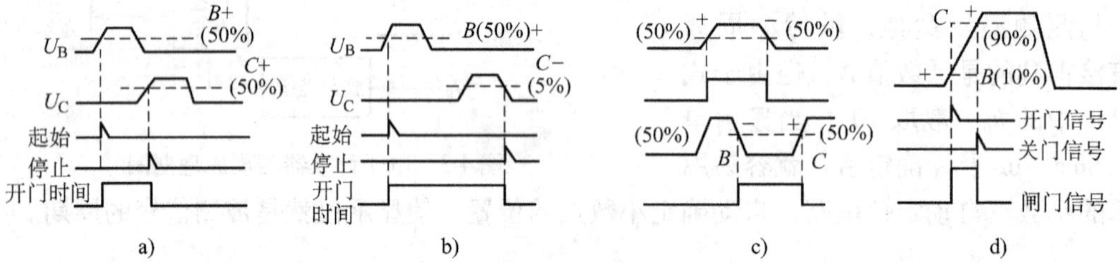

图 4-5　时间间隔测量波形图

a）两信号之间的时间间隔①　b）两信号之间的时间间隔②

c）脉冲宽度的测量　d）脉冲上升时间测量

对于周期相同的两路信号，可利用图 4-4 所示的方法测相位差。先将开关 S 闭合，将“触发沿选择”选相同极性（例如 + 极性），测出一路信号的周期 T。再将开关 S 断开，分别输入两路被测信号，“触发沿选择”开关仍选相同极性（例如 + 极性），就可测出两路信号相同边沿穿过触发电平的时间差 T_x，如图 4-6 所示。

两路信号间的相位差为

$$\phi=\frac{T_x}{T}\times 2\pi$$

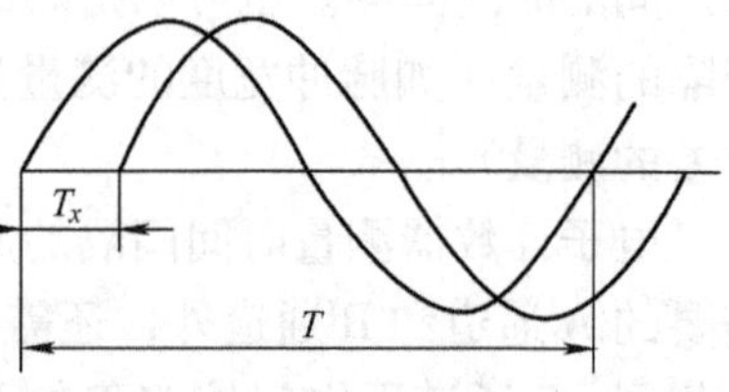

图 4-6　测相位差

用这种方法测相位差时应注意使两路信号处于相同的触发电平（例如零电平），还应注意信号的幅度足够大，以使信号穿越触发电平时陡峭，触发点确切。必要时可改变触发沿选择的极性，分别测两次 T 及 T_x，取两次测量的平均值来计算相位差。

2. 测量频率比

频率比是指输入 A、B 两路信号的频率比值 f_A/f_B，其工作原理如图 4-7 所示。计数值 N 直接表示了两个被测频率的比值 f_A/f_B。为了正确地测出其频率比值，应使两个被测频率的较高者加于 A 通道，较低者加于 B 通道。

为了提高频率比的测量精度，也可扩展被测信号 B 的周期个数。如果周期倍乘放在“$\times 10^n$”挡上，则计数结果 N 为

$$N=10^{n}\frac{f_A}{f_B} \tag{4-4}$$

3. 累加计数

计数是生产、研究和生活中最常见的一种操作。例如，在流水线上统计传送带送出产品的数量，剪票口、百货商场、展览会的入场人数统计，行人、汽车等交通量的测量，电线、钢板之类物体的长度测量等，都希望能自动累加计数并能准确地数字显示。这时，计数器就是一种简便适用的工具。

累加计数又称为累进计数。图4-8为累加计数的原理框图。图中由开启和关闭信号决定闸门的开启和关闭时间。这两个信号可以是电信号，例如可选择两个电脉冲的上升沿或下降沿作开启和关闭信号，也可以用人工操作的按钮或开关来控制闸门的开闭。

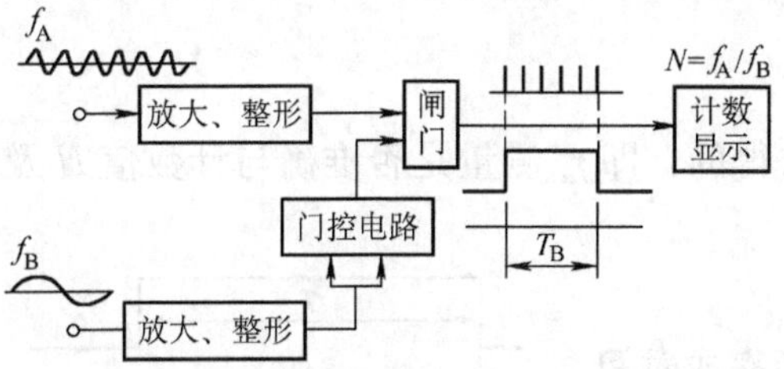

图4-7 测频率比

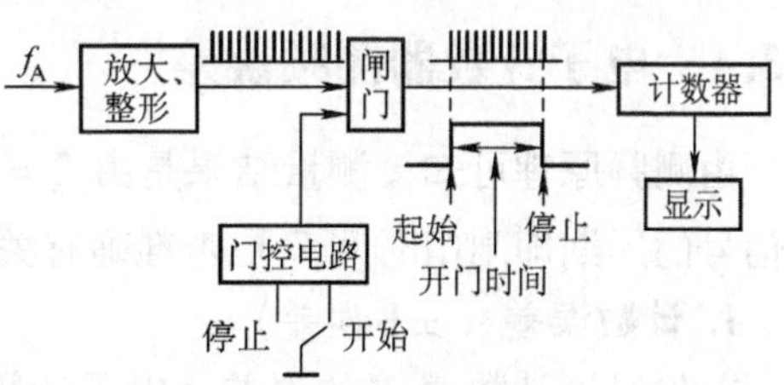

图4-8 累加计数

4. 计时

如果计数器对内部的标准时钟信号——秒信号（或者毫秒、微秒信号）进行计数，主门用本控或远控，则显示的累计数值为经历的总时间。此时，计数器的功用类同于电子秒表，它计时精确，可用于工业生产的定时控制。

5. 自校

在用计数器作各种参数的测量之前，为了检验仪器本身逻辑关系是否正常，电子计数器中设置有自校（或称自检）功能，图4-9是电子计数器自校方案的一例。自校的实质就是机内时基对机内时标的控制计数测量。在正常的机内逻辑工作条件下，由于时基、时标都是已知的，因此，由 $N=f_sT_0$ 所决定的读数 N 也应已知。如果计数值与此已知值相同，则表明机内工作逻辑正常。例如 $f_s=1\text{kHz}$，$T_c=10\text{ns}$，那么显示的数字应是 $N=100\ 000\ 000$。又因 f_s 和 T_c 均来自同一信号源，故自校时，在理论上不存在±1个字的量化误差。

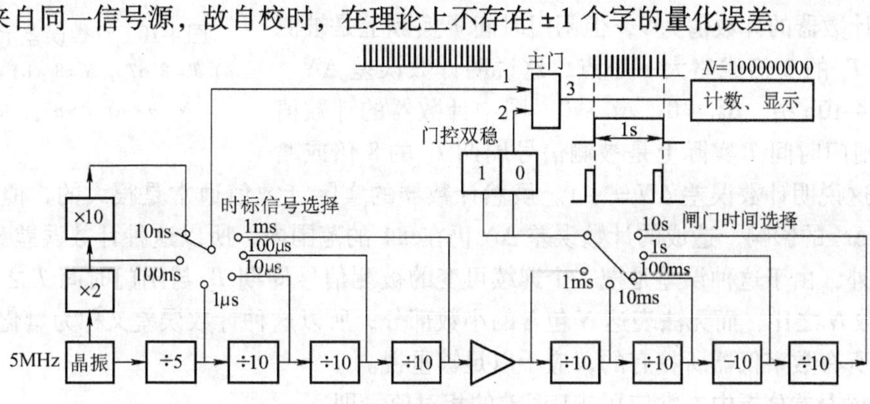

图4-9 自检

如果每次测量均稳定地显示 100 000 000，则说明仪器工作正常。

综上所述，在频率测量时，是用计数器内部产生的基准控制信号来开启和关闭闸门电路的，计数器计数并显示来自外部的被测频率数；在测量时间间隔和周期时，闸门电路是由外部被测信号来开启和关闭的，计数器计数其内部基准时间信号的周期数；测频率比时，则门控时间和计数脉冲都来自外部。虽然电子计数器工作时，门电路所加入的信号有内外之别，然而，无论用什么信号开闭门电路，其共同之处都是通过闸门控制计数的脉冲数，因此闸门控制信号的起点和被计数的第一个脉冲出现的时刻，对于测量结果将有很大的影响。

4.3 电子计数器测量误差分析

4.3.1 电子计数器测频误差

由测频原理可知，测量结果是由 $f_x = N/T$ 求得的，即 f_x 测量是否准确与计数值 N 及时基信号的周期即闸门时间 T 是否准确有关。

1. 计数误差（±1 误差）

首先讨论计数值 N 的误差。电子计数器测频率或时间，实质上是一个量化过程。量化误差是由于门控信号起始时间与被测脉冲列之间相位关系的随机性而引起的。量化的最小单位是数码的 1 个字，即量化的结果只能取整数，其尾数或者被抹去，或者凑整为 1，因此计数值也必然是整数，如图 4-10 所示。

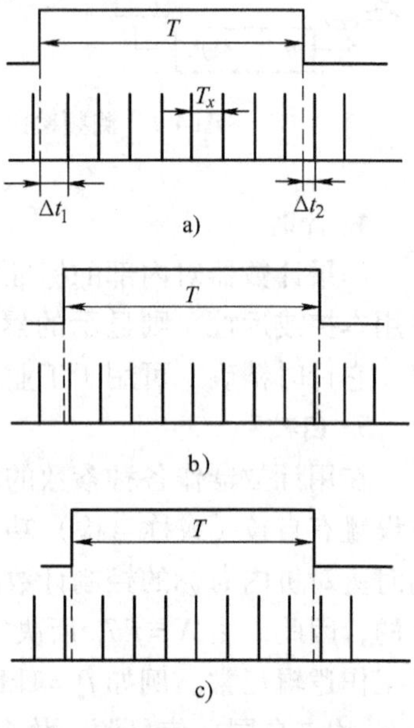

图 4-10 计数误差示意图

a) $T=8.6T_x$，$N=8$ b) $T\approx 8T_x$，$N=9$ c) $T\approx 8T_x$，$N=7$

图 4-10a 表示计数误差的一般情况。由图可见，实际上 $T=NT_x+\Delta t_1-\Delta t_2$，但计数器却认为 $T = NT_x$，这说明计数器没能反映两个时间零头 Δt_1 和 Δt_2 的影响。Δt_1 和 Δt_2 均小于 T_x，它们的差也在 $\pm T_x$ 之间。当 $\Delta t_1=\Delta t_2$ 时，它们对计数值没有影响。

为了观察 Δt_1 和 Δt_2 影响的最坏情况，图 4-10b、c 给出了两种极端情况的示意图。在图 4-10b 中，$\Delta t_1\approx 0$，$\Delta t_2\approx T_x$。图中计数器的计数值为 9，但闸门时间 T 实际上是被测信号周期 T_x 的 8 倍或略大一小点，这说明计数误差 $\Delta N=+1$。在图 4-10c 中，$\Delta t_1\approx 0$，$\Delta t_2\approx 0$，图中计数器的计数值为 7，但闸门时间 T 实际上是被测信号周期 T_x 的 8 倍或略小一点，这说明计数误差 $\Delta N=-1$。虽然计数器的实际计数值通常是很大的，但由于未考虑 Δt_1 和 Δt_2 的影响，造成的计数误差 ΔN 仍在 ±1 的范围内，所以这种计数误差又称为 ±1 误差。此外，由于这种误差是把一个连续可变的被测信号周期 T_x 与闸门时间 T 之比量化为 1 与某整数 N 之比，而无法表达 N 包含的小数部分，所以这种计数误差又称为量化误差。这种误差是所有数字仪器所特有的，应予以足够重视。

在测频误差分析中，常使用 ±1 误差的相对值，即

$$\frac{\Delta N}{N}=\pm\frac{1}{N}=\pm\frac{1}{f_xT} \tag{4-5}$$

2. 时基误差

如果闸门时间不够准确，以闸门时间 T 内的计数值来计算的被测频率当然会有误差。闸门开启时间的相对误差 $\Delta T/T$ 决定于晶振的频率稳定度、准确度、分频电路和闸门开关速度及其稳定性等因素。在设计计数器时，应尽量减小和消除整形、分频电路和闸门开关速度的影响。设石英振荡器的频率为 f_c，分频系数为 k（例如，$f_c=1\text{MHz}$，为了得到 $T=1\text{s}$ 的时基信号，k 应等于 10^6），则

$$T=kT_c=\frac{k}{f_c}，而\ \Delta T=-\frac{k\Delta f_c}{f_c^2}$$

所以

$$\frac{\Delta T}{T}=-\frac{\Delta f_c}{f_c} \tag{4-6}$$

可见，闸门时间的相对误差在数值上等于本机标准频率（亦称时基）的相对误差，式中负号表示由此引起的闸门时间的误差为 $-\Delta T$。

通常，对标准频率相对不确定度 $\Delta f_c/f_c$ 的要求是根据所要求的测频相对不确定度提出来的，例如，当测量方案的最小计数单位为1Hz，而 $f_x=10^6\text{Hz}$，在 $T=1\text{s}$ 时的测量相对不确定度为 $\pm1\times10^{-6}$（只考虑 ±1 误差）。为了使标准频率误差不对测量结果产生影响，石英振荡器的输出频率相对不确定度 $\Delta f_c/f_c$ 应优于 1×10^{-7}，即一般情况下时基误差的绝对值比 ±1 误差小一个数量级。

3. 测频的总相对误差

由 $f_x=N/T$ 及误差合成公式，可得

$$\frac{\Delta f_x}{f_x}=\pm\left(\frac{\Delta N}{N}+\frac{\Delta T}{T}\right) \tag{4-7}$$

由于 $\Delta N/N$ 的随机性和 $\Delta T/T$ 或 $\Delta f_c/f_c$ 给出的往往也只是一个正负范围，所以实用上测频的总相对误差往往考虑最坏的情况，即把 $\Delta N/N$ 和 $\Delta f_c/f_c$ 的绝对值相加，并且 ΔN 取最坏的值，即取 ±1。这就得到估算测频总相对误差的实用公式，即

$$\frac{\Delta f_x}{f_x}=\pm\left(\frac{1}{N}+\left|\frac{\Delta f_c}{f_c}\right|\right) \tag{4-8}$$

或

$$\frac{\Delta f_x}{f_x}=\pm\left(\frac{1}{Tf_x}+\left|\frac{\Delta f_c}{f_c}\right|\right) \tag{4-9}$$

由式（4-9）可见，被测频率 f_x 越高，闸门时间 T 越大，测频的相对误差 $\Delta f_x/f_x$ 越小，即测频的准确度越高。要减少测频误差，首先要在可能条件下加大计数值 N。因为计数误差的绝对值不大于1，加大 N 就减小了计数误差的相对值。例如，$f_x=10\text{Hz}$，$T=1\text{s}$ 时，±1 误差为1Hz。因 ±1 误差引起的测量误差为 ±10%，而 $T=10\text{s}$ 时，±1 误差为 0.1Hz。显然，±1 误差的大小与门控时间 T 有关，T 越大，±1 误差越小。实际上，±1 误差往往是测量误差的主要部分。

由于 $N=Tf_x$，所以闸门时间 T 适当长一些有利于减小误差，但通常 T 最长为10s，过长

的闸门时间会影响测试速度。此外，被测频率f_x高时也有利于加大N并减小误差。在f_x低时，计数误差明显加大，甚至到了不能容忍的程度。这就是为什么通用计数器中有了测频功能还要具有测周功能的主要原因。在测量低频信号频率时，通常先测出周期，再取倒数求出频率，而不是直接测频。在操作上，加大N可使显示的数字位数尽量多一些，而不要在高位有效数字前出现较多的零。当然，也不能使计数值过大而使计数值溢出。

由式（4-8）可知，时基误差$\Delta f_c/f_c$也影响测频准确度。通常时基误差明显小于计数误差，当计数误差足够小又要求进一步减小测频误差时，亦可选用更准确的外时基信号。

图4-11为$\Delta f_x/f_x$与T、f_x以及$\Delta f_c/f_c$的关系曲线。设时基误差$|\Delta f_c/f_c|$为5×10^{-9}，在计数误差较大时，时基误差可以忽略。这时，可任意计算某一情况下的误差。例如，闸门时间取1s，被测信号在10kHz时，测频误差$|\Delta f_x/f_x| \approx 1/Tf_x \approx 10^{-4}$。若以这点为参考，很容易看出闸门时间越短或被测频率越低，则测频误差越大。反之，测频误差将明显减小。

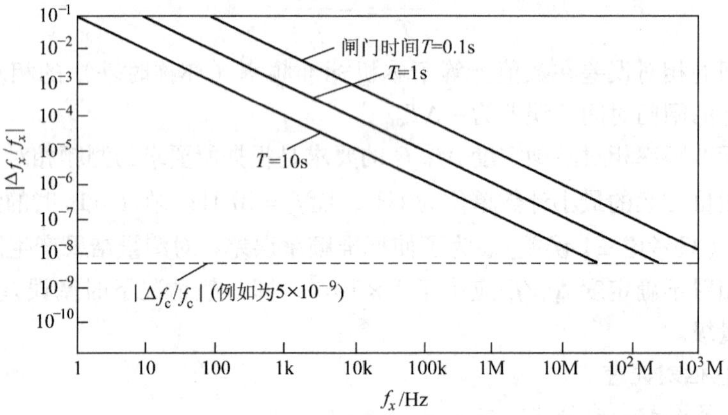

图4-11 计数器测频误差实例

当计数误差很小时，时基误差开始起作用。随着计数误差越来越小，测频误差曲线逐渐趋近于时基误差所代表的水平线。图中的虚线表示当内部的时基误差为5×10^{-9}时，要把误差降至此值以下是不可能的。

从本例可以看出，对同一台计数器，使用情况不同时，测频误差可相差好几个数量级。

4.3.2 电子计数器测周误差

电子计数器测周时，用标准信号形成时标，而被测信号（或被测信号的若干倍）形成闸门时间，通过在闸门时间内对时标信号的计数可确定被测信号的周期。与测频类似，计数值N不完全准确及时标信号周期T_s略有误差都会造成测周误差。此外，测周是用被测信号开启闸门，而被测信号有可能叠加某些干扰，不像测频时由计数器内部时基信号开启闸门，时基信号及由它形成的闸门较为理想。被测周期信号所叠加的干扰有可能影响闸门信号触发转换时间，使其不严格等于被测周期T_x或其整数倍。这种误差称为触发误差（或转换误差），这是用被测信号而不是用仪器内部信号开启闸门时都有的一种误差。

1. 基本误差

与分析计数器测频时的误差类似，这里可用$T_x = NT_s$来讨论测周的基本误差。由误差传

递公式可得

$$\frac{\Delta T_x}{T_x}=\frac{\Delta N}{N}+\frac{\Delta T_s}{T_s}=\frac{\Delta N}{N}+\frac{\Delta T_c}{T_c} \tag{4-10}$$

测周法的量化误差和时基误差的误差分析类似于电子计数器测频法的误差分析，同理可得电子计数器的测周误差为

$$\frac{\Delta T_x}{T_x}=\pm\frac{k}{T_x f_c}\pm\left|\frac{\Delta T_c}{T_c}\right|=\pm\left(\frac{k}{T_x f_c}+\left|\frac{\Delta f_c}{f_c}\right|\right) \tag{4-11}$$

式中，k 是图4-3 中晶振信号 f_c 的分频系数，从式（4-11）可以看出，被测信号的周期 T_x 越大，量化误差对测周误差的影响越小。例如，被测信号的频率 $f_x=1\text{Hz}$，若采用测频法，设闸门时间 $T=1\text{s}$，则由 ±1 误差产生的测量误差为 ±100%；而采用测周法，若时标信号 f_s 为 $1\times10^6\text{Hz}$，则测量误差降为 $\pm1\times10^6$。因此，被测信号周期较长（即频率较低）时，应采用测周期的方法进行测量。

2. 触发误差

在测周期的方法中，由于主门时间信号是由被测信号经整形产生的，它的宽度不仅取决于被测信号的周期 T_x，还与被测信号的幅度、波形陡直程度以及叠加噪声情况有关。因此，当被测信号波形为非矩形波或测量时存在噪声干扰时，则会影响主门时间的准确性，造成触发误差，这时，在总误差中，还应加上一项误差，即触发误差。

触发误差的示意图如图4-12所示，图中为简化讨论，把触发电平近似为一条通过信号中部的直线。图中所画干扰信号是连续的，但它也可以是离散的噪声脉冲。干扰信号的出现使触发转换时间出现了或前或后的错位，即闸门时间中包含了误差 ΔT_1 及 ΔT_2。

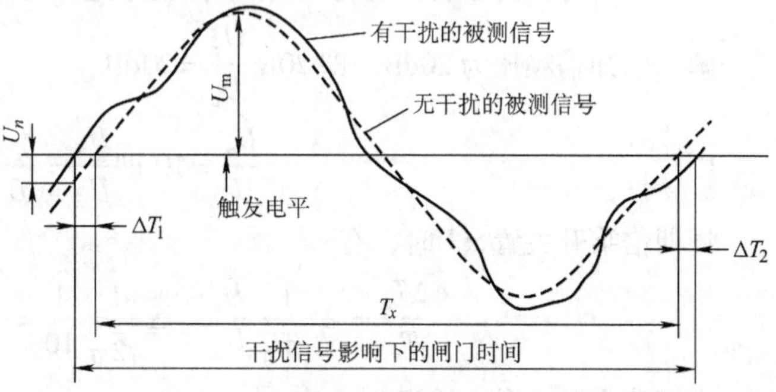

图4-12　触发误差

下面先以 ΔT_1 为例讨论触发误差的产生原因，ΔT_2 的讨论与 ΔT_1 完全相同。假设被测信号为正弦信号 $u_x=U_m\sin\omega_x t$，触发转换点附近的干扰信号 U_n 使转换时间提前了 ΔT_1。U_n 与 ΔT_1 之比近似为 u_x 在触发点附近的斜率，即

$$\frac{U_n}{\Delta T_1}=\frac{du_x}{dt}=\omega_x U_m\cos\omega_x t$$

由于触发点常选在信号中部，$\omega_x t$ 趋近于零，所以 $\cos\omega_x t$ 趋近于1，可得

$$\Delta T_1=\frac{U_n}{\omega_x U_m}=\frac{T_x}{2\pi}\frac{U_n}{U_m}$$

其中 U_n/U_m 为信噪比的倒数。

ΔT_2 与 ΔT_1 的影响可能方向相同也可能相反，大小也不一定相同，根据随机误差的合成，总的触发误差为

$$\Delta T_n=\sqrt{\Delta T_1^2+\Delta T_2^2}=\pm\frac{T_x}{\sqrt{2}\pi}\frac{U_n}{U_m} \tag{4-12}$$

式中，ΔT_n 为触发误差引起的闸门时间变化，T_x 为被测信号周期，U_n 为干扰信号幅度，U_m 为被测信号幅度。

综合上面的讨论，可知测周误差由三部分组成，即量化误差、时基误差和触发误差。因此，测周法的总误差（采用绝对值合成法，按最坏的情况考虑）为

$$\frac{\Delta T_x}{T_x}=\pm\left(\frac{k}{T_x f_c}+\left|\frac{\Delta f_c}{f_c}\right|+\frac{1}{\sqrt{2}\pi}\frac{U_n}{U_m}\right) \tag{4-13}$$

由上式可以看出，为了减小测量误差，提高测量的准确度，应注意以下几点：

1）在条件允许的情况下，尽量提高时标信号（计数脉冲）的频率 f_s。

2）提高晶振频率的准确度和稳定度。

3）使用周期倍乘法，把主门时间从被测信号的周期 T_x 扩大为 mT_x，通常 m 为 10^n（$n=1, 2, \cdots$）。该方法实际上是用计数器测量时标信号在 mT_x 内的计数值，然后计算得到一个周期的数值，从而可以减少量化误差及触发误差，此时，测周误差为

$$\frac{\Delta T_x}{T_x}=\pm\left(\frac{k}{10^n T_x f_c}\pm\left|\frac{\Delta f_c}{f_c}\right|\pm\frac{1}{10^n\sqrt{2}\pi}\frac{U_n}{U_m}\right) \tag{4-14}$$

周期倍乘数大小的选择受仪器显示位数及测量时间的限制。

例 4-1 被测信号 $f_x=10\text{Hz}$，采用测周法，已知信噪比为 20dB，当周期倍乘开关分别置 ×1 和 ×1000 时，由触发误差引入的测周误差为多少？

解 已知信噪比为 20dB，即 $20\lg\frac{U_m}{U_n}=20\text{dB}$

则
$$\frac{U_m}{U_n}=10 \text{ 即 } \frac{U_n}{U_m}=\frac{1}{10}$$

周期倍乘开关置 ×1 时，有

$$\frac{\Delta T_n}{T_x}=\pm\frac{1}{\sqrt{2}\pi}\frac{U_n}{U_m}=\pm\frac{1}{\sqrt{2}\pi}\frac{1}{10}=\pm 2.3\times 10^{-2}$$

周期倍乘开关置 ×1000 时，有

$$\frac{\Delta T_n}{T_x}=\pm\frac{1}{1000\times\sqrt{2}\pi}\frac{U_n}{U_m}=\pm\frac{1}{1000\times\sqrt{2}\pi}\frac{1}{10}=\pm 2.3\times 10^{-5}$$

从这个例子可以看出，增大周期倍乘可以减少测量的误差。

4.3.3 中界频率

电子计数器的基本功能是直接测频率和测周期。无论是测频率还是测周期，都存在量化误差。直接测频率和测周期时，其量化误差在形式上相类似，但实质不同，测频时是 f_x 的 ±1 误差，而测周时是 f_s 的 ±1 误差。从式（4-9）和式（4-11）可知，测频时，量化误差 $1/Tf_x$ 随 f_x 的增加而减小；测周时，量化误差 $k/T_x f_c$ 则随 f_x 的增大而增加。为了减小测频误差，若被测频率 f_x 较高，则直接测量频率，以保持最佳的测量状态；若被测频率 f_x 较低，则可先测量周期，再按式 $f_x=1/T_x$ 换算出频率。这样就存在一个频率，使得测频法和测周法测量频率的相对误差相等，此频率称为中界频率，记为 f_m。

令式（4-9）和式（4-11）相等（为简单计，写成绝对值形式）可得

$$\frac{1}{Tf_m}=\frac{k}{T_m f_c}$$

$$f_m=\sqrt{f_{st}f_{ot}} \tag{4-15}$$

式中，f_{st}为测频时选用的频标信号频率，即闸门时间的倒数；f_{ot}为测周时选用的频标信号频率$f_{ot}=1/T_{ot}$；f_m为中界频率。

可见，当被测频率高于中界频率时，应采用直接测频法测量频率；当被测频率低于中界频率时，应采用测周法测量频率。

4.4　电子计数器性能的改进

电子计数器性能改进的主要内容有：如何减小测量误差，尤其是量化误差；如何提高测时分辨率；如何提高测频的频率范围，以至可测量更高波段的频率。

4.4.1　多周期同步测频法

传统计数器在测低频信号时不能用测频方式，在测高频信号时不能用测周方式，否则计数误差（±1误差）会很大。这样，如需测低频频率或高频周期，则必须先测其倒数参量，再通过换算得到所需数值。同时，±1误差会随被测信号的频率变化。

采用多周期同步测频法则不论频率高低都能得到相等的测量精度。具体方法是先采用同步多倍周期测量，而后进行倒数运算，得出被测的频率值。由于是同步的多周期测量，计数闸门时间准确等于被测周期的整倍数。此测频法可用于整个高低频率范围的测量，它使测频和测周的计数误差相同，故此法又称为等精度测量法。

1. 电路原理简图及工作过程波形

图4-13所示为多周期同步测频法的原理图，电路中有S和C两个计数器，分别对被测信号S和已知时钟信号C进行计数，闸门开启时间分别由信号计数控制和时钟计数控制电路进行控制。它既可以测周期又可以测频率。

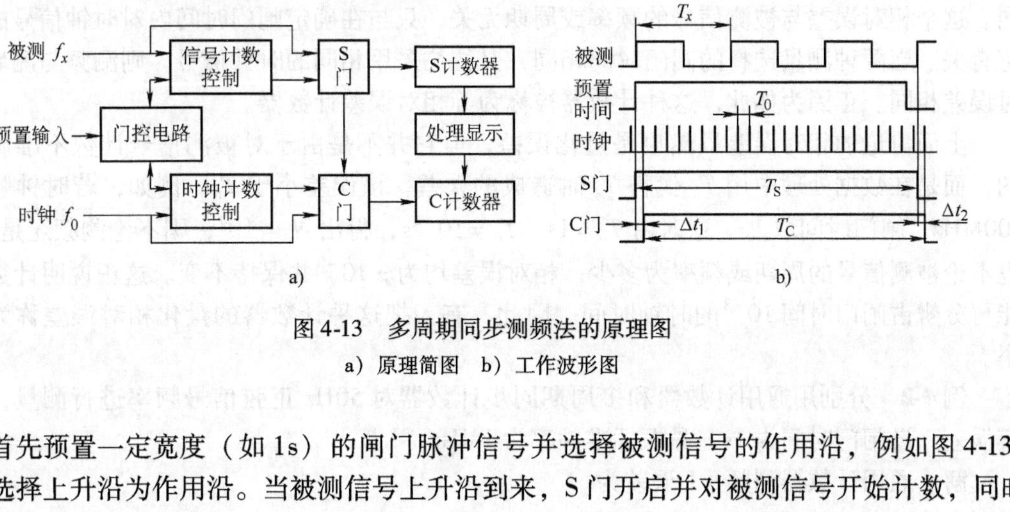

图4-13　多周期同步测频法的原理图
a）原理简图　b）工作波形图

首先预置一定宽度（如1s）的闸门脉冲信号并选择被测信号的作用沿，例如图4-13b所示选择上升沿为作用沿。当被测信号上升沿到来，S门开启并对被测信号开始计数，同时开始使用预置的闸门时间。当随后的第一个时钟脉冲到来时，C门开启并对时钟信号开始计数。直至预置的闸门时间用完后，在下一个被测信号作用沿到来时 S 门关闭，对被测信号的计数完成，其计数值为 N_s。其后，在下一个时钟信号到来时，对时钟信号的计数完成，其计数值为 N_c。由图可得

$$T_s = N_s T_x \tag{4-16}$$

$$T_c = N_c T_0 \tag{4-17}$$

由于上述两种计数中闸门开闭与被计数信号是同步的，因此不存在计数误差。

根据测得的 N_s、N_c，已知的时钟周期 T_0 或频率 f_0，就可由信号处理部分直接算得被测信号的周期和频率为

$$T_x = \frac{N_c}{N_s} T_0 \tag{4-18}$$

$$f_x = \frac{N_s}{N_c} f_0 \tag{4-19}$$

由于实际上是通过测 T_x 而求其倒数 f_x，所以也称其为倒数计数器。

2. 测量结果及误差分析

被测信号的周期为 $T_x = T_s/N_s$，这是一个不包含计数误差的结果。但是上述测量中并未得到 S 门的闸门开启确切时间 T_s，只知道 C 门的开启确切时间 $T_c = N_c T_0$，由于 $T_s = T_c + \Delta t_1 - \Delta t_2$，其中 Δt_1 及 Δt_2 均小于时钟周期 T_0，T_s 与 T_c 之差（$\Delta t_1 - \Delta t_2$）的绝对值也小于 T_0，其值一般也是很小的。所以式（4-18）是用 $T_c = N_c T_0$ 代替 T_s 得到的测周结果，故测周误差为

$$\frac{\Delta T_x}{T_x} = \frac{\pm T_0/N_s}{(N_c/N_s)T_0} = \frac{\pm 1}{N_c} \tag{4-20}$$

同理，得测频误差为

$$\frac{\Delta f_x}{f_x} = \frac{\pm f_x/N_c}{f_x} = \frac{\pm 1}{N_c} \tag{4-21}$$

比较式（4-20）及式（4-21）可见，对于倒数计数器，测频和测周相对误差表达式相同。这个相对误差与被测信号的频率或周期无关，只与在确定闸门时间内对时钟信号的计数值有关。当两种测量选择的闸门时间相同，又往往采用相同的时钟信号，则测频与测周的相对误差相同。正因为如此，这种计数器被称为等相对误差计数器。

上面讨论的相对误差虽然也是量化误差，但它并不是由于对被测信号计数不准确产生的，而是在数据处理中用 T_c 代替 T_s 时造成的误差，该误差小于 T_0。例如，若时钟频率为 100MHz，闸门时间取 1s。这时由 $T_c = 1\text{s}$，$T_0 = 10^{-8}\text{s}$，得出 $N_c = 10^8$，则不论测频还是测周，也不论被测信号的周期或频率为多少，相对误差均为 $\pm 10^{-8}$ 并保持不变。这正说明计数器未能再分辨占闸门时间 10^{-8} 的时钟时间。因此，有人把这种计数器的量化相对误差称为分辨率。

例 4-2 分别用通用计数器和多周期同步计数器对 50Hz 正弦信号频率进行测量，计算其误差。设闸门时间为 1s，晶振标准频率为 1MHz。

解 通用计数器测频 ±1 误差为

$$\frac{\Delta N}{N} = \pm\frac{1}{N} = \frac{0.02\text{s}}{1\text{s}} = 2 \times 10^{-2}$$

$$\frac{\Delta N}{N}=\pm\frac{1}{N}=\frac{1\times10^{-6}\text{s}}{1\text{s}}=1\times10^{-6}$$

在1s的闸门时间内，非同步的通用计数器±1误差是1个50Hz信号的周期0.02s，而采用多周期同步计数器±1误差是1个1MHz晶振频率的周期1×10^{-6}s。

4.4.2　提高测试分辨率

1. 内插法

内插法是以测量时间间隔为基础的计数方法。内插法的工作波形示意图如图4-14所示，被测时间$T_x=N\tau+\Delta t_1-\Delta t_2$。在未采用内插法前，只能得到$T_x=N\tau$，$N\tau$和被测时间间隔$T_x$的区别仅在于多计了$\Delta t_2$而少计了$\Delta t_1$。为了提高测量的准确度，就需要测出$\Delta t_1$和$\Delta t_2$的值。

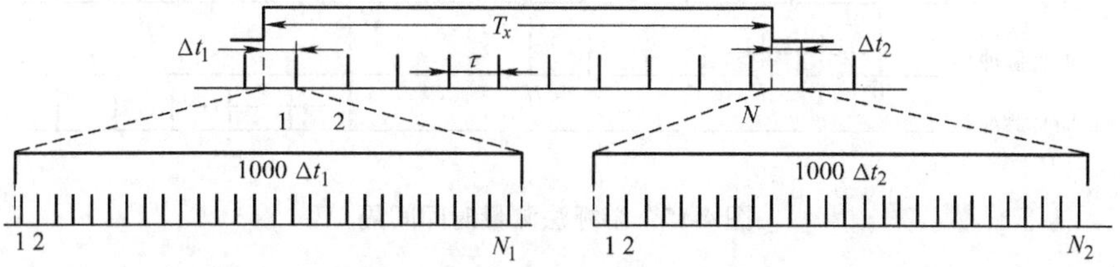

图4-14　内插法的工作波形示意图

为了测量时间间隔T_x，计数器实际测量的是T、Δt_1和Δt_2三个参数。T的测量与普通计数器相同，即累计该时间间隔内出现的时钟脉冲数N，即$T=N\tau$；两个零头时间Δt_1和Δt_2采用内插法来测量，即先用两个内插器将Δt_1和Δt_2分别扩展1000倍，然后再在扩展后的时间间隔内，对同一时钟脉冲进行计数，故被测时间间隔为

$$T_x=\left(N+\frac{N_1}{1000}-\frac{N_2}{1000}\right)\tau \tag{4-22}$$

由此可见，采用内插技术后，虽然测Δt_1和Δt_2时量化误差依然存在，但相对来说其大小缩小了1000倍，从而使计数器的分辨率提高了三个量级。例如，$\tau=100$ns，则普通计数器的分辨力不会超过100ns，而采用内插法后其分辨率提高到0.1ns，这相当于把10MHz的计数器变成10GHz的计数器。所以采用内插法可使分辨率大大提高。

2. 游标法

游标法是用来提高周期和时间间隔测量准确度的另一种方法。它的测量原理与游标卡尺测量长度的原理相同，它的主要特点也是能测出整周期数外的尾数Δt_1和Δt_2。

游标法使用了两种频率非常接进的时钟信号f和f_1。频率较高的$f=1/\tau$是主时钟，频率较低的$f_1=1/\tau_1$是游标时钟，由于$\tau_1>\tau$，所以随着计数序号的增加，游标脉冲距下一序号的主脉冲越来越近，并且每增加一次计数，两脉冲间的时间间隔就缩短$\tau_1-\tau$。只要两脉冲周期之差足够小，总会在第N个游标脉冲到来时，游标脉冲与主脉冲重合或部分重合，这称为两脉冲符合。

根据两脉冲符合的过程，可找出Δt_1与τ、τ_1及N_1的关系。例如，图4-15中从闸门开启至两脉冲符合，主脉冲经历了$6\tau+\Delta t_1$，游标脉冲1经历了$6\tau_1$。这两个时间是相同的，因而可得到$\Delta t_1=6(\tau_1-\tau)$。例中的6是符合时对游标脉冲的计数值$N_1$。当然，实际上$N_1$

可在很大范围内变化，但总是满足一个求 Δt_1 的公式，即

$$\Delta t_1 = N_1(\tau_1 - \tau)$$

同理，在闸门关闭时启动周期略大于 τ 的游标信号源，后者的周期为 τ_2，并在第一个主脉冲之后对游标脉冲计数，记下符合时对游标的计数值 N_2，则有

$$\Delta t_2 = N_2(\tau_2 - \tau)$$

这样就可得到闸门时间更精确表达为

$$T_x = N\tau + \Delta t_1 - \Delta t_2 = N\tau + N_1(\tau_1 - \tau) - N_2(\tau_2 - \tau) \tag{4-23}$$

式中，T_x 为闸门时间；τ 为被计数脉冲的周期；N_1、N_2 分别为对游标信号的两次计数值；τ_1、τ_2 分别为两游标信号的周期。

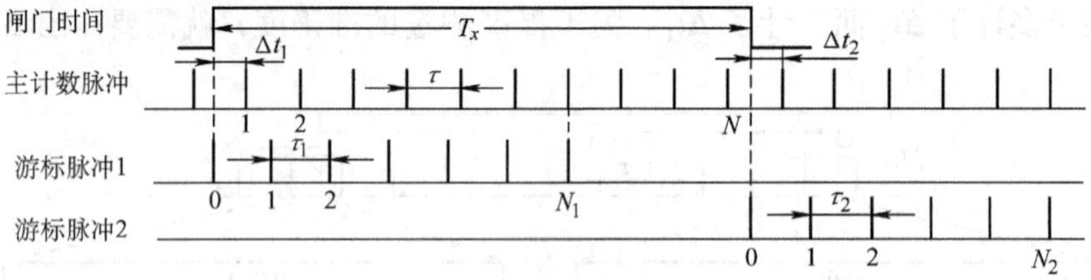

图 4-15 游标法测量时间间隔

实际上两种游标信号可取自同一游标信号发生器，即 τ_1 和 τ_2 可以相等，则

$$T_x = N\tau + N_1(\tau_1 - \tau) - N_2(\tau_1 - \tau) = N\tau + (N_1 - N_2)(\tau_1 - \tau) \tag{4-24}$$

由式（4-24）可见，游标计数法的计数分辨率为 $\Delta\tau = \tau_1 - \tau$，$\tau_1$ 越接近 τ，其分辨率越高。例如，$\tau_1 = 10\text{ns}$，$\tau = 9\text{ns}$，则分辨率为 $\Delta\tau = 1\text{ns}$，若 $\tau_1 = 10\text{ns}$，$\tau = 9.9\text{ns}$，则分辨率 $\Delta\tau = 0.1\text{ns}$。

4.4.3 计数器测频范围的扩展

计数器测频范围的扩展主要指提高所能测量频率的范围。由于所用器件和电路的不断改进，直接计数的普通计数器测频上限可达 1GHz 左右。但这仍不能满足不少领域的需求，例如在通信、国防等行业就常需要对微波、毫米波等信号计数。

要对微波波段的信号频率进行数字测量，就必须采用频率转换技术，将微波频率转换成频率较低的信号，以便计数测量。基本的方法就是模拟测频技术中的差频法，利用混频器实现频率转换。

1. 变频法

变频法也称外差法，是将被测微波信号经差频转换成频率较低的中频信号，再由电子计数器进行计数测量。变频法计数器的结构如图 4-16 所示。它将计数器主机产生的标准信号 f_s 经谐波发生器产生高次谐波，谐波滤波器选出所需谐波分量 Nf_s，再与被测信号 f_x 混频出差频分量 f_I。若计数器测得的频率为 f_I，则被测频率为

$$f_x = Nf_s \pm f_I \tag{4-25}$$

自动变频式微波计数器原理框图如图 4-17 所示。谐波发生器产生丰富的谐波，谐波选择器采用 YIG（钇铁石榴石）电调谐滤波器，其谐振频率可在很宽范围实现可调。扫描捕获电路产生的阶梯波电流，控制 YIG 的外加磁场，使 YIG 的谐振频率从低到高步进式地改

变，从而可逐次地选出标准频率的各次谐波。当某次谐波 Nf_s 与待测频率 f_x 的差频 $f_I=f_x-Nf_s$ 落在差频放大器的带宽（110MHz）范周内时，差频信号经放大、检波后输出一直流电压，使扫描捕获电路自动停止扫描，此时 YIG 固定地调谐在 N 次谐波上。

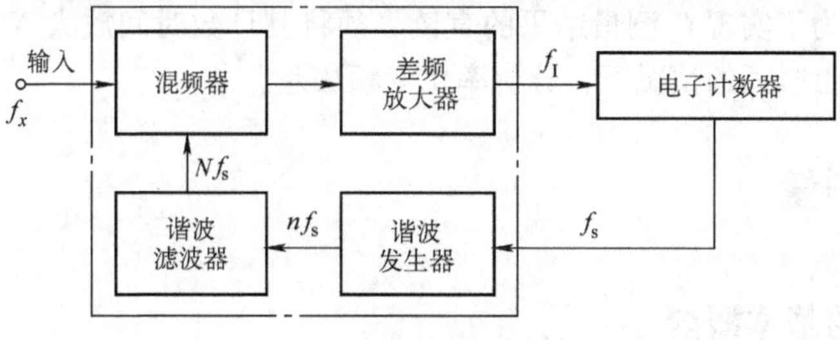

图 4-16　变频法计数器

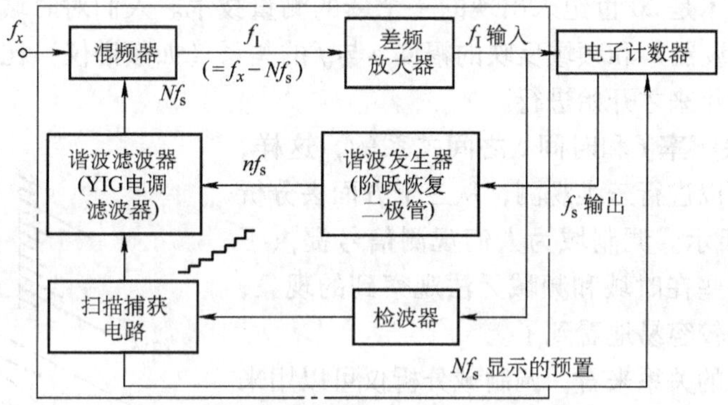

图 4-17　自动变频式微波计数器原理框图

同时控制电路将谐波频率 Nf_s 预置在显示器里，而计数器则对差频放大器输出的差频信号进行计数，这样，在显示器上可直接读出被测频率 f_x，即

$$f_x=Nf_s+f_I$$

由于扫描从低频向高频进行，因此式（4-25）中 f_I 前取“+”号即可得到上式。

例如，被测频率 $f_x=6980.034752\text{MHz}$，设标准频率 $f_s=100\text{MHz}$，谐波发生系统从低频向高频进行扫描，当 $N=69$ 时，得到其 69 次谐波 6900MHz。此时，$f_I=f_x-Nf_s=80.034752\text{MHz}$，处于计数器可直接测量的范围，于是停止扫描，记下 $N=69$，并测得 $f_I=80.034752\text{MHz}$。$N=69$ 预置在显示器里，计数值 $f_I=80.034752\text{MHz}$，总的测量结果显示为

$$f_x=Nf_s+f_I=69\times100\text{MHz}+80.034752\text{MHz}=6980.034752\text{MHz}$$

2. 置换法

置换法在外差混频的基础上引入锁相环，置换法是利用一个频率较低的置换振荡器的 N 次谐波，与被测微波频率 f_x 进行分频式锁相，从而将 f_x 转换到较低的频率 f_L（通常为 100MHz 以下）。如图 4-18 所示。利用计数器可以测量较低的频率 f_L，同时已知标准频率 f_s，则在锁相环锁定状态下有

$$f_x=Nf_L+f_s \qquad (4\text{-}26)$$

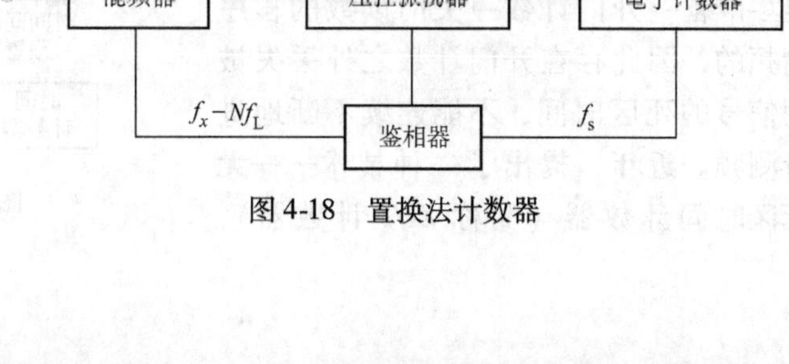

图 4-18　置换法计数器

与变频法相似，置换法计数器中也必须确定混频用的谐波次数，因此实际的应用系统中还需相应的电路。置换法测量微波频率中采用的锁相环具有很高的环路增益和灵敏度。在锁定状态下，锁相环的输入、输出信号频率具有非常好的跟随性能，所以测量精度较高，但是置换法电路复杂。为了实现f_L测量结果的直读，须将其计数时间放大N倍，所以降低了测量速度，在同样测量时间的情况下，分辨率比变频法差。

4.5 调制域测量

4.5.1 调制域的基本概念

调制域测量技术是20世纪末出现的一个新的测量技术。人们对时域反映的幅度v与时间t的关系（如示波器）和频域反映的幅度v与f的关系（如频谱仪）比较熟悉，而对调制域的观察和分析近年来才开始进行。

调制域是反映频率f和时间t之间关系的，这样，对一个调制信号可以进行三维观测，从三个方面去分析研究，如图4-19所示。调制域为人们观测信号提供了一个新的窗口，一些在时域和频域无法观察到的现象，在调制域中都能比较容易地看到了。

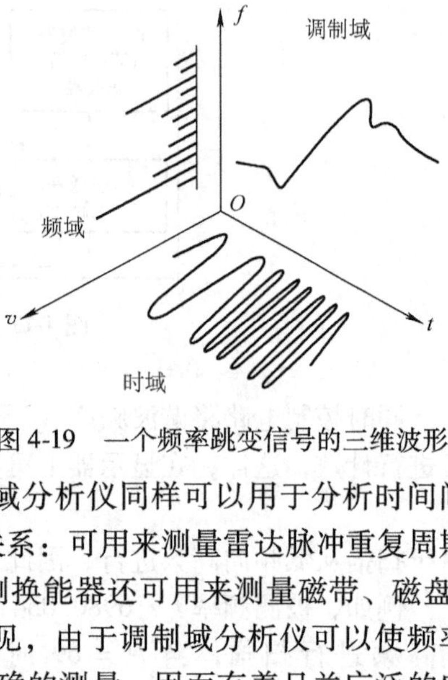

图4-19 一个频率跳变信号的三维波形

从频率与时间的关系来看，调制域分析仪可以用来测量锁相环与压控振荡器的特征，测量各种不同的扩频系统（包括无线局域网、无绳电话及军用通信系统）中收发同步跳频的情况，还可对捷变雷达的脉内信息进行精确地分析以及测量杂波干扰机的噪声带宽等。频率与周期（时间间隔）及相位有着相应的关系，所以调制域分析仪同样可以用于分析时间间隔变化与时间的关系，也可用于分析相位变化与时间的关系：可用来测量雷达脉冲重复周期的抖动，数字通信系统中数字脉冲间隔的抖动；通过监测换能器还可用来测量磁带、磁盘、光盘驱动器及打印机绘图仪等机电设备的抖动特性。可见，由于调制域分析仪可以使频率（或相位、时间间隔）对时间的关系得到快速、直观、精确的测量，因而有着日益广泛的应用前景。

4.5.2 调制域分析仪的组成和工作原理

调制域测量技术的根本要求是在一段规定的时间内动态地不间断地测量信号的频率。对于频率的测量，现在大多采用电子计数器，其基本原理是定时计数。但它是按复零准备→开门计数→关门读数的程序测频的，因此存在开门计数之外丢失被测信号的死区时间，不能连续不断地进行测频。近年，提出了一种技术——无死区时间计数器（简称ZDT计数器），

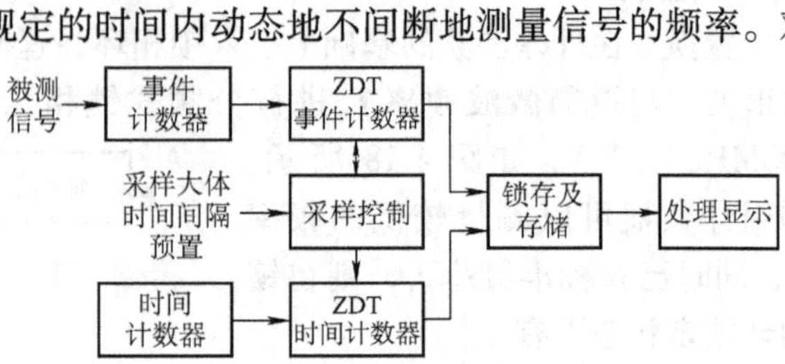

图4-20 ZDT计数器原理框图

解决了动态连续测量变化频率的难题。

ZDT 计数器从原理上讲，主要是由两路计数器组成的，如图 4-20 所示。一路称为事件计数器，对被测信号经过处理的过零点进行计数；另一路称为时间计数器，对时基脉冲进行连续计数。作为定时的时间单位，时基脉冲间隔越小，则测量精度越高。两路计数器是同步对应工作的。接下来把时间轴连续地分为足够细的小段，在区间各端点记录下当时的事件值和时间值，这称为采样。采样的大体时间间隔可由操作者预置或由仪器的自动定标功能选择。但这样设置的区间端点不一定恰好有事件发生。实际采样点只是近似于预置值，而选择在预置值附近事件发生的瞬间采样，如图 4-21 所示。当有事件发生时，采样控制电路即发出采样命令。ZDT 事件和时间计数器同时采样，并分别把该瞬间的事件计数值 E 和时间计数值 t 存入锁存及存储装置。各小区间端点两次采样所得事件增量 ΔE 与时间增量 Δt 之比，即为这个小区间事件发生的平均频率。因这个小区间与测量过程总时间相比很小，可以把它当成时间轴上的一点。

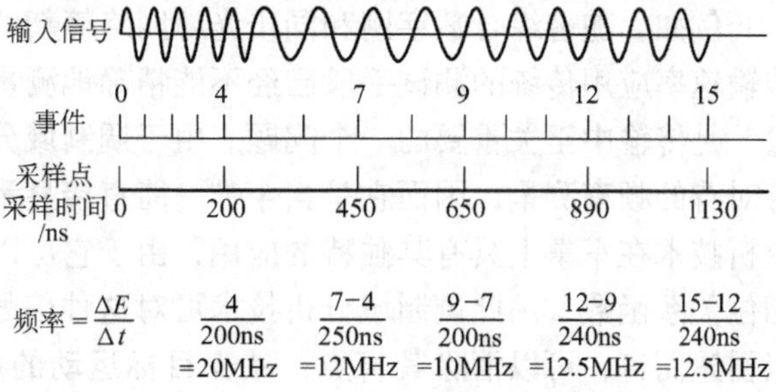

图 4-21　ZDT 计数器测频过程

现以频率测量为例，通过图 4-21 来说明其工作过程：设输入被测信号是一个频率随时间变化的正弦信号，将事件定义为波形上升时的过零点，图中表示五次采样过程和频率计算过程。

第一次采样的平均频率为

$$\overline{f}_1 = \frac{\Delta E}{\Delta t} = \frac{4}{200\text{ns}} = 20\text{MHz}$$

第二次采样的平均频率为

$$\overline{f}_2 = \frac{\Delta E}{\Delta t} = \frac{7-4}{450-200\text{ns}} = 12\text{MHz}$$

依此类推，可得第三、四、五次采样的平均频率为 10MHz、12. 5MHz、12. 5MHz。

在仪器的测量中，采样点是由用户设定的。图 4-21 中，采样速率设在 5MHz（200ns），但实际采样时刻需要根据被测信号事件发生时刻的情况作微小调整，如第二次采样时间间隔为 250ns，这是因为采样点要与事件发生时刻一致的缘故。

从原理上讲，只要出现一个事件，即一个周期就可测出频率，故 ZDT 计数器可以动态地进行瞬时频率的测量。不过事实上，载波信号不会只有一个周期，则可通过多个事件计数，然后求平均频率，准确度会更高。同理，相位或时间间隔也可以作为事件，而且过零处理交叉点的阈值可以由用户设定。故此，同样可以用来分析相位或时间间隔与时间的关系。

4.5.3　调制域分析仪的应用

调制域测试技术与时域测试、频域测试成为目前的“三域”测试技术。调制域测试技术是一门新兴的非常重要的测试技术，这主要取决于科学技术和电子装备的飞速发展。过去大多数电子信息传送的是幅度变化信息，现在转向传送数字信息以后，信息越来越多地作为数字脉冲之间的定时或相位关系的方式传送出去，单单使用示波器或频谱仪这类以幅度为基础的仪器，不能满足表征这些数字信号的需要，于是提出了相位数字化新方法。这种方法非常适合测量定时信号、相位编码信号或频率编码信号。调制域测试技术的出现，必将对众多的测试问题做出新贡献。事实已经证明，调制域分析技术在越来越多的应用领域成为一种不可或缺的测试技术，尤其是在军事电子测试领域更有其重要的意义。

例如，随着综合数字网和同步光纤网络等新的数字通信技术进入主流电话系统，其高速传输速率应用传统的测试手段已经不能精确地测量传输信号；再有通信传输中晃动的精确测量，是传输中至关重要的一个问题。由于调制域分析技术可以进行每秒二百万次、64 000 次背对背的频率测量，因而它是当今唯一能直接显示随时间而变化的晃动技术；再有，调制域分析技术在军事上具有其独特的应用，由于它可以测量、分析迅速变化的频率、时间间隔或相位关系函数，因此调制域分析技术可对这种信号进行调谐，以达到电子装备的最佳性能，以雷达而言，可以消除其盲点，减少目标运动的负效应，改善雷达系统的作用距离和分辨率。此外，调制域分析仪还非常适合设计防抱死制动系统、可调节悬浮系统、自适应巡航控制系统、防撞雷达、各种各样的航天和防御系统等。总之，调制域分析技术可以用来加速设计和表征诸如雷达、电子战、监控系统、扩频通信等的工作和性能特征。

下面就调制域测试的某些功能做简要的介绍。

1. 锁相环（PLL）测试

在很多电子应用领域中，锁相环是通用而必不可少的电路，它既可用作窄带滤波器以恢复噪声中的信号，也可用来使数字传输同步进行，还可用于频率合成器、解调器、倍频器和分频器。对锁相环应用来说，有时环路的建立时间和环路的动态响应对设计者来说非常重要，而使用调制域分析仪能够非常直观地测得 PLL 的捕获范围和跟踪范围。快速调整时基，可检查到某些潜在的误捕获过程。调制域分析仪可用于 PLL 和频率合成器的频率转换特性测试，也可用于监测数据采集过程中 PLL 的输出频率曲线，做时钟恢复电路分析以及测试蜂窝状无线电的载波锁定时间、转换情况等。

压控振荡器（VCO）是锁相环、通信系统等多种电子系统的核心部分，这些系统的总性能常常受到 VCO 性能的制约。设计者十分关心 VCO 的频率过冲、建立时间、频率漂移等参数。图 4-22 为锁相环路中 VCO 的频率阶跃响应，从仪器屏幕上直观地显示出环路的捕捉过程，能精确地测出阶跃前后的频率，跃变中的过冲、振铃、上升时间及新频率的建立时间，这些数据可在屏幕上部分显示出来，这是以往常规仪器无法做到的。

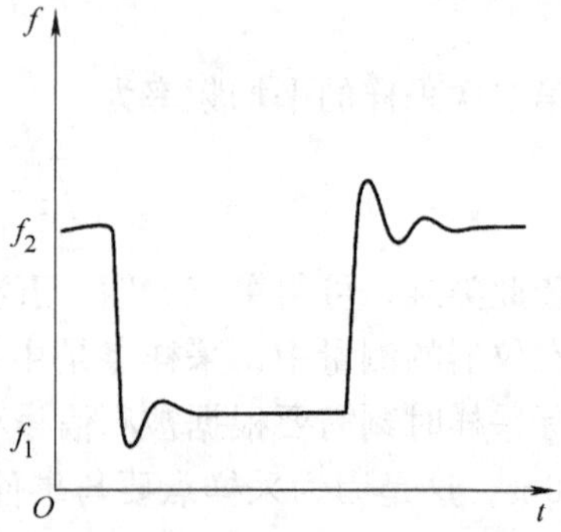

图 4-22　锁相环路中 VCO 的频率阶跃响应

2. 分析调频信号

调制域分析仪可连续地对频率进行测量，描绘出各种随时间变化的测量结果。由于它不存在频率计数器或时间间隔分析仪所存在的两次测量之间的死区时间，因而是一种分析信号的良好方法。这种测量技术保持了两次测量之间的关系，只需进行单次捕获，即可完成所有的测量工作，而不需要频率计数器通常采用的麻烦而费时的包络提取法。图 4-23 所示为某调频信号在调制域分析仪上的图像显示。图中自动显示出该调频信号是用正弦信号调制高频信号的调频波，其中心频率（Center）即载频为 155. 520MHz，频率变化范围即频率变化的峰-峰（Pk-Pk）值为 165kHz，调制速率（Rate）即调制信号的频率为 3kHz。与数字示波器类似，通常调制域分析仪的显示中设有光标供用户灵活地测量。图例中选光标处于三个调制周期两端，时间测量结果为 1ms。这与示波器中光标测量的方法相同。

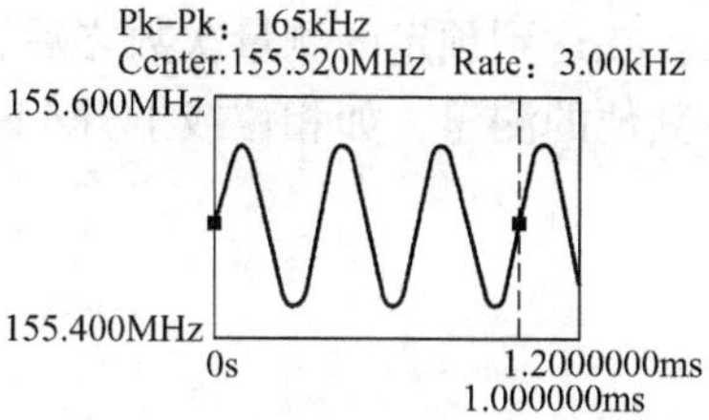

图 4-23　调制域分析仪测调频信号

3. 信号抖动及其原因分析

图 4-24 所示为调制域分析仪分析抖动实例。其中图 4-24a 所示为调制域分析仪显示的时间偏移的测量结果，进行这种测量的目的是观察时钟信号的抖动，由该图可以发现，被测时钟有一个周期约为 100Hz 的抖动，偏移量的峰-峰值约为 6ns。很容易判断这种抖动与交流供电电源有关，因为 50Hz 左右交流供电经全波整流后，其波纹成分的频率约为 100Hz。

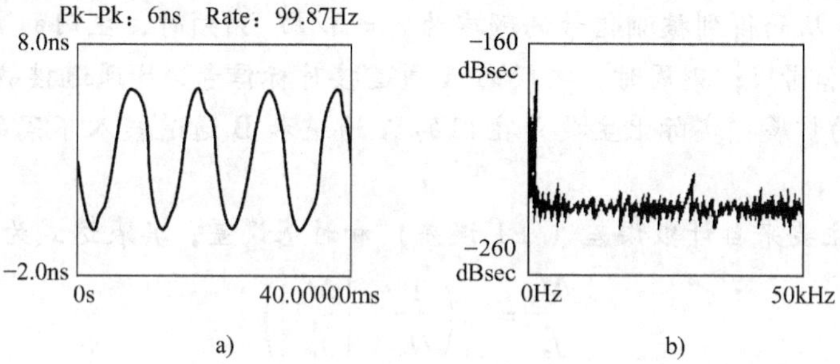

图 4-24　调制域分析仪分析抖动实例

a）时间偏移（抖动）随时间的变化　b）抖动的 FFT 分析

由图 4-24a 还可发现，虽然抖动的主要成分为 100Hz 左右，但是波形并不是单纯的正弦波，还包含了其他频率成分。若想仔细分析抖动情况及其产生原因，则需对抖动波形进行 FFT 分析，找出该波形的组成成分。

很多调制域分析仪具有 FFT 功能。但频谱分析仪分析的是各频率分量电压的大小，这里调制域分析仪分析的是各频率分量抖动即时间偏移的大小。在图 4-24b 中，横轴表示抖动的频率成分，但是也可取各频率分量与某固定频率之比，即用相对频率来标度横轴。纵轴为各频率分量抖动即时间偏移。模仿频谱分析仪纵轴常为电压有效值的情况，调制域分析仪纵轴也用所谓时间有效值来表示。这里规定偏移时间的峰-峰值是有效值的 $2\sqrt{2}$倍。

一个理想的时钟信号是没有抖动或调制的，因而不存在时间偏移。对于一个非常稳定的时钟来说，这种变化或偏移可能小至 1ns 或几百皮秒。但是，如果存在任何抖动或不希望有的调制，则这种偏移可达几十或者几百纳秒的量级。利用这种方法，可以测量小至 200ps 的偏移。

调制域分析仪显示的数值可根据需要来定度。例如，电信应用中规定，用单位间隔（UI），即一个时钟周期来表示抖动。为了将时间偏移变为单位间隔，应该把每次测量结果除以信号的周期。利用调制域分析仪内部具有的数学运算能力，很容易做到这一点。

调制域分析仪用记录信号边沿出现时间的方法来测量时间间隔、频率或相位随时间的变化关系。所谓边沿，通常定义为正向或负向的电压瞬变。随着每一边沿时间的记录，调制域分析仪连续不断地计算边沿的数量。这就是说，在每一边沿的时间标记之间，不存在时间的盲区。在达到预定的测量次数之后，即根据测量要求处理各时间标记与边沿。

其他的测量，如相位或上升/下降时间的测量，则可通过对时间和事件计数的操作来实现。

本章小结

本章重点介绍的是频率和周期的测量以及调制域分析的基本概念。

1. 时间和频率的标准都是建立在原子频标的基础上的。原子秒的准确度可达 10^{-14} 量级，是目前基本物理量中最准确的一个。

2. 电子计数器的结构包括主门、输入电路、时基产生电路、控制电路和计数显示电路。

3. 现代测频和测周主要使用计数器，计数法其实质是比较法。测频原理是按频率的定义进行定时计数，从而得到被测信号的频率为 $f_x = N/T$。测频时，主门的 A 通道接被测信号 f_x，B 通道接时标信号 T；测周时，主门的 A 通道接时标信号，B 通道接被测信号 T_x。

计数器功能的扩展，实际上主要是主门的 A 通道和 B 通道接入不同的信号，产生不同的测量功能。

4. 测频误差主要来自计数误差（±1 误差）和时基误差，其表达式为

$$\frac{\Delta f_x}{f_x} = \pm\left(\frac{1}{Tf_x} + \left|\frac{\Delta f_c}{f_c}\right|\right)$$

测周误差除了计数误差（±1 误差）和时基误差外，还多了一项触发误差，其表达式为

$$\frac{\Delta T_x}{T_x} = \pm\left(\frac{k}{10^n T_x f_c} \pm \left|\frac{\Delta f_c}{f_c}\right| \pm \frac{1}{10^n\sqrt{2}\pi}\frac{U_n}{U_m}\right)$$

比较量化误差（±1 误差）对测频和测周的影响，可得中界频率为

$$f_m = \sqrt{f_{st} f_{ot}}$$

当 $f_m > f_x$ 时，宜测频；当 $f_m < f_x$ 时，宜测周。这给使用带来不便，是通用计数器的缺点。若采用倒数计数器的方法，则对测频或测周能实现等精度测量。

5. 电子计数器性能改进的主要内容有如何减小测量误差，尤其是量化误差；如何提高测时间的分辨率；如何提高测频的频率范围，以至可测量微波频率。

提高测时分辨率的方法有内插法和游标法等。

要对微波波段的信号频率进行数字测量，通常采用频率变换技术（变频法、置换法），将微波频率变换成 1GHz 以下的频率，以便直接计数。

6. 调制域分析仪可对频率（或相位、时间间隔）和时间的关系进行快速、直观、精确地测量，有着广泛的应用前景。调制域分析仪的关键技术是实现动态连续地测量频率。

思考题与习题

4-1 测量频率的方法按照测量原理可以分为哪几类？

4-2 说明通用计数器测量频率、周期、时间间隔和自检的工作原理。

4-3 分析通用计数器测量频率和周期的误差以及减小误差的方法。

4-4 提高时间测量分辨率的方法有哪些？简述每种方法的特点。

4-5 天文（历书）秒准确度可达 $\pm 1\times10^{-9}$，问一天的误差为几秒？某铯原子钟准确度可达 $\pm 5\times10^{-14}$，问一天的误差为几秒，要多少年才会产生1秒的误差？

4-6 用计数式频率计测量频率，闸门时间（门控时间）为1s时，计数器读数为5 400，这时的量化误差为多大？如将被测信号倍频四倍，又把闸门时间扩大到五倍，此时的量化误差为多大？

4-7 用一个七位电子计数器测量一个 $f_x = 5\text{MHz}$ 的信号频率，试分别计算当闸门时间置于1s、0.1s和10ms时，由 ± 1 误差产生的测频误差。

4-8 用某计数式频率计测频率，已知晶振频率 f_c 的相对误差为 $\Delta f_c/f_c = \pm 5\times10^{-8}$，门控时间 $T = 1\text{s}$，求：

（1）测量 $f_x = 10\text{MHz}$ 时的相对误差；

（2）测量 $f_x = 10\text{kHz}$ 时的相对误差，并找出减小测量误差的方法。

4-9 用某计数式频率计测周期，已知晶振频率 f_c 的相对误差为 $\Delta f_c/f_c = \pm 5\times10^{-8}$，时基频率为10MHz，周期倍乘100。求测量10μs周期时的测量误差。

4-10 用某电子计数器测一个 $f_x = 10\text{Hz}$ 的信号频率，当信号的信噪比 $S/N = 20\text{dB}$ 时，分别计算当周期倍乘置于 $\times 1$ 和 $\times 100$ 时，由于转换误差所产生的测周误差，并讨论计算结果。

4-11 用多周期法测量某被测信号的周期，已知被测信号重复周期为50Hz时，计数值为100 000，内部时标信号频率为1MHz。若采用同一周期倍乘和同一时标信号去测量另一未知信号，已知计数值为15000，求未知信号的周期。

4-12 某计数式频率计，测频闸门时间为1s，测周期时倍乘最大为 $\times 10\,000$，时基最高频率为10MHz，求中界频率。

第 5 章　信号发生器

5.1　信号发生器概述

5.1.1　信号发生器的功用

测量用信号发生器，通常也称为信号源，在研制、生产、使用、测试和维修各种电子元器件、部件及整机设备时，都需要信号发生器提供激励信号，由它产生不同频率、不同波形的电压和电流信号，并加到被测器件或设备上，然后用其他测试仪器观测其输出响应。信号发生器与测试仪器配套使用，构成了一个完整的测量系统，如图 5-1 所示。

在各种测试中，信号发生器一般以模拟波形、数字数据、码型、调制、失真、噪声等形式提供激励信号。信号发生器提供符合一定技术要求的电信号，其波形、频率和幅度都是可以调节的，并可准确读出数值。

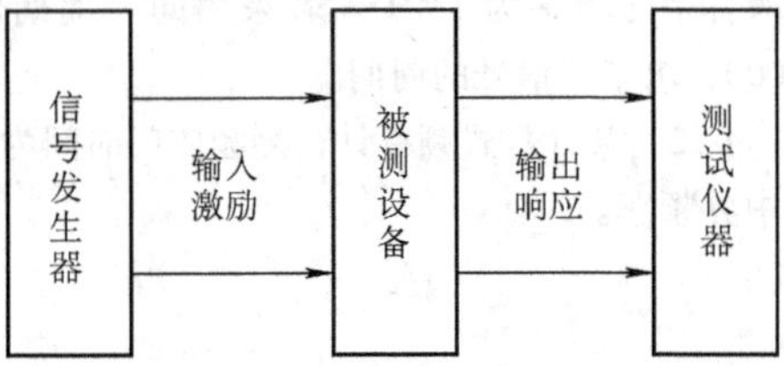

图 5-1　信号发生器的功用

在电子测量中，信号发生器是最基本、应用最广泛的测量仪器。其功用主要有以下三个方面：

1）作为激励源。作为某些电子设备的激励信号源。

2）信号仿真。在设备测量中，常需要产生模拟实际环境特性的信号，如对干扰信号进行仿真。

3）校准源。产生一些标准信号，用于对一般信号源进行校准（或比对）。

虽然各种信号发生器的结构不同，但从输出端向信号发生器内部看，都可以视为一个电动势（电压源）与一个输出阻抗相串联，如图 5-2a 所示。电动势的大小为信号发生器输出端的开路电压，输出阻抗应尽可能做成纯电阻，取 50Ω、75Ω、150Ω、600Ω 等数值，有的信号发生器还备有几种输出电阻可以切换，用户可根据需要进行选择。

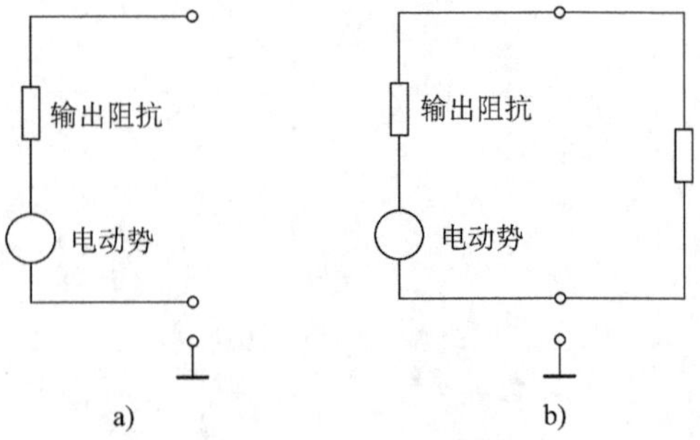

图 5-2　信号发生器
a）信号发生器模型　b）负载等效电路

当信号发生器外部负载等于它的输出电阻时称为阻抗匹配。信号发生器的很多技术指标都是在阻抗匹配的条件下给出的。例如，信号发生器输出电压的标称值，包括有些面板上的输出电压显示值均为阻抗匹配时信号发生器输出端的电压。如果阻抗不匹配，信号发生器的实际输出电压一般不等于设置的标称值，其面板上显示的输出电压往往不准确，需要用电压表实际测量或用图 5-2b 所示的负载等效电路进行计算。

在图5-2中信号发生器的两个输出端均未接仪器机壳地，这称为信号发生器的输出端是浮置的。如果输出有一端接至机壳地，并接至电源地线，则称为接地输出。很多信号发生器能提供浮地输出或接地输出两种方式供用户选择。输出是否需要接地与应用条件有关。若用信号激励双端均浮地的电路，如差分电路，则信号发生器必须使用浮地输出。

5.1.2　信号发生器的分类

信号发生器应用广泛、种类型号繁多、性能各异，分类方法也不尽相同。

1. 按频率范围分类

表5-1为信号发生器按照输出信号的频率范围进行的分类。表中频段的划分并不是绝对的。例如，“低频信号发生器”是指1Hz～1MHz频段，波形以正弦波为主，或兼有方波及其他波形的信号发生器；“射频信号发生器”则是指能产生正弦信号，频率范围部分或全部覆盖30kHz～1GHz（允许向外延伸），并且具有一种或一种以上调制功能的信号发生器。

可见，这两类信号发生器频率范围有重叠。

表5-1　信号发生器按频率范围分类

名　　称	频率范围	主要应用领域
超低频信号发生器	1000Hz以下	电声学、声呐
低频信号发生器	1～200kHz	电报通信
视频信号发生器	10Hz～10MHz	无线电广播
高频信号发生器	200kHz～30MHz	广播、电报
甚高频信号发生器	30～300MHz	电视、调频广播、导航
超高频信号发生器	300～3000MHz	雷达、导航、气象

2. 按输出波形分类

根据使用要求，信号发生器可以输出不同波形的信号，如图5-3所示。按照输出信号的波形特性，信号发生器可分为以下几类。

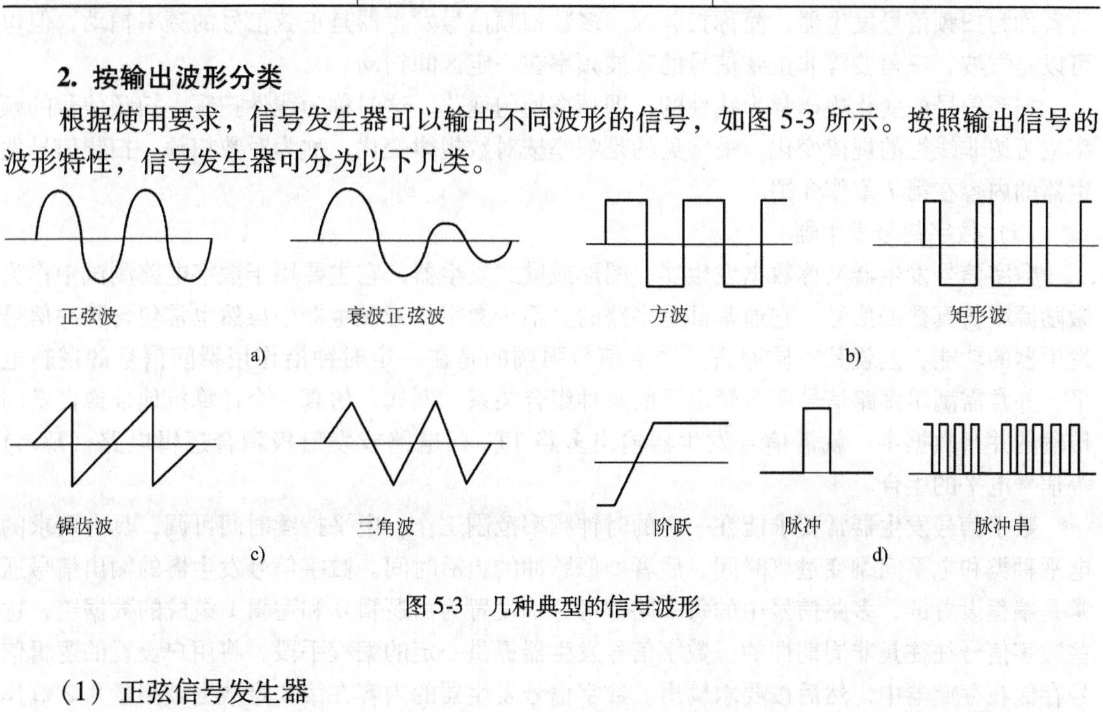

图5-3　几种典型的信号波形

（1）正弦信号发生器

正弦波信号是使用最广泛的测试信号。这是因为产生正弦波信号的方法比较简单，而且用正弦波信号进行测量比较方便，即使是复杂信号也可以分解为若干正弦波信号的组合。同时，由于正弦波测量是在单一频率上进行的，利用正弦波测量信号可以确定电路或系统的频率持性，因此正弦波测量技术也常称之为频域测量。

（2）脉冲信号发生器

脉冲测量是利用被测电路的阶跃响应（即被测电路在单位阶跃信号的作用下，其输出信号的瞬变规律）来探知电路的特性，因此脉冲测量技术也常称为时域测量。矩形脉冲信号发生器是非正弦波信号发生器中应用较广泛的一种测量仪器，它主要是用来测量数字电路和脉冲电路的工作特性和模拟电路的瞬态响应。

脉冲信号发生器产生重复频率可以设定的脉冲信号，其脉冲的幅度、宽度、极性、占空比、上升及下降时间等脉冲参数一般均可在一定范围内设置。脉冲信号发生器的输出通道数目通常不太多。它既可用于模拟电路的测试又可用于数字电路的测试。

（3）函数发生器

函数发生器是指具有多种数学函数描述的信号波形输出的信号发生器。通常至少包含正弦波、方波和三角波，有些还包括正负锯齿波、脉冲波、阶梯波、梯形波等波形。其频率上限通常不是太高，大多为几十兆赫兹至几百兆赫兹，有的还要更低。

函数发生器信号的产生方法主要有两种：一种是采用直接数字频率合成器（DDS）的任意函数发生器；另一种是用模拟方式先产生一种波形，再变换为其他要求的波形。

目前，函数发生器与任意波形发生器基本上已融为一体，多使用 DDS，这是一种很有发展前途的技术。

（4）扫频信号发生器

信号发生器输出信号的频率可以是固定的，也可以是频率在某频率区间有规律地扫动，后者称为扫频信号发生器，简称扫频源。多数扫频信号发生器是正弦信号的频率扫动，但也可以是方波、三角波等非正弦信号的基波频率在一定区间扫动。

扫频信号的变化规律常为线性的，即频率均匀变化，这时称为线性扫频。扫频信号的频率也可按非线性的规律变化，最常见的是频率按对数规律变化，称为对数扫频。扫频信号发生器的内容在第 7 章作介绍。

（5）数字信号发生器

数字信号发生器又称数据发生器、图形或模式发生器，它主要用于数字电路测试中作为激励源或仿真数据信号，它通常都是多路的。不少数字信号发生器中虽然也常包含脉冲信号发生器的功能，但就其本质而言，数字信号强调的是在一定时钟沿作用瞬间信号的逻辑电平，并常需满足多路信号间逻辑电平的某种组合关系。例如，仿真一个计算机地址或设备间传输的并行数据字，就需信号发生器输出多路 TTL 门电路或发射极耦合逻辑电路（ECL）等信号电平的组合。

数字信号发生器常要求能在一定的时钟频率范围工作，电平持续时间可调，具有要求的电平种类和电平间跳变过渡时间，后者类似脉冲的边沿时间。数字信号发生器的输出信号通常是编程设置的，多路信号中的每一路都可分别设置为由逻辑 0 和逻辑 1 组成的数据流，这些数字信号往往是非周期性的。数字信号发生器提供一定的编程手段，将用户设置的逻辑信号存储在存储器中，然后按要求输出。数字信号发生器的内容在第 8 章数据域测量 8.2 节作介绍。

(6) 调制信号发生器

调制信号被广泛用于通信、传输和控制领域。调制是指按照基带信号（语言、数据、图像等）的变化规律去改变载波（高频电磁波）的某些参数的过程。高频、射频和微波信号发生器大多能产生已调制信号。

调制信号发生器的调制方式主要分为模拟调制和数字调制两种。模拟调制是载波信号的幅度、频率和相位随连续的模拟调制信号的变化而变化；数字调制是用数字信号调制载波信号的幅度、频率和相位。

(7) 噪声及伪随机信号发生器

噪声通常是指干扰有用信号的、不期望的扰动。常见的噪声是由大量短促脉冲叠加而成的随机信号。由于噪声的随机性，单次噪声是杂乱无章的，但大量噪声符合概率统计规律，可以用统计方法进行处理。为了研究噪声的规律、对信号的影响和减少噪声影响的方法，生产了能提供噪声功率的信号发生器，称为噪声发生器。

伪随机二进制序列（PRBS）通常只有0、1两种逻辑电平，每种电平的持续时间以最小间隔 ΔT 的整数倍而随机变化，但以较长的固定周期重复。所以它并不是真正的随机信号，只是在较长的周期内类似随机信号。伪随机二进制信号在一定条件下可以代替噪声信号进行测试。伪随机二进制信号还常用于数字通信、数据系统查错等领域。

(8) 任意波形发生器

任意波形发生器（AWG）和任意函数发生器（AFG）主要针对模拟信号应用和混合信号应用。这些仪器采用采样技术，构建和改变几乎可以想到的任何形状的波形。一般来说，这些发生器有1~4个输出。在某些AWG中，还使用单独的标尺输出（协助触发外部仪器）及以数字形式表示每个样点数据的同步数字输出，以补充这些主要的采样模拟输出。

从函数发生器到任意信号发生器再到码型发生器，当前几乎所有高性能信号发生器都基于数字结构，支持灵活的编程能力和优越的精度。

5.1.3　信号发生器的主要技术指标

信号发生器的主要技术指标可大致分为频率特性、扫描特性、输出特性、频谱特性和调制特性五大类。

1. 频率特性

信号发生器的频率特性主要包括频率范围、频率分辨率、频率准确度等。

频率范围是指信号发生器所产生的载波频率范围，该范围既可连续亦可由若干频段或一系列离散频率来覆盖。例如，1Hz~100kHz，250MHz~1GHz等。

频率分辨率是指信号发生器在有效频率范围内可得到并可重复产生的频率最小增量。例如，1MHz，1kHz，1Hz，1mHz等。

频率准确度代表信号发生器频率指示值和相应的真值的接近程度，分为绝对准确度和相对准确度。绝对准确度是输出频率误差的实际大小，一般以千赫兹、兆赫兹等表示；相对准确度是输出频率误差与理想输出频率的比值，一般以10的幂次方表示，如 1×10^{-6}、1×10^{-8}等。

2. 扫描特性

信号发生器的扫描功能有斜坡扫描和数字扫描两类。

斜坡扫描又称模拟扫描，此时信号发生器的输出频率和功率（或电压）在给定的频率和功率（或电压）范围内呈线性的连续变化。具体变化过程如图 5-4a、b 所示。

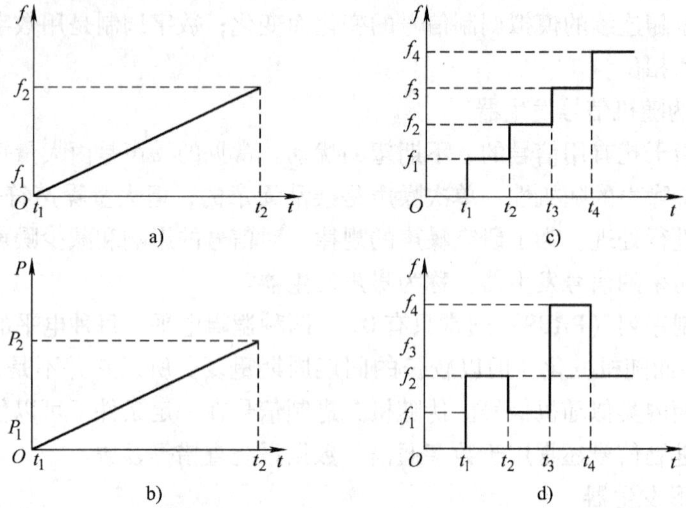

图 5-4　斜坡扫描和步进、列表扫描

a）频率斜坡扫描　b）功率斜坡扫描　c）步进扫描　d）列表扫描

数字扫描是指信号发生器采用数字化方式实现频率或功率的不连续扫描，它有步进扫描和列表扫描两种工作方式。步进扫描信号发生器在给定的频率和功率范围内呈线性的步进变化；列表扫描信号发生器按照事先给定的信号序列进行扫描。一般情况下，扫描列表中各个点的频率、功率及驻留时间均可单独设置。具体变化过程如图 5-4c、d 所示。

有关扫描的技术指标主要包括扫描范围、扫描宽度、扫描时间、扫描准确度等。

3. 输出特性

信号发生器的输出特性包括输出幅度范围和输出幅度的准确度。低频和高频信号发生器的输出幅度通常用电压电平表示；微波信号发生器的输出幅度通常用功率电平表示，如最大输出功率、最小输出功率、功率准确度、功率平坦度等。功率特性的含义如图 5-5 所示。

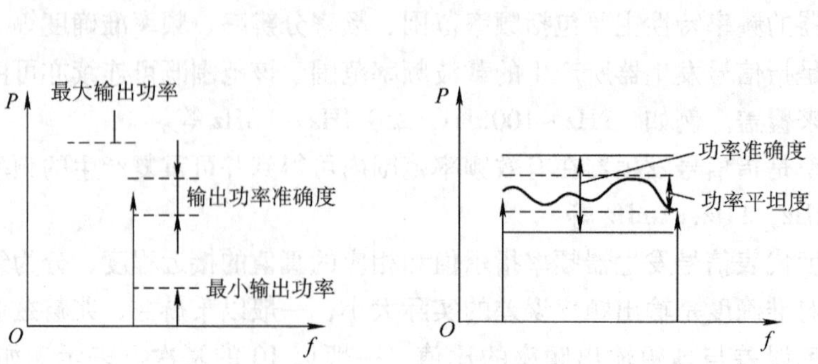

图 5-5　功率特性的含义

4. 频谱特性

频谱特性是衡量输出信号的频率稳定性的一项非常重要的指标，它主要是由确知的信号、不确定的信号、噪声调制到载波上产生的，调制的途径有幅度调制和相位调制两种。有关信号发生器频谱特性的指标主要包括谐波寄生、分谐波寄生、非谐波寄生、相位噪声、剩余调频等。频谱特性的含义如图5-6所示。

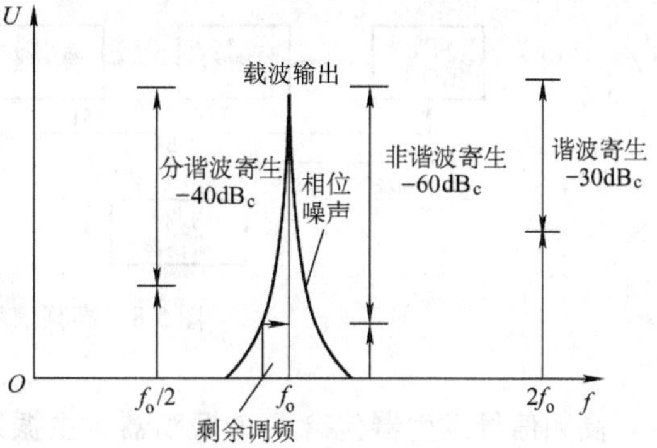

图5-6 频谱特性的含义

5. 调制特性

信号发生器的调制包括模拟调制和数字调制两大类。模拟调制主要是指幅度调制、频率调制、相位调制以及脉冲调制4种；数字调制主要包括幅移键控（ASK）、相移键控（PSK）、频移键控（FSK）、正交幅度调制（QAM）等。

5.2 正弦、脉冲及函数信号发生器

本节介绍的信号发生器是指一些常用的传统信号发生器，与后面介绍的合成信号发生器有所区别。所谓传统的信号发生器，是指以单元模拟电路为主组成的仪器，诸如正弦信号发生器、脉冲信号发生器及函数发生器等。这类仪器性能指标不是很高，但价格便宜，且能满足一般实验测试的要求。

5.2.1 正弦信号发生器

正弦信号发生器可划分为不同的频段，主要有低频和高频两种。低频正弦信号发生器输出信号频率较低，主要用于中、低频电子系统的测试，如音频系统的测试工作等。

传统的低频正弦信号发生器通常由主振级和输出级两部分组成。常见的主振级采用 *RC* 振荡电路或 *LC* 振荡电路，通过手动调节振荡电路中元器件的参数（如电阻、电容的大小）来调节输出信号的频率。典型的低频振荡电路如图5-7所示，图中A为两级放大器，该电路的振荡频率为

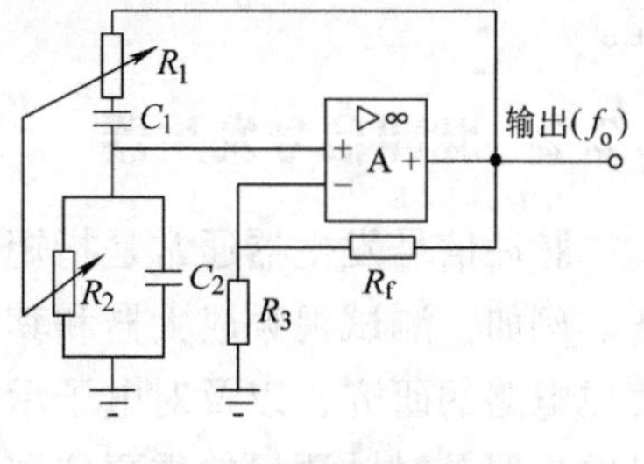

图5-7 低频振荡电路

$$f_o = \frac{1}{2\pi\sqrt{R_1 C_1 R_2 C_2}} \tag{5-1}$$

由式（5-1）可知，通过调节电路中 R 或 C 的大小可以改变输出信号的频率，通常电容 C 用于振荡频率的粗调，电阻 R 用于频率的微调。输出信号的幅度由输出衰减器控制。

高频信号发生器也称为射频信号发生器，其工作频率一般在30kHz～1GHz范围内，主要用于通信系统的测试。根据通信测试的要求，高频信号发生器需提供等幅正弦波、调幅波和调频波；输出幅度能在较大的范围内调节，并具有输出微弱信号的能力。测试各类高频接收机的工作特性是高频信号发生器最重要的用途之一。因此，在电路的结构上，高频信号发

生器与高频发射机很相似。图 5-8 所示是高频信号发生器的基本原理框图。

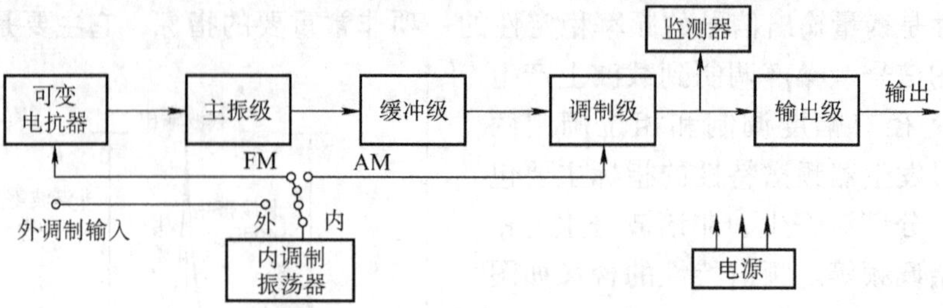

图 5-8　高频信号发生器原理框图

高频信号发生器包含两个振荡器：主振级和内调制振荡器。主振级通常是 *LC* 振荡电路，产生具有一定工作频率范围的高频正弦信号，信号发生器输出频率的准确度、稳定度、频谱纯度主要由它确定，它是信号发生器的核心。因此，要求主振级的频率范围宽，有较高的准确度和稳定度。内调制振荡器供给符合调制级要求的音频正弦调制信号。可变电抗器与主振级的谐振回路耦合使信号发生器具有调频功能。

为了测试各种接收机的灵敏度和选择性等性能指标，必须用已调制的正弦信号作为测试信号。这个任务在调制级中完成。调制的方式主要有调幅、调频和脉冲调制。调幅多用于 100kHz ~ 35MHz 的高频信号发生器中；调频主要用于 30 ~ 1000MHz 的信号发生器中；脉冲调制多用于 300MHz 以上的微波信号发生器中。

信号发生器的输出级通常需要满足以下三方面的要求：

1）足够的输出功率，包含功率放大级。

2）输出信号的幅度大小可以任意调节，具备输出微调和步进衰减电路。

3）信号发生器必须工作在与负载阻抗匹配的条件下。如果阻抗不匹配，不仅要引起衰减系数误差，而且还可能影响前级电路的正常工作，减少信号发生器的输出功率，在输出电缆中出现驻波。为此，必须在信号发生器输出端与负载之间加入阻抗变换器，进行阻抗匹配。

5.2.2　脉冲信号发生器

脉冲信号发生器通常是指矩形窄脉冲发生器，它广泛用于测试和校准脉冲设备和宽带设备。例如，测试视频放大器和其他宽带电路的振幅特性、过渡特件，逻辑元件的开关速度，集成电路的研究，以及对电子示波器的检定等都需要脉冲信号发生器提供测试信号。脉冲信号发生器是时域测量的重要仪器。

矩形脉冲信号的基本参数是重复频率、脉冲幅度、脉冲宽度（脉冲信号发生器应在较宽的范围内对这些参数能独立进行调节），此外还有上升时间、上冲及下降时间等参量。

脉冲信号发生器一般分为通用脉冲信号发生器、快沿脉冲信号发生器、数字化可编程序脉冲信号发生器、特种脉冲信号发生器等。

通用脉冲信号发生器的组成如图 5-9 所示。其中主振级通常采用射极耦合自激多谐振荡器。为了进一步提高频率的稳定度，有时采用正弦波同步多谐振荡器或者直接采用正弦波振荡器、放大限幅器和微分电路组成主振级。为了便于测量，在许多情况下要求脉冲信号发生器能输出同步脉冲，该同步脉冲要超前主脉冲一段时间，这个时间可以是固定的，也可以是连续可调的，因此在主振级之后设置一个延迟级，使主脉冲产生延迟。图5-9中的形成级是脉宽形成电路，用于调节输出脉冲的宽度，但是脉冲的重复频率由主振级决定。形成级应该具有良好的脉冲宽度调节性能，以便得到较高的脉宽准确性和稳定性。

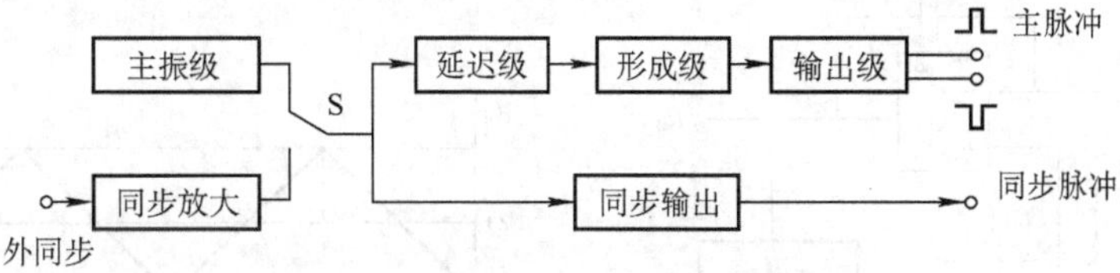

图5-9 通用脉冲信号发生器原理框图

快沿脉冲信号发生器可用于数字通信、雷达、时域特征测量等场合。在时域测量中，快沿脉冲信号发生器用来提供广谱的激励信号，尤其在微波网络、宽带元器件的时域测量中，脉冲信号发生器相当于频域测量中的扫频信号发生器。在时域测量中提供边沿时间极短、幅度很大的快沿脉冲信号具有十分重要的意义。例如，一个前沿上升时间为1ns的脉冲，其可用频谱分量为1GHz，而隧道二极管脉冲发生器产生的脉冲前沿上升时间快达15ps，则其可用频谱可以高达30GHz。

5.2.3 函数信号发生器

函数信号发生器是指具备多种数学函数描述的信号波形输出功能的信号发生器，典型的信号波形包括正弦波、三角波、锯齿波、方波和脉冲串等，有些函数发生器还具备扫频、频率调制和幅度调制功能。函数信号发生器除了作为低频正弦信号发生器使用之外，主要用于测试各种电路和机电设备的瞬态特性，数字电路的逻辑功能，模/数转换器、压控振荡器以及锁相环的性能。它是一种不可缺少的通用信号发生器，可以用于生产测试、仪器维修和实验，应用领域十分广泛。

函数信号发生器通常以某种波形为第一波形，然后利用第一波形导出其他波形。早期较为流行的方案是采用模拟的方法先产生三角波，然后产生方波、正弦波等，如图5-10所示。随着直接数字合成技术的发展，现在模拟方法的函数发生器已基本不再发展，它与任意波形发生器一样主要采用直接数字合成的方案实现。下面简单介绍一下模拟方式的三角波产生电路和正弦波形成电路。

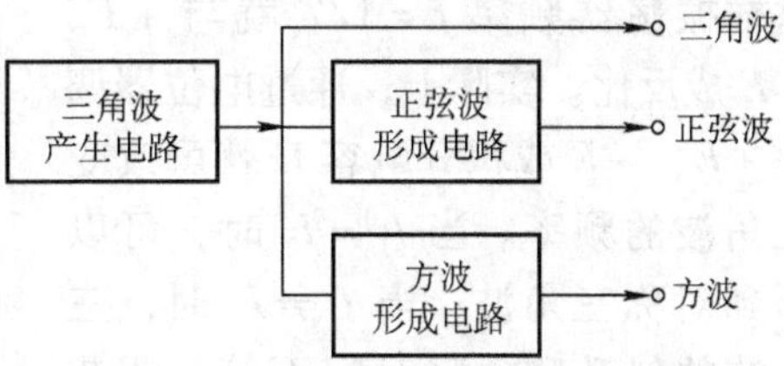

图5-10 函数信号发生器的原理框图

1. 三角波产生电路

三角波产生电路如图5-11a所示。电路利用电容的充电和放电获得三角波的线性斜升、斜降电压，电流源I_1、I_2分别实现对积分器的积分电容C两个方向的充、放电。

电流源的控制信号由幅度控制电路产生。首先假设开关S_1接通，电流源I_1向积分电容C充电。由于充电电流I_1为恒定电流，因此输出电压线性上升，即

$$U_o = \frac{I_1}{C}t \tag{5-2}$$

当 U_o 上升到幅度控制电路的上限值电平 $+E$ 时，该电路将发出控制信号，使开关 S_1 断开 S_2 接通，I_1 断开使三角波的斜升过程结束，斜升时间 T_1 为

$$T_1 = \frac{2|E|C}{I_1} \tag{5-3}$$

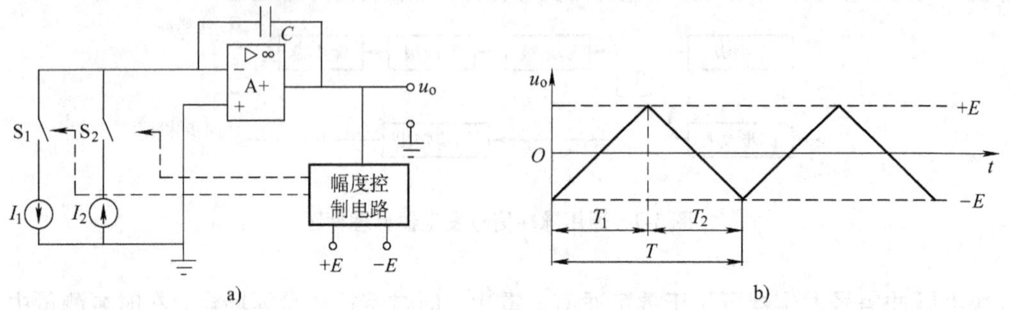

图 5-11　三角波产生电路

a）电路原理　b）工作波形

由于 S_2 接通，电流源 I_2 向电容 C 充电，且充电方向相反，使输出电压下降，形成三角波的斜降过程。当下降到下限值电平 $-E$ 时，幅度控制电路再次使开关倒换，S_2 断开 S_1 接通，重复前面的过程，工作波形如图 5-11b 所示。

三角波的周期 T 为

$$T = T_1 + T_2 = \frac{2|E|C}{I_1} + \frac{2|E|C}{I_2} \tag{5-4}$$

由于两个电流源电流 I 为常数，这样振荡器频率 $f = 1/T$ 就与 $+E$、$-E$ 成反比。实际上，通过电位器调整 $+E$、$-E$ 或积分电容 C 就可改变三角波的频率。当 $I_1 = I_2$ 时，可以得到对称三角波；当 $I_1 \neq I_2$ 时，三角波的斜升和斜降时间不等，调节 I_1 或 I_2 就可以改变三角波的不对称度。对这种三角波进行限幅可得到宽度可以调节的脉冲波形。

2. 正弦波形成电路

正弦波形成电路的作用是由三角波形成正弦波。图 5-12a 是利用非线性网络将三角波“限幅”为正弦波的原理图。

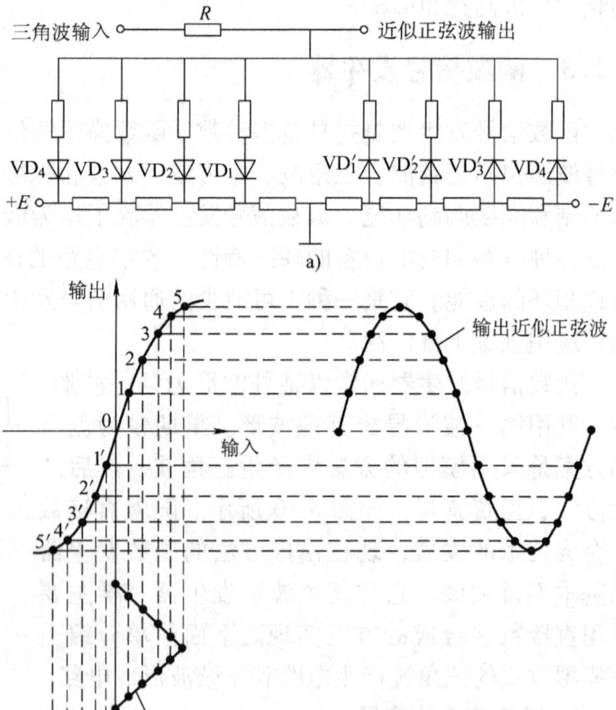

图 5-12　二极管正弦波转换电路

a）变换电路原理图　b）形成过程示意图

在图 5-12a 中，当输入三角波的

电压由零向正向波峰上升时，从二极管 VD_1 开始，接连导通偏置二极管 VD_2、VD_3、VD_4。每当一个二极管导通，电阻 R 与二极管支路构成的分压比就发生变化，更多的二极管连续导通，其电阻以并联方式连接，使分压器的分压比逐渐减小，从而使三角波趋于正弦波。三角波的负向也产生相同的情形，二极管 VD_1' 是第一个导通的二极管，上述作用的结果是构成了一系列直线段组成的近似正弦波。偏置电压控制的导通点由底部电阻群决定；选择电阻和偏置电压值，可以使直线部分更接近于一个正弦波，如图 5-12b 所示。

5.3 合成信号发生器

随着电子科学技术的飞速发展，目前很多领域需要越来越高的高稳定度和高精度的信号发生器，如在通信、卫星定位、航空航天、雷达、军事电子对抗、数字电视等领域，要求频率稳定度优于 10^{-6} 或更高。传统的 LC、RC 电路产生的频率的精度远远不能达到目前设备的要求。

现代的频率合成技术是将一个（或多个）高稳定、高精度的标准频率经过一定的变换，产生同样高精度和高稳定的大量离散频率的技术。

利用频率合成技术制成的合成信号发生器，通常被称为频率合成器。但严格地说，两者是有区别的。频率合成器是指利用频率合成技术合成的频率源，它常常是没有调制功能的，也没有足够宽和足够准确的输出电平调节范围，其工作频率范围往往不是很宽，最小频率间隔也比较大，一般作为专用设备使用，或作为某个系统中的一个组成部分，如通信设备中的激励源和本振等。合成信号发生器是通用的电子测量仪器，是一种具有高频率稳定度和准确度的测量用信号发生器。因此，它可以输出多种波形，有宽而准确的输出电平调节，有较宽的输出频率范围，较小的频率间隔并且具有调制功能。

5.3.1 频率合成器

频率合成技术在 20 世纪 30 年代开始提出，它的发展大致可以分成三个发展阶段：直接模拟频率合成、锁相环频率合成（间接合成）和直接数字频率合成。

直接模拟频率合成器是用倍频、分频和混频电路对一个（或几个）高稳定和准确的基准频率进行加、减、乘和除的运算，从而产生所需要的频率信号，并通过窄带滤波器选出。这是最先出现的一种频率合成器，这种频率合成器原理简单，易于实现。

图 5-13 所示为一个输出频率可调的直接模拟频率合成器实例。图中主基准采用频率为 1MHz 的石英晶体振荡器，对主基准倍频构成多种辅助基准，然后通过选择开关及由混频器、带通滤波器和十分频合成器构成的链路，就可得到所需频率，图中输出频率 f = 4.735MHz。直接模拟频率合成器的频率范围宽，频率转换较快，可以达到微秒级，频率间隔较小（0.01Hz），工作稳定可靠；但是寄生输出大，需要大量的模拟元件，结构复杂、体积大、成本高。

直接模拟频率合成器所固有的缺点在锁相环（PLL）频率合成器中得到了很大的改善。锁相环频率合成技术是在 20 世纪 40 年代初根据控制理论的线性伺服环路发展起来的，最早用于电视机的扫描同步电路，以减少噪声对同步的影响，从而使电视的同步性能得到重大改进。同时，它的低噪声跟踪特性也得到人们的高度重视，发展越来越快，以致于今天被广泛地应用于无线电技术领域的各个方面。

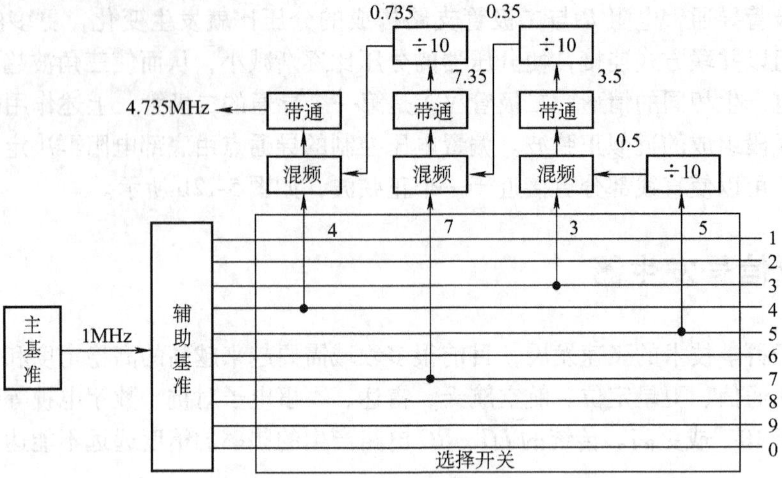

图 5-13　直接模拟频率合成器实例

锁相环频率合成器也称间接频率合成器，这种合成方法所使用的电路较直接模拟频率合成简单。它主要是将含有噪声的振荡器放在锁相环路内，使它的相位锁定在希望的信号上，从而使振荡器本身的噪声被抑制，使它的输出频谱大大提纯。

锁相环频率合成器提供了一种从单个参考频率获得大量稳定而准确的输出频率的方法，并且频率输出范围宽、电路结构简单、成本低。但是，锁相环频率合成器也有它的缺点，如响应慢等。由于它是采取闭环控制的，系统的输出频率改变后，重新达到稳定的时间也就比较长。所以锁相环频率合成器要想同时得到较高的频率分辨率和转换率非常困难。锁相环的频率转换时间一般为毫秒级，同时频率间隔也不可能做得很小。

直接数字频率合成（Direct Digital Frequency Synthesis，DDFS 或 DDS）技术是近年来出现的一种频率合成新方法，它完全不同于直接模拟频率合成器和锁相环频率合成器。由于应用全数字的大规模集成技术，具有体积小、价格低、易于智能控制等突出特点；与锁相环频率合成器相比，DDS 技术频率转换速度快，可小于 100ns。DDS 技术频率分辨率非常高，是三种频率合成器中最好的。近年来 DDS 技术发展迅速，倍受青睐。尤其是在声呐、雷达及通信系统中的信号源中，DDS 技术具有其他频率合成方法无法比拟的优势。目前，DDS 系统的时钟频率已超过 1.6GHz，其输出频率已高达 800MHz。除此之外，由于 DDS 技术是利用查表法来产生波形的，所以它更适用于任意波形发生器，这是 DDS 技术另一个非常重要的应用。

5.3.2　锁相环频率合成器

锁相合成法是利用锁相环的合成方法。锁相环是一个相位的负反馈回路，它能自动实现相位同步。由于锁相环具有滤波作用，它的通频带可以做得很窄，中心频率便于调节，可以自动跟踪输入频率。

1. 锁相环的基本工作原理

基本锁相环是由相位比较器（PD）、压控振荡器（VCO）、低通滤波器（LPF）组成的闭合回路。如图5-14所示，图中的输入频率f_i是一个高稳定的基准频率，锁相环的输出是从VCO引出的。所谓压控振荡器是指它的输出频率受控制电压u_c控制，如VCO谐振回路的电容可用变容二极管，它在电压作用下会改变容量，进而影响输出频率。

产生控制电压的电路单元是PD，它比较两个输入信号f_o和f_i的相位差$\Delta\varphi$，并输出一个与相位差成正比的误差电压u_d。误差电压u_d可以直接控制VCO，但考虑u_d中含有不需要的高频成分和噪声，通常用一个LPF对u_d进行滤波，形成需要的控制电压u_c。

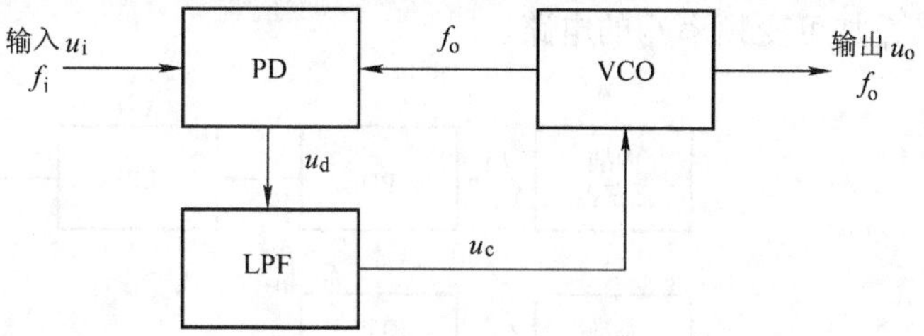

图5-14　锁相环基本原理图

当环路锁定时，VCO的输出频率f_o等于f_i，即

$$f_o = f_i \tag{5-5}$$

由式（5-5）可知，锁相环的输出频率f_o和基准频率f_i具有同等稳定度，即合成信号发生器的频率稳定度可以提高到晶体振荡器的水平（可达到10^{-8}）。这是*RC*、*LC*振动器所远远不可及的。

在u_c未加至VCO以前，即锁相环开路时，VCO的输出频率f_o通常不等于锁相环输入频率f_i，其频率之差称为固有频差。在锁相环闭合的瞬间，环路并未锁定，则PD两输入信号f_o和f_i之间有一个变化着的相位差。随着u_c对VCO的控制，VCO的输出频率f_o逐渐向f_i靠拢，这一过程称为频率牵引。只要f_o尚未等于f_i，牵引过程就会继续，直到f_o等于f_i，再经过一个短暂的稳定时间（称为快捕阶段）锁相环就保持锁定。由于频率牵引需要时间，所以锁相式频率合成法的频率转换时间相对较长，通常为毫秒级。

判定锁相环是否处于锁定状态主要观察鉴相器的工作。锁定时它有三个特点：

1）鉴相器的两输入信号频率相同，即$f_o = f_i$。

2）两输入信号的相位差为常数。

3）鉴相器的输出电压基本上是直流。

由于锁相环能成功地把输出频率调整到基准频率，所以从功能上可把它视为能自动跟踪基准频率的窄带滤波器。

锁相环频率合成器只有在频率锁定时，其输出频率的准确度和稳定度才与基准信号相同或相近。因此，明确指示环路是否锁定很重要。利用锁相环锁定时鉴相器的输出电压基本为直流这一特点作为锁定指示。在未锁定时，鉴相器有较大的交流输出，所以可把u_d进行交流放大、检波，并用所得电压控制电子开关，当鉴相器输出交流成分很小时锁定指示灯亮，表示锁相环工作在正常锁定状态。

由上面的讨论可知，频率的间接合成包括两个步骤：

1）利用压控振荡器产生所需合成的频率f_o；

2）借助锁相技术使振荡器输出频率f_o与基准频率f_i保持严格的有理数关系。

2. 常用基本锁相单元

如果在锁相环内加入有关电路就可以对基准频率进行算术运算，产生所需要的各种频率。由于它不同于直接模拟频率合成器，不是用电子电路直接对基准频率进行运算，故称为间接频率合成器。

(1) 混频式锁相环

在混频式锁相环中，通常对基准频率作一些加减运算。图5-15是输出频率等于基准频率f_{i1}加可变频率f_{i2}的电路。

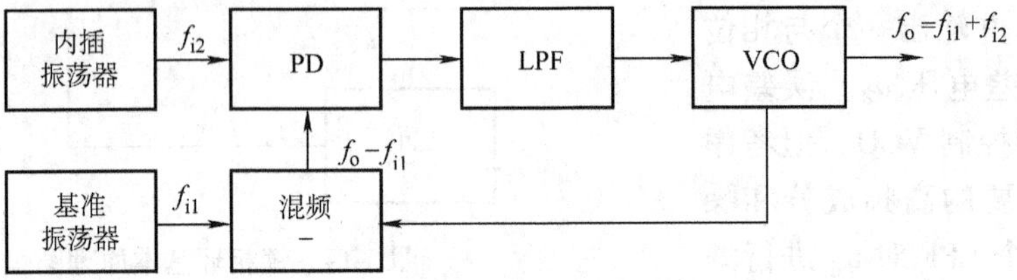

图5-15 混频式锁相环

分析锁相环的频率关系，关键电路是PD，频率锁定时PD的两个输入频率相等。具体如图5-15所示，若希望f_o为f_{i1}与f_{i2}之和，则应调整VCO的固有振荡频率高于f_{i1}的数值约等于f_{i2}，这样混频器中的差频分量(f_o-f_{i1})作为PD的一个输入，就可通过频率牵引与另一个输入f_{i2}相等，达到频率锁定。

如果混频器差频，输出频率为

$$f_o=f_{i1}+f_{i2} \tag{5-6}$$

如果混频器和频，输出频率为

$$f_o=f_{i1}-f_{i2}$$

f_{i2}通常由内插振荡器提供，它可产生连续变化的频率，使f_o亦在一定范围内连续可调。尽管目前直接数字频率合成器可产生小至纳赫兹甚至皮赫兹的频率间隔，但从理论上说它输出的仍是离散的频率点，而混频式锁相合成器能产生真正的连续频率。

基准频率f_{i1}的频率稳定度是较高的，而产生连续可变频率的内插振荡器的频率f_{i2}稳定度相对较差。可把稳定度当成经过一定时段后频率的相对变化来讨论。由于输出频率的绝对变化为f_{i1}及f_{i2}的绝对变化之和，所以在它们的相对变化率确定之后应尽量减少f_{i2}，以减少其绝对变化Δf_{i2}在Δf_o中的影响。f_{i2}一般从某确定频率开始再改变一个范围。例如，想改变10kHz的频率范围，f_{i2}可取50～60kHz或100～110kHz等。

例5-1 设混频式锁相环采用图5-15所示的电路，其中f_{i1}由石英晶体供给，频率为2340kHz，频率稳定度1×10^{-6}/日，f_{i2}由LC振荡器产生频率范围为60～70kHz连续可调频率，LC振荡器的频率稳定度1×10^{-4}/日；试分析输出频率f_o的频率稳定度。

由

$$f_o=f_{i1}+f_{i2}$$

得

$$\Delta f_o=\Delta f_{i1}+\Delta f_{i2}=\pm(2340\times10^3\times10^{-6}+60\times10^3\times10^{-4})\text{Hz}=\pm8.34\text{Hz}$$

输出频率稳定度

$$\frac{\Delta f_o}{f_o}=\frac{8.34}{2395\times10^3}=3.6\times10^{-6}$$

f_{i2}的引入使f_o的稳定度受到一定影响，但它基本上处于f_{i2}稳定度的数量级或稍差一些，

比 f_{i2} 的稳定度则好了许多。

(2) 倍频式锁相环

倍频式锁相环输出频率为基准频率的若干倍。常用的倍频式锁相环有数字倍频锁相环和脉冲倍频锁相环两种，如图5-16所示。

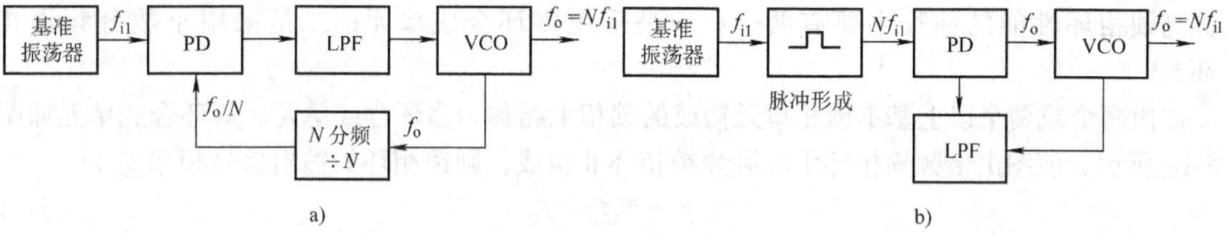

图5-16　倍频式锁相环

a）数字倍频锁相环　b）脉冲倍频锁相环

由图5-16a可知，数字倍频锁相环是在基本锁相环的反馈支路中加入数字分频器来实现频率的乘法运算。当环路锁定时，PD的两个输入频率相等，则数字倍频环的输出频率为

$$f_o = Nf_i \tag{5-7}$$

脉冲倍频锁相环如图5-16b所示。它的特点是加到PD的一个输入信号是重复频率等于基准频率的窄脉冲。这个窄脉冲除含有基准频率 f_i 外，还有大量谐波 Nf_i，N 为正整数。PD的另一个输入信号为锁相环的输出信号 f_o，这样，当锁定时环路的输出频率可为基准频率的高次谐波，即 $f_o = Nf_i$。基准频率通常由石英晶体振荡器产生，经过脉冲形成电路，形成脉冲输入至PD。

与数字倍频锁相环相比，脉冲倍频锁相环的主要优点是能利用简单的电路实现数百甚至上千倍的倍频。而且只要调谐VCO的固有频率就可十分方便地改变倍频系数 N，进而得到频率范围很宽的离散输出频率。例如，$f_i = 10\text{kHz}$，当VCO的频率分别调谐在它的240～410次谐波附近，经过锁定即可得到2400～4100kHz、间隔为10kHz的大量离散频率点，而其频率准确度和稳定度均可达到基准信号的数量级。

(3) 分频式锁相环

分频式锁相环对基准频率进行分频。常见的分频式锁相环有数字分频锁相环和脉冲分频锁相环（又称脉冲控制分频锁相环）两种，如图5-17所示。锁相环的输出信号频率 f_o 为

$$f_o = \frac{f_i}{N} \tag{5-8}$$

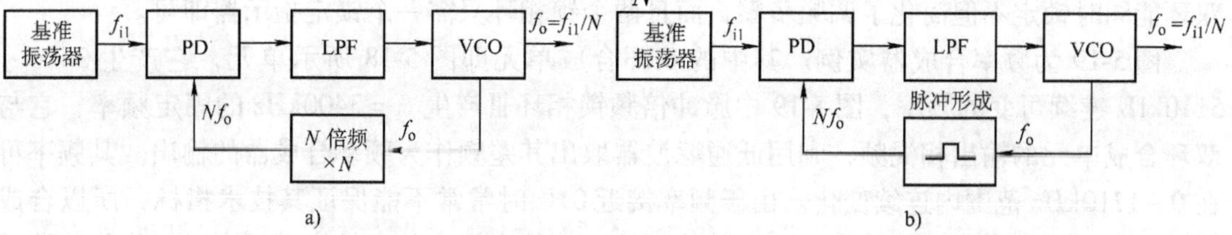

图5-17　分频式锁相环

a）数字分频锁相环　b）脉冲分频锁相环

由于数字倍频器不如分频器简单，所以分频式锁相环主要用于频率很高以致很难采用数字分频器的情况。

3. 多环合成单元

单环合成单元电路简单、经济，但很难兼顾各项技术指标。例如，在较宽频带内频率分辨率与频率纯度不易兼顾，频率也很难在较宽范围内连续调整，即频率覆盖范围不易做宽。提高锁相环性能的途径主要有两个：一是采用多环合成单元；二是采用小数分频锁相环。

由两个或两个以上基本锁相单元构成的锁相电路称为多环合成单元。双环合成单元如图5-18所示。该图由倍频锁相环Ⅰ和混频锁相环Ⅱ组成，则锁相环的输出信号频率f_o为

$$f_o = N_1 f_{i1} + f_{i2} \tag{5-9}$$

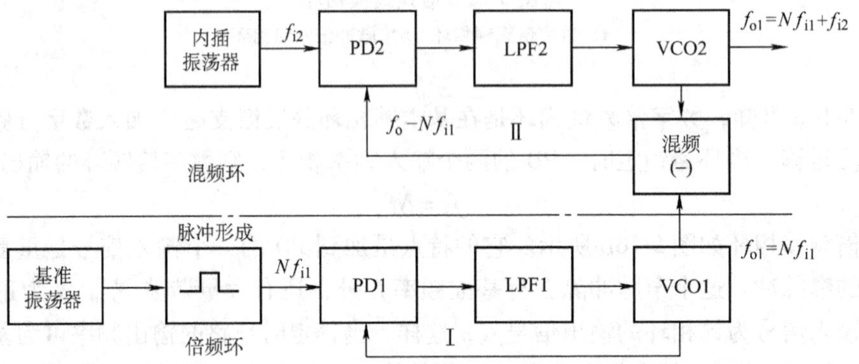

图5-18 双环合成单元

式中，f_{i2}为内插振荡器的工作频率，在一定范围内连续可调。

改变VCO1的固有频率可改变N，使Nf_{i1}成为间隔为f_{i1}的离散频率点。如果选f_{i2}的变化范围恰好等于f_{i1}，则双环合成单元的输出频率$f_o = Nf_{i1} + f_{i2}$，就可以在频率相当宽的范围内连续可调。例如，$f_{i1} = 10$kHz，调VCO1使$N = 330 \sim 500$，则Nf_{i1}为3300～5000kHz范围内间隔为10kHz的一系列离散点频。调内插振荡器使其输出f_{i2}为100～110kHz，变化范围亦为10kHz，则双环输出频率f_o在3400～5110kHz的范围内连续可变。

电路中两个锁相环的压控振荡器VCO1与VCO2通常做成同轴联调的，使它们固有频率的增减变化值基本一致，以保证当VCO1锁定在某个Nf_{i1}时，VCO2能锁定在$Nf_{i1} + f_{i2}$上。双环能同时锁定不但简化了调频步骤，而且两个锁相环只需一个锁定指示器即可。

图5-19为频率合成器实例。其中的双环合成单元即图5-18所示单元，它产生3400～5110kHz连续可变的频率，图5-19中脉冲倍频锁相环Ⅲ产生$f_3 = 3400$kHz的固定频率，它与双环合成单元的输出相混频，利用低通滤波器取出其差频作为频率合成器的输出。其频率可在0～1710kHz范围内连续变化。由于频率接近0Hz时常常不能保证其技术指标，所以合成器说明书所给频率低端从几十至几百赫兹开始。在给出输出频率的高端频率时，往往忽略其较小部分，如本例的合成器就常被称为1.7MHz或1700kHz的合成器。

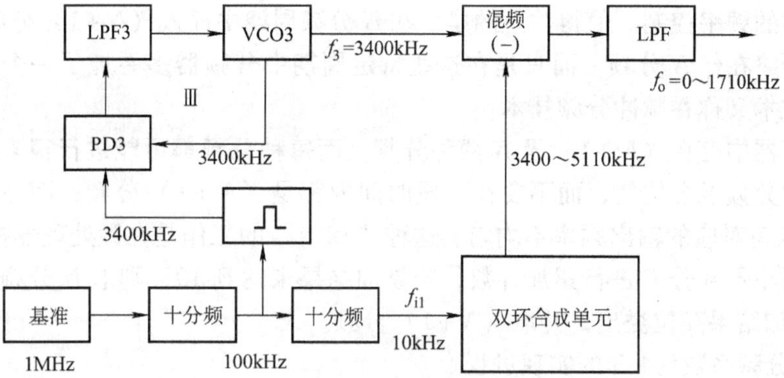

图 5-19 频率合成器

4. 小数分频式锁相环

在图5-16a 所示的数字倍频锁相环中，输出频率$f_o=Nf_i$，通过调节分频系数N，可实现输出频率的调节。通常分频系数N为正整数，所以输出频率的分辨率就等于输入的基准频率f_i。若f_i较高，则分辨率较低；若要提高分辨率则要降低f_i。

小数分频锁相环是利用一种具有小数部分的分频器作为倍频锁相环的反馈环节，这样分频系数的调节步进小于1，所以输出频率的分辨率也就小于输入基准频率。显然，小数合成技术在不降低基准频率f_i的情况下可以得到单倍频锁相环无法达到的高频率分辨率，在多环合成中也可大大减少系统中环路的数量，从而解决了转换速度和频率分辨率之间的矛盾。在锁相环窄带滤波的作用下，小数合成也可以获得很好的频谱纯度。

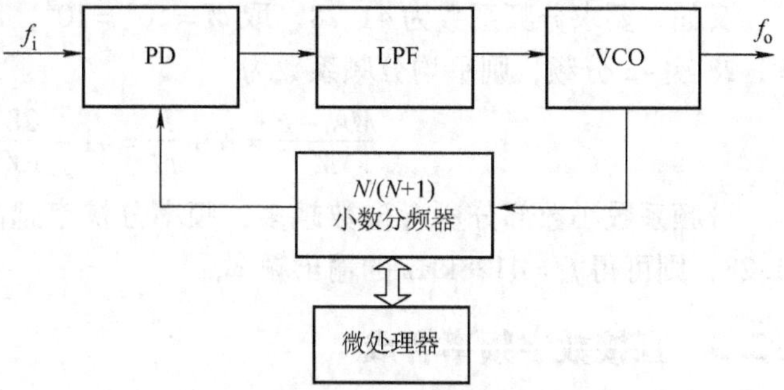

图 5-20 小数分频锁相环

小数分频锁相环的基本结构如图5-20 所示。系统的核心仍然是一个倍频式锁相环，由 PD、LPE、VCD 及反馈回路中的分频器构成。图5-20 与图5-16a 的关键差别是反馈回路中存在（$N+1$）及N两种分频。反馈回路总的平均分频系数是N到$N+1$之间的一个小数。实际上数字分频器每次分频的分频系数都是整数，所谓小数分频只是一种平均的效果。

若希望分频系数为$N\cdot F$，则在（$M-F$）次N分频中插入F次（$N+1$）分频，那么，在整个分频周期（共计M次分频）中，分频器输出M个脉冲，而输入了（$M\times N+F$）个脉冲，平均分频系数为

$$\frac{M\times N+F}{M}=N+\frac{F}{M} \tag{5-10}$$

通过周期性地改变分频系数使分频器的分频系数包含一个小数成分，输出频率在平均值上看也就包含了小数元素。举例来说，0.1 的小数值需要分频系数每10个周期改变一次，0.2 的小数值需要分频系数每10个周期改变两次；而0.01 的小数值需要分频系数每100个周期改变1次，0.02 的小数值需要分频系数每100个周期改变2次。这就实现了比整数分频

系统更加精细的频率控制。值得注意的是，在 N 分频周期中插入（$N+1$）分频，宏观上看，就像分频器始终在作 N 分频，而只是在这些特定周期中分频器多吞掉了一个输入脉冲，所以小数分频技术又称吞脉冲分频技术。

小数分频器中存在（$N+1$）及 N 两种分频，而每种分频都可能进行很多次，那么就应该设法把两种分频混合均匀，而不要在一段时间内都是（$N+1$）分频，而在另一段时间都是 N 分频，以免对应的输出频率不均匀。这种“掺匀”的工作是在微处理器控制下完成的。具体做法可用小数部分 F 进行累加计数，若累加结果未达到 10，则取 N 分频；若达到或超过 10^n，则累加结果高位溢出，并取（$N+1$）分频。

例 5-2 分频系数为4.3 的实现过程。

分频系数为 4.3，则 $F=3$，累加器的起始值为 0，经过 4 次累加后，加法器溢出，产生一次 5 分频，其余 3 次均为 4 分频，每一次循环过程中，累加器的值和分频系数见表 5-2。

表 5-2 累加器的值和分频器系数

序号	1	2	3	4	5	6	7	8	9	10
累加值	3	6	9	2	5	8	1	4	7	0
分频系数	4	4	4	5	4	4	5	4	4	5

取 $M=10^n=10^1$（n 为小数部分的位数），$F=3$，即进行 $10-3=7$ 次 4 分频，3 次 5 分频，则平均分频系数为

$$\frac{MN+F}{M}=N+\frac{F}{M}=4+\frac{3}{10}=4.3$$

又如，要求分频系数为 41.28，取 $M=10^n=10^2$，$F=28$，即进行 $100-28=72$ 次 41 分频，28 次 42 分频，则平均分频系数为

$$\frac{MN+F}{M}=N+\frac{F}{M}=41+\frac{28}{100}=41.28$$

分频系数小数部分所含位数越多，频率分辨率越高。当 $f_i=100\text{kHz}$ 时，取分频系数为 41.28，则可得 $f_o=4128\text{kHz}$ 的输出频率。

5.3.3 直接数字频率合成

直接数字频率合成（DDS）的基本思想是把需要的波形先量化为足够多采样点的数字量，存储于波形存储器中。在需要输出该信号时，将数字量从存储器中读出，经 D/A 转换器变成模拟量，按一定速率输出。

1. DDS 的工作原理

DDS 法突破了模拟频率合成法的原理，从相位的概念出发进行频率合成。这种合成方法不仅可以给出不同频率的正弦波，而且还可以给出不同初始相位的正弦波，甚至可以给出各种任意波形。这在模拟频率合成方法中是无法实现的。

一个实际信号发生器，要考虑输出频率、相位和幅度等参数均应能调节变化。其中，幅度的变化一般靠输出端的衰减和放大环节实现，这在各种类型的信号发生器中基本相同。DDS 的初相调节非常方便，只要选择存储器所存波形中相应相位点的地址作为输出的首地址即可。输出频率的调整有两种方法，早期使用的方法是控制输出时钟的周期，而每次都依

次输出全部数据。此种方法要求时钟能在保持高稳定度的情况下做到周期在大范围内可调，这有一定困难，特别是不容易提高输出频率的分辨率。目前常用的方法是不改变输出时钟的周期，而改变每个输出波形的输出点数。当时钟周期不变时，如果输出一周信号所用点数减小一半时，则输出信号的周期也减少一半，即频率增加一倍。

图5-21展现了DDS的原理，正弦波是由逆时针旋转相位器产生的。圆周上的离散点数在图中为n，这里的n是存储的信号值的个数。相位器输出每一个离散点的频率是f，这里的f也是输出的恒定速率，即每秒多少位。要注意的是，每秒输出离散点的个数是常数，即采样频率f是固定的，而相位器转动的速度决定了输出的频率。

如果调整旋转相位器的速度使它在每一次转动时跳过一些点。这就使得正弦波的频率发生变化。在图5-22中，相位器旋转速度是图5-21所示速度的2倍，使输出频率也加倍了，因为每隔一点就会被跳过。如果要求输出一个较低的频率，那么相位加速电路必须减慢相位器的速度，并且旋转相位器每步要输出额外的点。因此对于一个较低的频率而言，函数发生器复制了一些波形上的点。

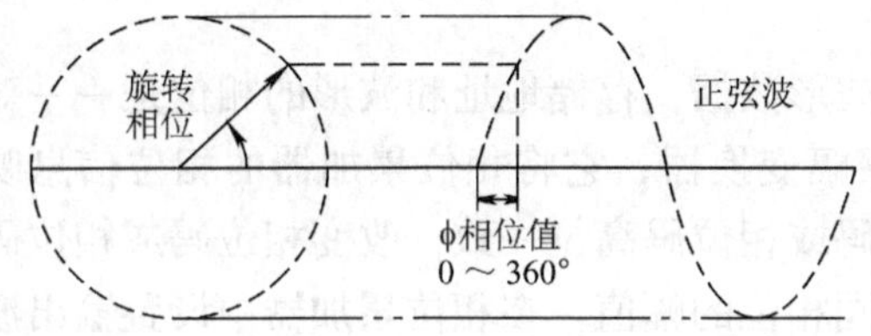

图5-21 正弦波由逆时针旋转相位器产生

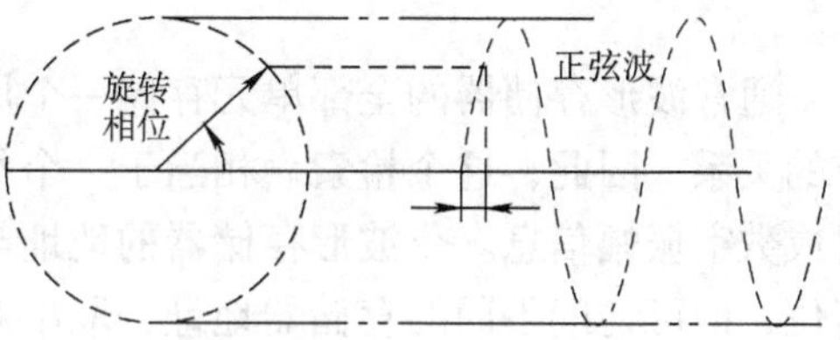

图5-22 相位器以两倍速度旋转

正弦波的输出频率f_o与圆周上的采样点n、采样频率f_{CLK}（这里f_{CLK}是常数）以及相位码增量k的关系为

$$f_o = \frac{kf_{CLK}}{n} \tag{5-11}$$

例如，$n=4096$，$f_{CLK}=10\text{Mbit/s}$，$k=1$，则

$$f_o = \frac{10\times 1048576}{4096}\text{Hz} = 2560\text{Hz}$$

如果将$k=2$，即每隔一点就跳过，如图5-22所示。正弦波的频率被加倍

$$f_o = \frac{2\times 10\times 1048576}{4096}\text{Hz} = 5120\text{Hz}$$

实际的DDS用固定的时钟频率f_{CLK}来产生多个频率，并使频率在仪器的范围内可调。DDS的基本结构如图5-23所示。它主要由相位累加器、波形存储检索表、D/A转换器和低通滤波器构成。

图5-23中，波形存储检索表存储波形的离散值，并且相位累加器为每个提交给D/A转换器的数字波形值提供选择标准。参考时钟频率f_{CLK}由一个高稳定的晶体振荡器产生，用它来同步整个合成器的各个组成部分。相位累加器类似于一个简单的计数器。每来一个时钟脉冲，加法器就将相位码增量k与相位寄存器中的数据相加。相位寄存器可以将加法器在上一个时钟作用后产生的新相位数据反馈到加法器的输入端，以使加法器在下一个时钟的作用下

继续将相位数据与相位码增量 k 相加。这样，相位累加器在参考时钟的作用下进行线性相位累加。当相位累加器达到上限时，就会产生一次溢出，完成一个周期性的动作，这个周期就是合成信号的一个周期，累加器的溢出频率也就是 DDS 的合成信号频率。在需要输出波形时，应依次或按一定间隔寻址波形存储器地址，取出所存波形幅度数据码，经 D/A 转换器输出。D/A 转换器输出波形是阶梯形的，需要加低通滤波器加以平滑。

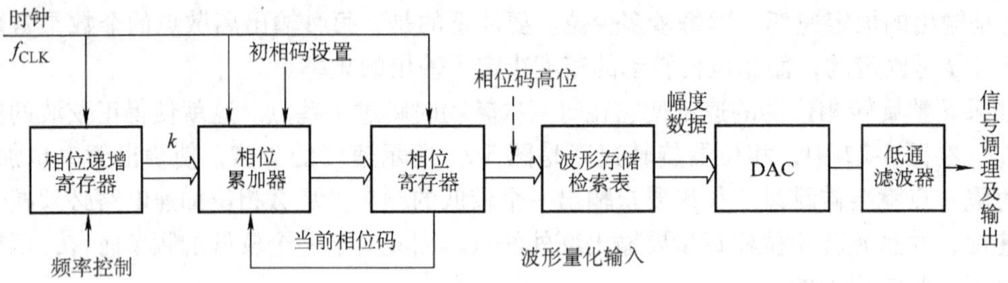

图 5-23 DDS 的基本结构

通常波形存储器的全部单元存储一个周期的波形数据，存储地址和波形的相位是一一对应的关系。因此，这个检索表相当于一个相位/振幅变换器，它将相位累加器的相位信息映射成数字振幅信息。令波形存储器的地址与相位码或相位码高位一致，改变相位码或相位码高位，即可访问不同的存储器地址，取出对应不同相位的幅值。在相位累加器中设置输出波形的初相，它的相位码对应的存储器地址与第一个输出点对应的相位相互映射。在以后的输出中，随着相位码的递增，它访问的波形存储器地址也循环增长。

相位递增寄存器中的相位码增量 k 可用于频率控制，k 越大，相位码和存储器地址增长越快，波形的一个周期中输出的采样点数越少。因时钟周期不变，所以输出信号的频率越高；反之，k 越小输出频率越低。

2. DDS 的频率分辨率和输出频率

在不少 DDS 型频率合成器中，不用相位码而用相位码高位作为波形存储器地址，这主要是为了进一步提高频率分辨率。如果相位码的位数为 N，输出时钟的频率为 f_{CLK}，则频率分辨率 Δf 为

$$\Delta f = \frac{f_{CLK}}{2^N} \tag{5-12}$$

相位码位数除了影响频率分辨率外，还影响输出频率

$$f_o = \frac{kf_{CLK}}{2^N}$$

由 $f_o = \dfrac{kf_{CLK}}{2^N}$ 可见，当 $k = l$ 时，信号发生器输出频率最低。理论上 $f_{min} = f_{CLK}/2^N$，与式（5-12）所表达的频率分辨率相同。例如，Agilent 33210A10MHz 函数/任意波形发生器，时钟频率为 50MHz，相位码为 64 位，理论算得的频率分辨率和最小输出频率均为 $50\text{MHz} \times 2^{-64} = 2.7\text{pHz}$，这在其他频率合成方法中是很难做到的。DDS 的输出最大频率受奈奎斯特抽样定理限制，所以 DDS 的最高输出频率为 $f_{CLK}/2$，但在实际设计的 DDS 系统中，由于输出

滤波器的非理想性，一般输出信号的最大频率只能达到参考时钟频率f_{CLK}的40%。

虽然DDS的高端频率近年来不断扩展，但在微波及其以上频率，目前使用较多的仍是锁相环频率合成器。但在高端频率达到吉赫兹或更高的信号源中，目前广泛使用DDS技术产生调制信号及频率较低的信号。

图5-24为一个DDS波形存储实例，该例中相位码有64位，但它的波形存储器容量（地址）只有13位，对应8192（8KB）个地址，这对波形的分辨来说已经够细了。每个波形存储单元有14位，对应的16384个离散电压电平，幅度分辨也够细了。由图5-24可知，波形存储器地址与所存波形的相位一一对应，所存数据则与幅值相对应。只有相位码高位变化时，波形存储器的地址才变化，但相位码位数的提高却改善了频率分辨率，有利于输出频率在更宽的范围内变化。

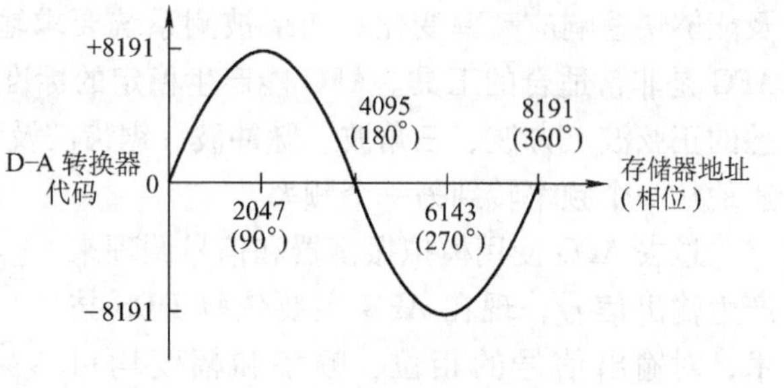

图5-24 DDS波形存储实例

如果创建的任意波形不是正好包含8192点，则仪器将根据需要重复点或者在现有点之间内插点，以填满波形存储器，从而自动将波形“伸展”。由于所有波形存储器都填满了一个波形循环，因此每个存储器位置对应一个2π/8192弧度的相角。

5.4 任意波形发生器

5.4.1 对任意波形发生器的需求

能产生所要求任意波形的信号发生器称为任意波形发生器（AWG）或任意函数发生（AFG）。自然界的信号本来就是复杂的，比如雷电、地震等，很难用简单的函数来描绘。即使像正弦、方波这样简单的波形，也往往需要研究它受到干扰或有一定缺陷时的情况。

在电子产品设计和生产过程中，必须测试复杂的电路或系统，测试信号既可以是简单的音频信号或时钟信号，也可以是复杂的串行数据流或碰撞过程中安全气囊传感器发出的信号。过去产生各种复杂波形需由专用信号发生器完成；而现在，数字采样技术和数字信号处理技术的出现，可以通过一种仪器——任意波形发生器，产生几乎任何类型的信号，满足各种测试需求。

采用微处理器和大规模集成电路的DDS技术是任意波形发生器中经常采用的支撑技术，而任意波形发生器作为一种仪器而不单纯是一种技术，有它特有的功能要求和技术指标。例如，它区别于其他信号发生器的一项功能就是要提供方便的波形设置方法，还有体现所用DDS的技术指标等。当然任意波形发生器作为一个信号发生器，它也具有信号发生器共用的技术指标和放大、衰减等有共性的电路。

5.4.2 任意波形发生器的工作原理

实际工作中所遇到的信号通常不是简单波形，而是各种各样的复杂波形信号。这些信号中有些是具有一定规律的，只是这种规律比较复杂。还有一些客观世界的信号是完全没有规律可循的，或者即便有规律也过于复杂而无法实现，因此就需要使用任意波形发生器。

任意波形发生器可以分为任意函数发生器（AFG）和任意波形发生器（AWG）两类。这两种类型的信号发生器类似，下面主要介绍一下它们之间的区别。

1. 任意函数发生器（AFG）

任意函数发生器（AFG）可以提供多种激励信号，在大部分测试场合，AFG是主要的信号发生器。与AWG相比，AFG提供的波形种类相对较少，但是AFG具有很好的稳定性及能够快速响应频率变化。如果被测系统要求输入典型的正弦波或方波等常用波形，那么AFG是非常适合的工具。AFG能产生稳定的标准形状的波形，如大多数AFG提供了用户熟悉的正弦波、方波、三角波、脉冲波、锯齿波及调制波，而且精确、捷变。捷变是指能够迅速地从一个频率转到另一个频率。

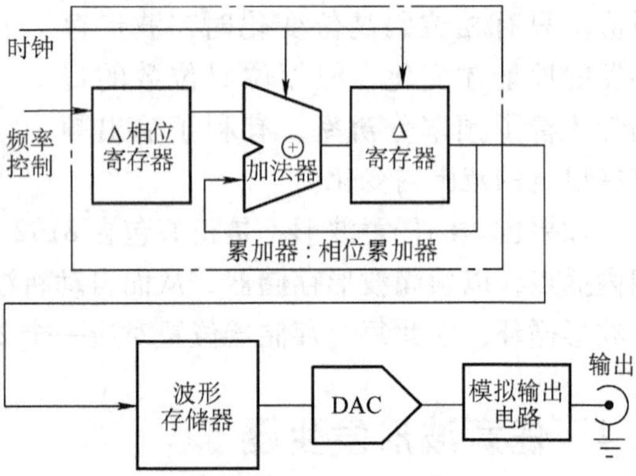

图5-25 基于DDS的AFG结构

过去AFG使用模拟振荡器和信号调理来产生输出信号，现在AFG主要依赖DDS技术，对输出信号的相位、频率和幅度均可调。

AFG使用固定的时钟频率生成仪器范围内的任何频率，图5-25为基于DDS的AFG简化结构。在相位累加器电路中，Δ相位寄存器接收来自频率控制器的指令，表示输出信号在每个连续周期中步进的相位增量。在现代高性能AFG中，相位分辨率可低到$1/2^{30}$，即约为1/1000000000，即内存在一个360°的波形周期内输出1000000000个波形点。相位累加器的输出可以看做是AFG波形存储器部分的地址。

AFG通常存有几种标准波形，如应用最广泛的正弦波和方波，它们一般被存放在只读存储器（ROM）中。任意波形被保存在存储器的用户编程存储部分中，并且波形像AWG一样可以被任意地改变和定义。但是，AFG中的DDS结构不支持存储器分段和波形排序。这些高级功能只有高性能的AWG才具备。

2. 任意波形发生器

任意波形发生器（AWG）直接从存储器中读取波形数据，在提供的波形方面几乎实现了无限的灵活性。AWG的结构与数字示波器正好相反。示波器要求从模拟波形中采集样点，而AWG则从存储的样点中重建模拟波形。从正弦波到串行数字脉冲，这些样点基本上可以定义任何波形。

AWG基于可变时钟结构，适用于在所有频率上生成比较复杂的波形。波形占用指定数量的内存位置。在每个时钟周期中，仪器从内存中输出一个波形样点。由于代表波形的样点数量是固定的，因此时钟速率越快，读取内存中波形数据点的速度越快，输出频率越高。换句话说，输出信号频率完全取决于时钟频率和内存中的波形样点数量。图5-26为简化的AWG结构图。

为了实现波形的编程，AWG一般自身带有波形编辑输入接口，包括供操作人员操作的键盘等输入设备和显示器，同时利用通用接口总线（GPIB）等程控接口与计算机相连，利用通用计算机程序实现波形编辑也是主要的方法。采用不同的编辑方法，用户以不同的形式输入波形，而后系统将这些波形表达形式转换为存储器中保存的各相位点数据。用户输入信号波形的常见编辑方法及其表达形式主要有以下几种。

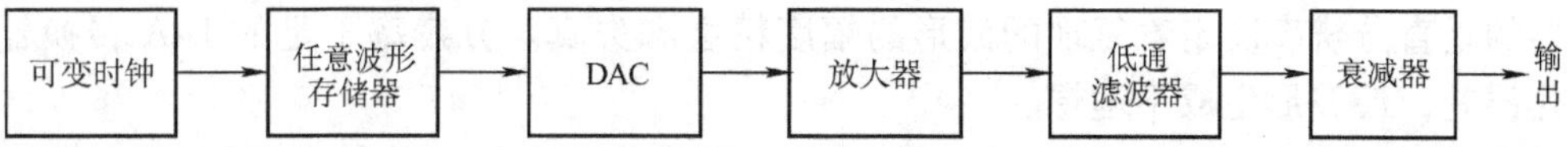

图 5-26　AWG 结构

（1）直接绘图输入

不少 AWG 提供直接绘图方式。用户可用鼠标、电子绘图板、手写板等工具，直接画出所需波形。有些设备甚至可以提供触摸屏、摄像头等设备将用户手画的曲线直接输入。AWG 可自动把该波形存入波形存储器中，然后产生所绘波形。

（2）数学方程法

AWG 中通常会包括一套基本函数，这些函数永久存储在仪器内部，可以调用到波形存储器中。这些波形之所以称为函数，是因为它们直接从简单的数学函数中导出，如正弦公式。其他形状包括三角形波、锯齿形波和方波。

（3）快速傅里叶变换编辑法

如果信号的频域特征较简单，则可采用快速傅里叶变换（FFT）编辑法。FFT 编辑法可编辑所需输出信号的频谱，如频谱的频率值、幅度值和相位值。

（4）示波器数据传送法

示波器可对工程现场的信号进行监测，这些信号中存在一些难以利用前面的方法进行描述的成分，这时可以利用存储示波器将现场采集到的波形存储起来，然后通过程控接口把数据传送到任意波形信号发生器，使 AWG 能够模拟外界的现场环境。

（5）点输入与内插法配合

给波形存储器逐点输入数据，AWG 能输出与用户需求完全一致的波形。但是，AWG 的波形存储器容量通常做得较大（例如 8KB），逐点输入就过于繁琐费时。因此，现代 AWG 的点输入常与内插法配合，即产生的是用若干点及内插直线或曲线逼近的波形。若点间用直线内插，则用折线逼近所需波形；若用 $\sin x/x$ 内插，则可用较平滑曲线来逼近，这与数字示波器中采用内插法的原理相同。

5.4.3　任意波形发生器的常用技术指标

除了前面讨论过的信号发生器通用技术指标，任意波形发生器还有以下常用技术指标。

1. 最高采样率

采样率通常用每秒兆样点（MS/s）或千兆样点（GS/s）表示，表明了仪器可以运行的最大时钟或采样率。采样率影响着主要输出信号的频率和保真度。奈奎斯特采样定理指出，采样频率或时钟速率必须至少是生成的信号中最高频谱成分的两倍，以保证精确地复现信号。例如，为产生 1MHz 的正弦波信号，必须以 2MS/s 的采样率生成样点。尽管这一定理通常只是作为采集指导准则使用，但与示波器一样，其与信号发生器的相关性非常明确：存储的波形必须有足够的点数，以真实地重现希望的信号细节。

2. 幅度分辨率

在AWG中，垂直分辨率与仪器D-A转换器的位数有关，位数越多，分辨率越高。D-A转换器的垂直分辨率决定着复现的波形的幅度精度和失真。分辨率不足的D-A转换器会导致量化误差，使波形生成不理想。

10位分辨率的AWG提供了1024个样点电平，分布在仪器的整个电压范围内。例如，如果这个10位AWG的总电压范围为$2V_{(p-p)}$，那么每个样点表示大约2mV的步进，这是仪器在没有额外衰减器的情况下可以提供的最小增量。

3. 波形存储深度

存储深度与时钟频率一起使用。存储深度决定着可以存储的最大样点数量。每个波形样点占用一个存储器位置。每个位置等于当前时钟频率下采样间隔的时间。例如，如果时钟以100MHz运行，那么存储的样点间隔是10ns。

在许多频率上，存储深度在信号保真度中发挥着重要作用，因为它决定着可以存储多少个数据点来定义一个波形。特别是在复杂波形中，存储深度对精确复现信号细节至关重要。

4. 输出通道数量

许多应用要求信号发生器有一条以上的输出通道。例如，测试汽车防抱死制动系统（ABS）要求4个激励信号。生物物理研究应用要求多个信号发生器，模拟人体产生的各种电信号。

为满足这些需求，已经出现了各种AWG输出通道配置。某些AWG可以提供最多4条独立的全带宽模拟激励信号通道。其他AWG则提供最多两个模拟输出，并辅以最多16个高速数字输出用于混合信号测试。通过后一类工具，用户可以只使用一台综合仪器，同时测试设备的模拟、数据和地址总线。

5.4.4 任意波形发生器的典型应用

以函数/任意波形发生器为代表的通用信号发生器，是现代测量领域应用最为广泛的通用仪器之一。由于它可产生各种理想及非理想的波形信号，因此广泛用于通信、雷达、导航、宇航、生物医学等领域。

1. 函数功能

函数发生器是使用最广的通用信号发生器，它能提供正弦波、锯齿波、方波、脉冲串等波形，有的还同时具有调制和扫频能力。在基础实验中，如果设计了一种电路，需要验证其可靠性与稳定性，就需要给它施加理想的波形以辨别真伪。如可使用信号发生器的直流电压（DC）补偿功能对固态电路控制DC偏压电平；可对一个怀疑有故障的数字电路，利用信号发生器的方波输出作为数字电路的时钟，同时使用方波加DC补偿产生有效的逻辑电平模拟输出，观察该电路的运行状况，进而证实存在故障缺陷的地方。总之，利用函数发生器这方面的基础功能，能仿真基础实验室所必需的信号。

2. 任意波形产生

通常，我们所设计的电路在实际环境中运行时，由于存在各种噪声和干扰，实际电路中往往存在各种缺陷和瞬变，如尖峰、阻尼瞬变、频率突变、过脉冲等，这些情况如在设计之初没有考虑，可能会产生严重的后果。如果能够测试电路对各种各样干扰信号的敏感程度，就可以避免不必要的损失。AWG 能仿真非常复杂的信号，在军事、航空航天、铁路和一些情况比较复杂的领域得到广泛应用。为了增强任意波形编程能力，可通过外部计算机采用专用的波形编辑软件生成所需的波形，然后将该波形数据下载到 AWG 中，再由 AWG 合成所需的波形。另外，由于编辑一个任意波形需要花费大量的时间和精力，为此在有的 AWG 中，内置一定数量的非易失性存储器，可将多种波形存储下来，以便随时编辑调用。

3. 下载传输，实时仿真

在航空、交通制造业等领域中，设备的真实工作环境很难估计，在设备设计完成之后，还需要在现实工作环境下进行更进一步实验测试。但有时实验的成本很高或者风险性很大（如火车高速实验时铁轨变换情况等），不允许进行长期的大量重复实验来判断产品的可靠性和稳定性。此时，就可利用 AWG 的波形下载功能，通过数字存储示波器等仪器把信号波形实时记录下来，然后通过计算机接口传输到 AWG 中，仿真产生所需的测试信号，从而大大降低实验的成本和风险。

本章小结

1. 信号发生器简称信号源，是常用的基本测量仪器，其主要功用是为测试提供激励信号。信号发生器的种类很多，应用较多的是通用信号发生器中的正弦信号发生器和函数发生器。当要求频率准确稳定时，要选用合成信号发生器。

2. 信号发生器的主要技术指标有频率特性、扫描特性、输出特性、频谱特性和调制特性等。

3. 低频信号发生器常以 *RC* 振荡器做主振级，以产生 1Hz ~ 1MHz 的正弦信号为主，高频信号发生器常以 *LC* 振荡电路做主振级。频率范围一般为 100kHz ~ 300MHz，有的扩展到 1000MHz。可输出载波、调幅波、调频波及脉冲调制波等多种波形。

4. 脉冲信号发生器通常是指矩形窄脉冲发生器，是时域测试的重要仪器。它由主振级、延迟级、形成级及输出级等组成。

5. 函数信号发生器是一种低频范围的多波形发生器，能输出正弦波、方波、三角波等多种波形，应用领域十分广泛。

6. 合成信号发生器是以晶体振荡器为基础的利用频率合成技术产生准确稳定频率的高质量信号发生器。频率合成方法主要有：

1）直接模拟频率合成法。

2）间接锁相环频率合成法。

3）直接数字频率合成法。

7. 频率间接合成的步骤：①利用振荡器产生所需合成的频率；②借助锁相技术使振荡器输出频率 f_o 与基准频率 f_i 保持严格的有理数关系。

锁相环定时有三个特点：①PD 的两输入信号频率相同，即 $f_o=f_i$；②两输入信号的相位差为常数；③PD 的输出基本上是直流。

锁相环频率合成虽然转换速度慢（毫秒量级），但其输出信号频率可达超高频频段，输出信号频谱纯度高，输出信号的频率分辨率取决于分频系数 N。

数字分频锁相环的分频系数 N 是整数，所谓小数分频只是一种平均的效果。平均分频比为

$$\frac{MN+F}{M}=N+\frac{F}{M}$$

采用小数分频技术，可使频率分辨率大大提高。

8. 直接数字频率合成（DDS）法突破了模拟频率合成法的原理，从“相位”的概念出发进行频率合成。正弦波的频率 f_o 与圆周上的采样点 n、采样频率 f_{CLK} 以及相位码增量 k 的关系为

$$f_o=\frac{kf_{CLK}}{n}$$

实际的 DDS 用单一的时钟频率来综合各种波形以产生多个频率，并使频率在仪器的范围内可调。DDS 的基本结构主要由相位累加器、波形存储检索表、D/A 转换器和低通滤波器构成。

9. 能产生所要求任意波形的信号发生器称为任意波形发生器（AWG）或任意函数发生（AFG）。AFG 使用固定的时钟频率生成仪器范围内的任何频率；而 AWG 基于可变时钟结构，适用于在所有频率上生成比较复杂的波形。

思考题与习题

5-1 对测量信号发生器的基本要求是什么？

5-2 什么叫频率合成？简述频率合成的方案及各自的优缺点。

5-3 如图 5-27 所示，令 $f_1=1\text{MHz}$，$N=1\sim10$（以 1 步进），$m=1\sim100$（以 10 步进），求 f_2 的表达式及其频率范围。

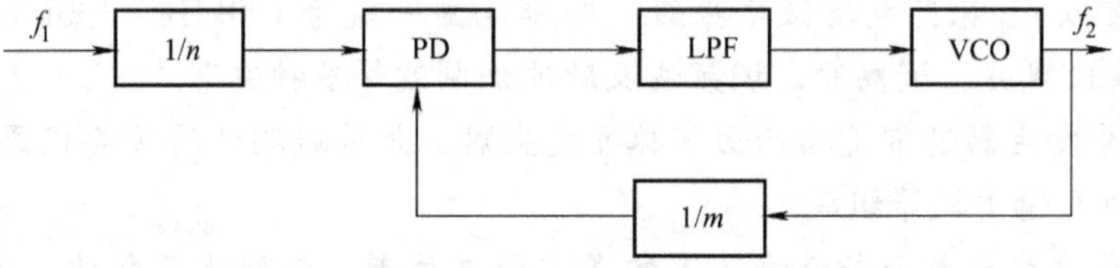

图 5-27 题 5-3 图

5-4 如图 5-28 所示，令 $f_1=1\text{MHz}$，$f_2=0\sim10\text{kHz}$（以 1kHz 步进），$f_3=0\sim100\text{kHz}$（以 10kHz 步进），求 f_4 的频率变化范围。

提示：低通滤波器 F1、F2 分别滤出混频器 M1、M2 的差频。

5-5 在图 5-18 所示的双环锁相合成单元中，若 $f_{i1}=10\text{kHz}$，$f_{i2}=50\sim60\text{kHz}$。问当输出频率 $f_o=3416.82\text{kHz}$ 时，N 及 f_{i2} 的数值各为多少？

5-6 用图 5-20 小数分频锁相环产生 $f_o=23.6f_i$ 的输出频率，问应如何分频并列出通过累加掺匀分频系数的过程。

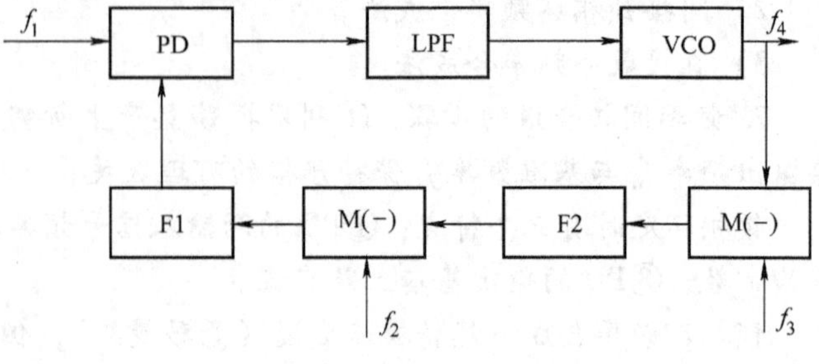

图 5-28 题 5-4 图

5-7 某函数/任意波形发生器的核心

部分采用图5-23所示的DDS。已知其时钟频率为40MHz，相位码位数$N=32$。除任意波形外，其内存还存有几种标准函数，其中正弦波为0~360°一个周期的数据。仪器可根据设置的输出频率和初相自动计算出相位码增量和初相码。若某用户要求输出正弦波的频率为1MHz，初相角为70°，问：

（1）相位码增量和初相码各为多少？

（2）实际输出频率和初相与设置值是否可能存在微小差别？

5-8　若A、B两台DDS的波形存储器均为14位，并存储图5-24所示的正弦波，但A的相位码位数$N=32$，B的相位码位数与波形存储器位数相同，亦为14位，试分析这两种DDS的波形分辨率、频率分辨率和能输出的最低频率是否相同。

第6章　时域测量

6.1　概述

在电子测量中，时域测量是指对以时间为自变量的电信号的测量。时域测量的典型仪器是电子示波器，简称示波器。示波器在将被测信号的时间波形显示出来的同时，可实现对被测信号的时间参数和电平参数的测量，因此具有直观性。直观性是示波器测量的最为显著的特点，这使得被测信号的整个时域特性成为可见的。因此，示波器不但可以用于测量任意波形的周期性信号，还可用来比较两个不同的波形，并测量它们的时间和相位关系。另外，采用传感器将非电物理量转换成电信号，可通过示波器进行观测。

示波器对于电信号的测量基于两个方面：一个是所显示波形的垂直方向的参数——瞬时电平；另一个是所显示波形的水平方向的参数——任意两个时刻的时间差。通过对这两个基本参数测量，可以得到各种所需要的其他电信号参数。例如周期或频率、峰值或有效值幅度、脉冲宽度、脉冲的上升沿和下降沿、调幅波的调幅系数、调频波的频偏等。实际上，在电子产品设计的初始阶段以及维修分析或者其他的一些场合，往往需要对被测信号进行定性地观察，这时示波器更是不可或缺的。

示波器分为模拟示波器和数字示波器两类。模拟示波器采用模拟方式对时间信号进行处理和显示测量结果。通常，模拟示波器将要观测的信号经衰减、放大后送入示波器的垂直通道，同时用该信号驱动触发电路，产生触发信号送入水平通道，最后在示波管上显示出被测信号的波形。在100MHz以下的示波器中，模拟示波器占多数，且具有较高的性价比，可分为通用示波器、多束示波器、采样示波器、记忆示波器和专用示波器等。

数字示波器对信号进行数字化处理后再显示。它将输入信号通过模-数转换器进行时域采样和幅度量化数字化后，经由数-模转换器再重建显示波形。由于数字示波器具有存储被观察信号的功能，所以又称为数字存储示波器，可以用来观测和比较单次过程和非周期现象、低频和慢速信号。根据采样方式不同，数字示波器又可分为实时采样、随机采样和顺序采样三大类。

6.2　模拟示波器的基本原理

6.2.1　示波管

阴极射线示波管是模拟示波器的核心，用来将电信号变换为光信号而加以显示。示波管（CRT）主要由电子枪、偏转系统和荧光屏三大部分组成，它们都封装在密闭真空玻璃壳内，其结构如图6-1所示。

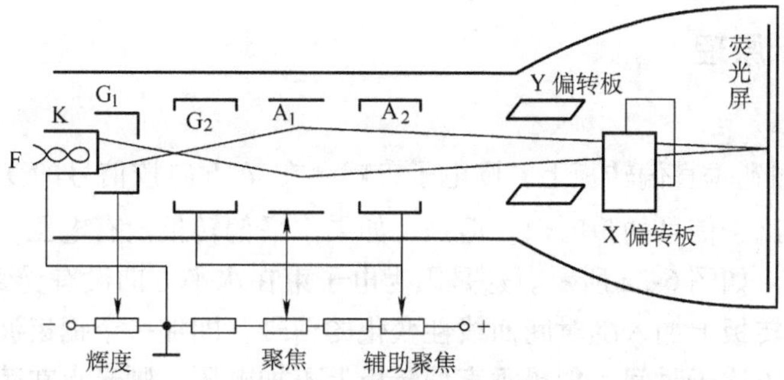

图6-1 阴极射线示波管

1. 电子枪

电子枪的作用是发射大量电子并形成很细的高速电子束。在图6-1中，当灯丝F加热后，涂有氧化物的阴极K发射大量电子，由于栅极G_1对阴极K加有负电位，调节G_1至K的电位可以改变穿过G_1上小孔所发射电子的密度，进而改变荧屏上图形的亮度，改变G_1，K间电位称为调辉，调节G_1与K之间电位的旋钮称为辉度旋钮。第二栅极G_2和第一阳极A_1、第二阳极A_2形成聚焦系统。它们的电位远高于K和G_1，一方面使电子在向垂直荧屏的方向（称为Z轴）加速，另一方面G_2、A_1、A_2间的电场分布使电子在运动过程中形成很细的一束，导致荧光屏上的图形细而清晰。调控A_1电位，可同时调整G_2至A_1和A_1至A_2的电位，有利于调节电子束的汇聚，调整A_1电位的旋钮称为聚焦旋钮。调节A_2的电位亦可调节聚焦系统的电场，通常作为辅助聚焦。

2. 偏转系统

偏转系统位于第二阳极之后，由两对相互垂直的X（水平）、Y（垂直）偏转板组成，分别控制电子束水平方向、垂直方向的偏转，偏转的距离分别与加在偏转板上的电压大小成正比，该特性称为阴极射线示波管的线性偏转特性。

为了显示出被测信号的波形，扫描电压和被测信号电压分别加在示波管X、Y偏转板上。扫描电压是与时间成正比的锯齿波，因此，电子束在水平方向上的偏转距离与时间成正比，这是示波器测量时间、周期等参数的理论依据。改变扫描电压的大小，可以调整显示波形的宽度。被测信号变换后加在Y偏转板上，使电子束产生与信号电压成正比的偏移，这是示波器测量电压等参数的理论依据。改变Y偏转板上的信号电压大小，可以调整显示波形的幅度。

3. 荧光屏

荧光屏内壁涂有荧光物质，外壁则是玻璃管壳。当荧光物质受到电子枪发射的高速电子束轰击时能发出荧光，并维持一定的时间，该现象称为荧光物质的余辉现象。按照余辉现象维持时间（即余辉时间）的长短，荧光物质分为短余辉（小于1ms）、中余辉（1ms～2ms）和长余辉（大于2s，甚至可达几分钟或更长）等几种。被测信号频率越低，越宜选用余辉时间长的荧光物质，反之，宜选用余辉时间短的荧光物质。荧光物质发出的颜色有黄色、绿色、蓝色等几种，普通示波管常选用黄色或绿色的荧光物质。为了进行定量测试，一般在荧光屏上还有一定的刻度线，刻度区域通常为一矩形，称为测量窗或显示窗。

6.2.2 波形显示原理

1. 波形的显示

被测信号 U_y 加到垂直偏转板上，则电子束就会在 Y 方向按信号的变化规律变化，任一瞬间的偏转距离正比于信号的瞬时值。但是，如果水平偏转板没有电压，则荧光屏上只能看到一条垂直的直线，如图 6-2a 所示。这是因为电子束在水平方向没有受到偏转。

如果在水平偏转板上加入随时间而线性变化的信号，即加一个锯齿波信号，则在水平方向上电子束的偏转正比于时间。如果垂直偏转板上不加电压，则光点在荧光屏上构成一条反映时间变化的直线，称为时间基线，如图 6-2b 所示。

如果被观察信号 U_y 加到垂直偏转板上，在水平偏转板上加锯齿扫描电压，由电子枪发出的电子束打到荧光屏上形成亮点，其 Y 和 X 坐标分别与这一瞬间的信号电压和扫描电压成正比。由于锯齿波电压与时间成正比，所以在荧光屏上描绘的就是被测信号随时间变化的波形，如图 6-2c 所示。

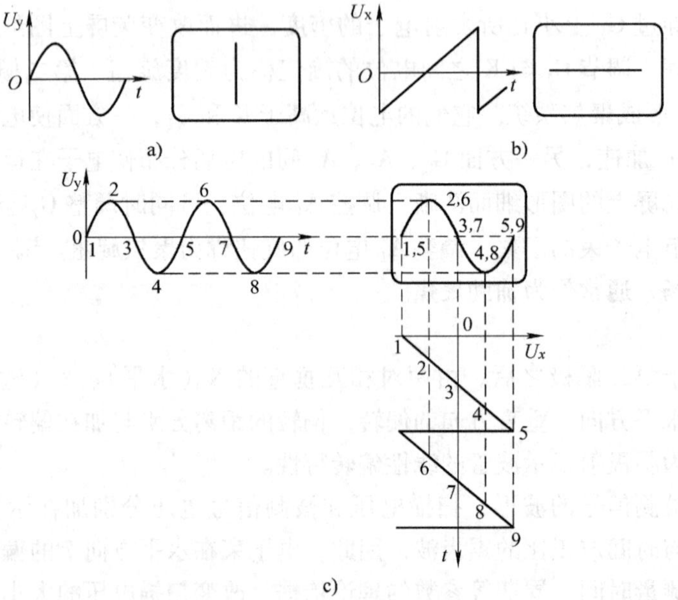

图 6-2 波形显示原理

a）Y 偏转板加正弦波信号 b）X 偏转板加锯齿波信号 c）X、Y 偏转板同时加信号

2. 扫描的概念

在锯齿波信号的作用下，光点扫动而获得时间基线的过程称为扫描。扫描是示波器能在荧光屏上显示出随时间变化的波形的原因所在。为了对被测信号进行准确测量，扫描电压必须满足下列三点要求：

（1）周期性

扫描电压必须是周期性的。在实际测量中，对连续信号而言，被测信号是随时间而连续存在的。由于扫描电压产生电路只能输出有限幅度的电压以及示波管的屏幕只能是一个有限的范围，所以为了显示连续信号，作用于 X 偏转板的扫描电压就要求具有周期性。实际上，示波器屏幕上显示的波形是按扫描周期重复展示的。

(2) 线性

扫描电压作用于X偏转板使电子束沿水平方向运动，必须是等速的，从而保证时间坐标是等间隔的。这就要求在X偏转板上需加一个随时间线性变化的电压，即加上一个锯齿波电压。当锯齿波电压上升到最大值时，荧光屏上的光点获得最大偏转，随后锯齿波电压迅速回到起始点，光点也迅速返回屏幕最左端，如此重复这一过程。光点自左向右的连续扫动称为扫描正程，光点自荧光屏的右端迅速返回左端起扫点的过程称为扫描回程，理想锯齿波的回程时间为零。由于扫描电压正程所花时间表征被测信号的时间，为测量时间的基准，通常称示波器中的扫描（电压正程）为时基，产生扫描电压的电路称为时基电路。

(3) 同步

当扫描电压的周期 T_x 为被观察信号周期 T_y 的整数倍（$T_x = nT_y$）时，则后一个扫描电压周期描绘的波形与前一个扫描电压周期描绘的波形完全一样，荧光屏上得到 n 个周期被测信号的清晰而稳定的波形，这叫做信号与扫描电压同步，如图6-2所示，图中 $T_x = T_y(n=1)$。

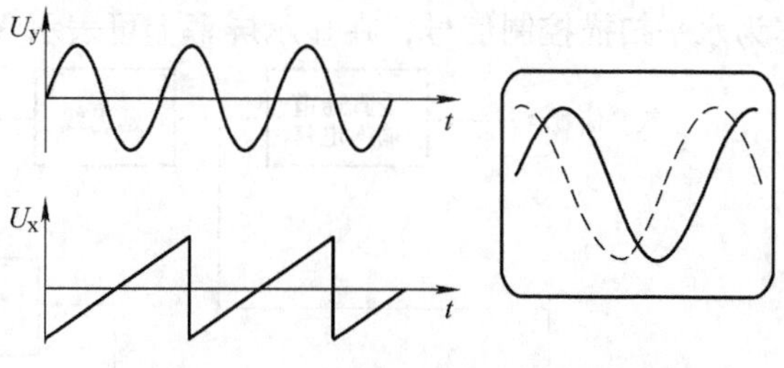

图6-3 扫描电压与被测信号不同步

当 $T_x \neq nT_y$ 时，例如 $T_x = (5/4)T_y$，如图6-3所示，第一个扫描电压周期显示的信号如实线所示，第二个扫描电压周期显示的信号如虚线所示，观察到示波器上显示的波形在从右向左移动，也就是说，显示的波形不再是稳定的了。可见保证扫描电压周期是被观察信号周期的整数倍，即保证同步关系非常重要。

然而，扫描电压由示波器本身的时基电路产生，若不采取一定措施，它与被测信号是不相关的。为此，常利用被测信号产生一个同步触发信号去控制示波器时基电路中的扫描发生器，使得 $T_x = nT_y$。同步扫描又分触发同步扫描和自激同步扫描两种，前者在有同步信号时发生器才有扫描，无同步信号无扫描；后者在无同步信号时发生器也会自激扫描。此外，示波器还有一种所谓单次触发扫描。它是指扫描发生器处在手控扫描状态，手按触发时，才开始做一次扫描，平时无扫描。单次触发扫描适用于非周期性信号的观测。

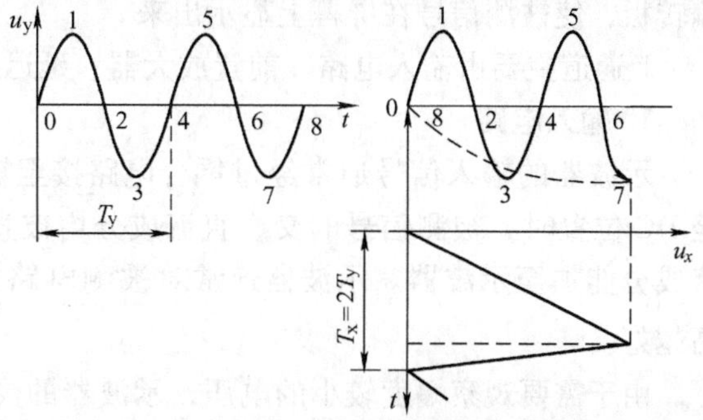

图6-4 扫描回程对显示波形的影响

在图6-2中为了说明问题，认为扫描电压下降时间为零，这在电路上是很难实现的。实际的扫描电压波形包括扫描正程时间、扫描回程时间和等待时间。扫描电压正向斜升过程对应于电子束沿水平坐标从左至右的运动。图6-4是扫描回程时间不等于零的情况，回扫电压和被测信号共同作用，对欲显示的被测信号波形产生影响（如虚线所示）。

为了使回扫产生的波形不在荧光屏上显示，可以设法在扫描正程期间，使电子枪发射的电子远远多于扫描回程，即给示波器增辉，这种增辉可以通过在扫描期间给示波管第一栅极 G_1 加正脉冲或给阴极 K 加负脉冲来实现。这样观测者看到的就只有扫描正程显示的波形。另外扫描期间的增辉还可以保护荧光屏。

6.2.3 通用示波器的基本组成

模拟示波器主要由示波管、垂直通道和水平通道三部分组成，如图 6-5 所示。此外，还包括电源电路及校准信号发生器等。

示波管的垂直偏转电压与水平偏转电压分别来自 Y 通道和扫描发生控制电路。Y 通道输入被测信号，经放大或衰减、延迟等处理，驱动垂直偏转板。时基发生器根据触发电路产生线性扫描电压，经放大后驱动水平偏转板。为了使被测信号能稳定地显示在显示屏幕上，触发电路须根据所选的触发源、触发信号耦合方式等产生合适的触发信号。若用外部输入信号作为水平扫描控制信号，在显示屏幕上可表示 X、Y 两路信号之间的关系曲线图形。

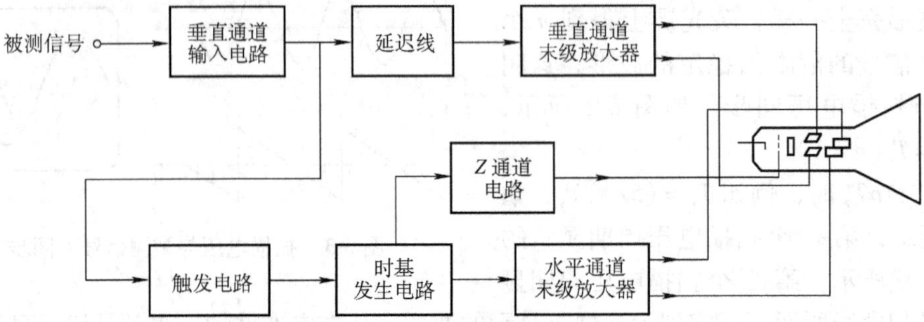

图 6-5 示波器的基本组成

6.2.4 通用示波器的垂直通道

垂直通道（Y 通道）是对被测信号处理的主要通道，它将输入的被测信号进行衰减或线性放大，并在一定范围内保持增益稳定，最后输出符合示波器偏转要求的信号，以推动垂直偏转板，使被测信号在屏幕上显示出来。

Y 通道主要由输入电路、前置放大器、延迟线和输出放大器等组成。

1. 输入电路

示波器的输入信号通常经过耦合电路接至输入衰减器，如图 6-6 所示。当耦合电路接至 DC 位置时，被测信号的交、直流成分均被直接加至衰减器。当位于 AC 挡时，只有交流成分能加至示波器。示波器通常对被测电路构成负载，因此通常示波器的输入阻抗越高越好。

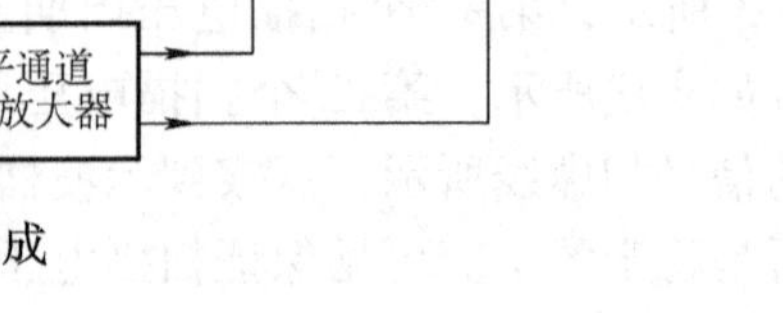

图 6-6 输入耦合电路与衰减器

由于需要观察幅度较小的电压，示波器的灵敏度设计得较高。当需要观察幅度较大的信号时，就必须接入衰减器，以保证显示在荧光屏上的信号不致因过大而失真。衰减器通常由 RC 电路组成。

衰减器的衰减量为输出电压与输入电压之比，也等于 R_1C_1 的并联阻抗 Z_1 与 R_2C_2 的并联阻抗 Z_2 的分压比。即

$$K=\frac{Z_2}{Z_1+Z_2}=\frac{\dfrac{R_2}{1+j\omega R_2C_2}}{\dfrac{R_1}{1+j\omega R_1C_1}+\dfrac{R_2}{1+j\omega R_2C_2}}$$

式中，R_1、R_2 为分压电阻，其中 R_2 包括下一级的输入电阻；C_2 为下一级的输入电容和分布电容；C_1 为补偿电容。调节 C_1，当满足

$$R_1C_1=R_2C_2 \tag{6-1}$$

时，分压比 K 与频率无关，则

$$K=\frac{Z_2}{Z_1+Z_2}=\frac{R_2}{R_1+R_2}$$

只有调整到满足式（6-1）的关系时，分布电容的影响可不予考虑。满足式（6-1）的情况称为最佳补偿。

示波器的衰减器由一系列 *RC* 分压器组成，改变分压比即可改变示波器的偏转因数。这个改变分压比的开关即为示波器偏转因数粗调开关，在面板上常用 V/cm 标记。

2. 延迟线

为了显示稳定的脉冲波形，示波器通常采用内触发方式来产生扫描电压。只有当被测信号达到一定的触发电平时，才能产生触发脉冲并形成扫描电压，但被测信号从零电平开始上升到触发电平需要经历一定的时间，这表明扫描电压要比被测信号出现的时间晚，如图 6-7 所示，从而使被测信号的前沿无法完整显示。为了完整显示被测信号波形，在 Y 通道中设置延迟线对被测信号进行延迟，延迟时间一般为 60 ~200ns。

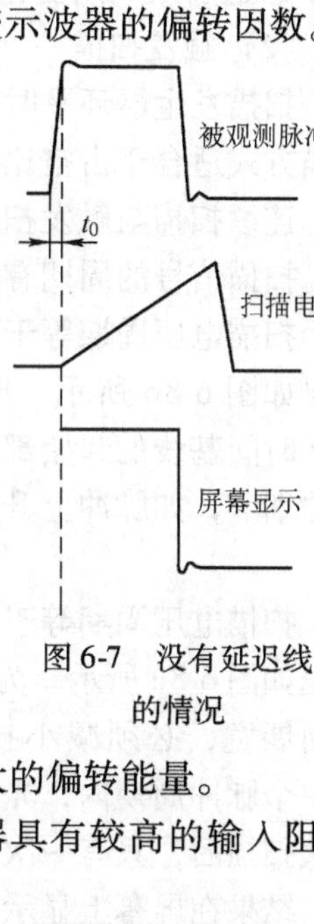

图 6-7　没有延迟线的情况

3. Y 放大器

被测信号进入示波器垂直通道并经过一定的处理后，须对被测信号的强弱进行合适的放大以驱动垂直偏转板，为电子束提供足够大的偏转能量。

采用 Y 放大器可使示波器提高观测微弱信号的能力。Y 放大器具有较高的输入阻抗、足够宽的频带和稳定的增益特性以及对称输出的输出级。

Y 放大器可分为前置放大器和输出放大器两部分，其中前置放大器的输出信号一方面引至触发电路，作为同步触发信号，另一方面经过延迟线延迟以后引至输出放大器。这样加在 Y 偏转板上的信号会比实际输入信号滞后一定的时间，确保在显示荧光屏上能观测到被测脉冲的前沿。

Y 放大器的输出级常采用差分电路，可使加在偏转板上的电压能够对称，有利于提高共模抑制比。若在差分电路的输入端馈入不同的直流电位，差分输出电路的两个输出端直流电位也会改变，进而影响 Y 偏转板上的相对直流电位和波形在 Y 方向的位置。这种调节直流电位的旋钮称为 Y 轴位移旋钮。

6.2.5　通用示波器的水平通道

示波器水平通道（X 通道）的主要任务是产生随时间线性变化的扫描电压，再放大到

足够的幅度，然后输出到水平偏转板，使光点在荧光屏的水平方向达到满偏转。水平通道由扫描发生器环、同步触发电路、X 放大器电路等组成。扫描发生器环又称为时基电路，是水平通道的核心，能产生线性度好、频率稳定、幅度相等的锯齿波电压。同步触发电路控制扫描发生器环的扫描闸门，实现与被测信号的严格同步。X 放大器的输入端有内、外两个位置，故 X 放大器可以放大扫描信号，也可以放大直接输入的任意外接信号，产生对称输出至水平偏转板。

1. 扫描的分类

线性时基电路的扫描方式可以分为连续扫描和触发扫描两类。

（1）连续扫描

扫描电压是周期性的锯齿波电压。在扫描电压的作用下，光点将在屏幕上做连续的重复周期的扫描。若没有 Y 通道的电压信号，屏幕上将只显示出一条时间基线。在时域测量中，在 Y 通道加入周期变化的电压信号，则可在屏幕上显示出所加信号的波形。

（2）触发扫描

扫描发生器环平时处于等待工作状态，只有送入触发脉冲时才产生一次扫描电压。这种扫描方式适合于占空比很小的信号，即脉冲待续时间与重复周期之比很小的信号。

连续扫描与触发扫描的比较如图 6-8 所示。其中图 6-8a 为被测脉冲，若用连续扫描来显示，扫描信号的周期有两种选择。

扫描电压周期等于被测脉冲重复周期的情况如图 6-8b 所示。屏幕上的脉冲波形集中在时间基线的起始部分，难以看清脉冲波形的细节，如脉冲上升沿、脉冲下降沿时间等。

扫描电压周期等于被测脉冲持续时间的情况如图 6-8c 所示。为了将脉冲波形在水平方向展宽，必须减小扫描周期，设 $T_x=\tau$，在一个脉冲周期内，光点在水平方向完成了多次扫描后，只有一次扫描显示出了脉冲图形，结果在屏幕上显示的脉冲波形本身非常暗淡，而时间基线却很明亮。这样给观测带来困难，而且扫描的同步很难实现。

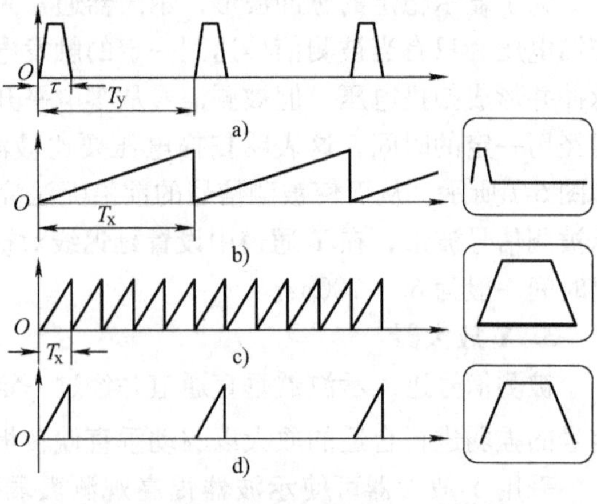

图 6-8 连续扫描和触发扫描

a）被测信号 b）连续扫描 $T_x=T_y$ c）连续扫描 $T_x=\tau$ d）触发扫描 $T_x=\tau$

图 6-8d 的触发扫描可以解决上述脉冲测量的困难。触发扫描只有在被测脉冲到来时才扫描一次，只要扫描电压的持续时间等于或稍大于脉冲持续时间，则脉冲波形就可以展宽得几乎布满横轴；同时，由于在两个脉冲间隔时间内没有扫描，故不会产生时间基线。

2. 扫描发生器环

扫描发生器环（时基电路）由扫描闸门、积分器及比较和释抑电路组成，如图 6-9 所示。

（1）扫描闸门

扫描闸门产生门控信号，控制锯齿波的起点和终点。电路多采用施密特触发电路，它是双稳态触发电路，如图 6-10a 所示。

扫描闸门的输入端接有来自三个方面的信号，即稳定度电位器提供的直流电平、从触发电路来的触发脉冲、从比较和释抑电路来的释抑信号。扫描闸门电路的工作波形如图6-10b所示。静态时，VT_1 截止，VT_2 饱和导通，扫描闸门输出低电平，电路处于第一稳态。当触发信号使 u_{b1} 的电位上升到上触发电平 E_1 时，电路从第一稳态翻转到第二稳态，即 VT_1 导通，VT_2 截止，输出电压 u_o 由低电平跳变到高电平。触发信号消失后，u_{b1} 在 E_1 和 E_2 之间，电路不翻转，只有当 VT_1 受到从释抑电路来的负电压信号的作用时，u_{b1} 点的电位才开始下降；当下降到下触发电平 E_2 时，VT_1 截止，VT_2 导通，触发器又返回第一稳态，输出电压 u_o 由高电平变为低电平。这样，VT_2 的集电极获得一正向矩形脉冲，送至积分器；同时在 VT_1 的集电极获得一矩形脉冲，送至增辉电路。

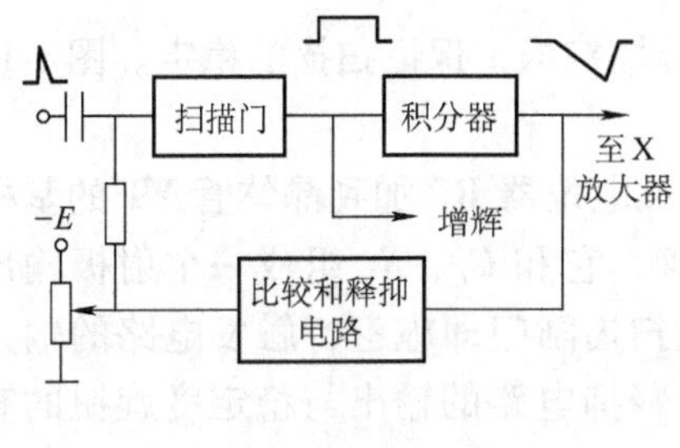

图6-9 扫描发生器环的组成

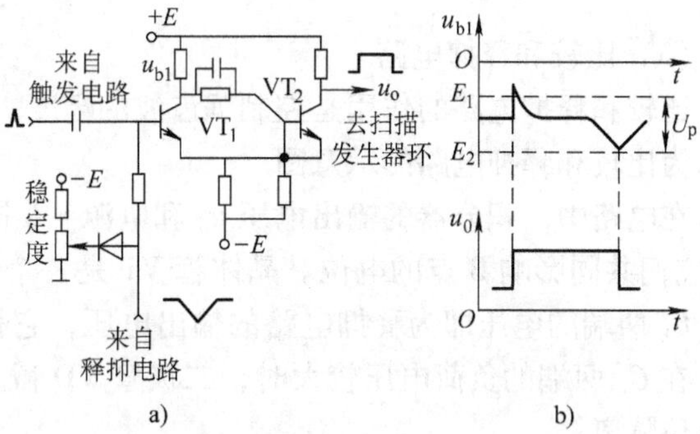

图6-10 扫描闸门电路及工作波形

a）扫描闸门电路 b）工作波形

（2）积分器

积分器一般采用的是密勒积分器。它能产生高线性度的锯齿波电压，从而达到扫描时间准确的目的。

密勒积分器的原理如图6-11a所示。当开关S打开时，电源电压 E 通过电阻 R 对电容 C 充电，在理想情况下（$A\to\infty$，$R_i\to\infty$ 和 $R_o\to 0$），输出电压 u_o

$$u_o = -\frac{1}{RC}\int E\mathrm{d}t = -\frac{E}{RC}t \tag{6-2}$$

可见，u_o 与时间 t 成线性关系，得到锯齿波的扫描正程电压。当开关S闭合时，电容 C 迅速放电，于是 u_o 迅速上升，得到锯齿波的扫描回程电压。

通过开关的开、合，就形成了一个负向的锯齿波电压。在实际电路中，积分器开关S可以由扫描闸门控制的晶体管开关来担任，如图6-11b所示。当扫描闸门送到积分器输入端的信号 u_i 为高电平时，晶体管VT截止，相当于开关S断开，电源 E 给电容充电，形成扫描正程；当 u_i 为低电平时，VT导通，相当于S接通，形成扫描回程。u_i 实际上就是扫描闸门产生的门控信号。

从式（6-2）可见，调整 E、R、C 都将改变单位时间内锯齿波的电压值，进而改变水平偏转距离和扫描速度。在示波器中，通常采用改变 R 或 C 作为时基因数粗调，改变 E 作为时基因数微调。

积分器产生的锯齿波电压就是扫描发生器环的输出电压，它被送入X放大器加以放大，再加至水平偏转板，由于这个电压与时间成正比，就可用荧光屏上的水平距离来代表时间。

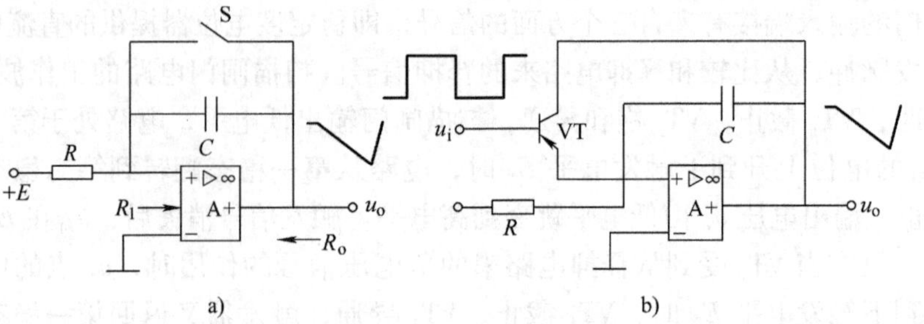

图 6-11 密勒积分器

a）原理图 b）采用晶体管开关的密勒积分器

（3）比较和释抑电路

比较和释抑电路的作用是控制锯齿波的幅度，达到等幅扫描，保证扫描的稳定。图 6-12 所示为比较和释抑电路的示意图。

在电路中，积分器的输出电压 u_o 和电源 $+E$ 同时通过电位器 RP 加到晶体管 VT 的基极 B，它们共同影响 B 点的电位。晶体管 VT 是一个 PNP 管，它和 C_h、R_h 组成一个射极输出器。C_h 两端的电压即为释抑电路的输出电压，它被引至扫描闸门即施密特触发电路的输入端。在 C_h 两端的负荷电压较大时，二极管 VD 截止，使释抑电路的输出与稳定度旋钮的直流电位隔离。

首先观察在触发扫描情况下比较和释抑电路的工作情况，如图 6-13 所示。由于积分器输出与正电源 E 共同影响 B 点的电位，在扫描输出的负向锯齿波电压还不够大时（$t_1 \sim t_1'$），正电源的影响起主要作用，晶体管 VT 截止，比较和释抑电路不起作用；在 t_1'时刻，扫描电压 u_o 的电位下降到 U_r，使 B 点电位变负，晶体管 VT 导通，给电容 C_h 充电，C_h 上的电压跟随扫描电压向负变化；在 t_2 时刻，C_h 上的电压下降到施密特电路的下限电平 E_2 时，触发器翻转，扫描正程结束。积分器中的积分电容 C 迅速放电，同时比较和释抑电路中的电容 C_h 缓慢放电，扫描电压 u_o 经 $t_2 \sim t_3$ 的时间完成回扫。调节电位器 RP 的触点，可以改变扫描的结束时间和扫描电压 u_o 的幅度。

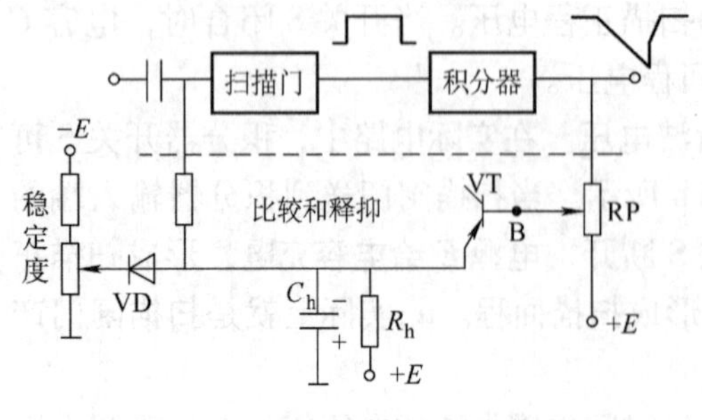

图 6-12 比较和释抑电路示意图

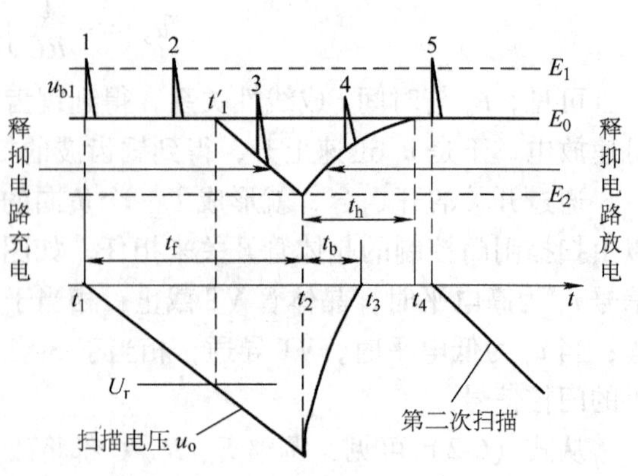

图 6-13 触发扫描情况下比较和释抑电路的工作情况

从图 6-13 可以看出，积分器中的积分电容 C 放电时间 $t_b(t_2 \sim t_3)$ 明显小于释抑电容 C_h 放电时间 $t_h(t_2 \sim t_4)$。若 $t_h < t_b$，就可能出现在回扫期被输入脉冲触发，造成扫描起点不一

致、扫描幅度不等的现象。

在连续扫描的情况下，施密特电路从稳定度旋钮得到的直流电压 E_0 大于上一个触发电平 E_1。此时，无论有无触发脉冲都可以进行扫描。

3. 同步触发电路

同步触发电路用来产生与被测信号有关的触发脉冲，这个脉冲被加至扫描闸门，其幅度和波形均应达到一定要求。同步触发电路的控制作用有触发源选择、输入耦合方式选择、触发极性选择以及触发电平调节等。图 6-14 所示为其电路示意图。

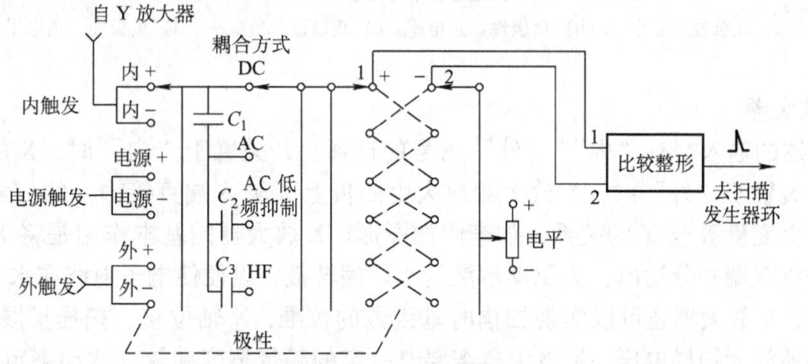

图 6-14 触发电路示意图

(1) 触发源

触发源可以是内触发（INT），此时触发信号来自于示波器垂直系统，一般情况下是被测信号。触发源也可以是外触发（EXT），例如，当被测信号为复杂的调制波或者组合脉冲串，用内触发不易建立稳定显示时，常选用有同步关系的外触发信号来同步触发扫描。若观察与交流电源频率有关的信号时可选择电源触发（LINE）。

(2) 触发耦合方式

示波器有四种耦合方式。用于观察由低频到高频的信号，用内触发或外触发均可。由于使用方便，所以常使用交流耦合（AC）方式。直流耦合（DC）。用于接入直流或缓慢变化的信号，或频率低且有直流成分的信号。这种情况下一般采用外触发或连续扫描方式。触发信号经电容 C_1 及 C_3 接入，只允许通过频率高的信号，通常是大于 5MHz 的信号，此时常用高频耦合（HF）方式。触发信号经电容 C_1 及 C_2 接入，用于抑制 2kHz 以下的低频干扰，此时常用 AC 低频抑制方式。例如，观察有低频干扰的信号时，用这种方式最合适，可以避免波形晃动。

(3) 极性

极性用于控制触发时触发点位于触发源信号的上升沿还是下降沿。“+”号表示上升沿触发，“−”号表示下降沿触发。

(4) 比较整形

比较整形的作用是选择触发电平（即选择触发点位于触发源信号波形的上、中或下部）形成一个具有一定幅度、前沿陡峭、宽度适当的触发脉冲。

比较整形电路实际上是一个电压比较器，一端是电平旋钮（可调直流电压），另一端接触发信号。当两个输入信号的差值达到某一数值时，比较整形电路的输出发生跳变，产生触发脉冲去驱动扫描闸门电路，开始扫描。

电平和极性旋钮配合，可在被测波形的任意一点触发，如图6-15所示。

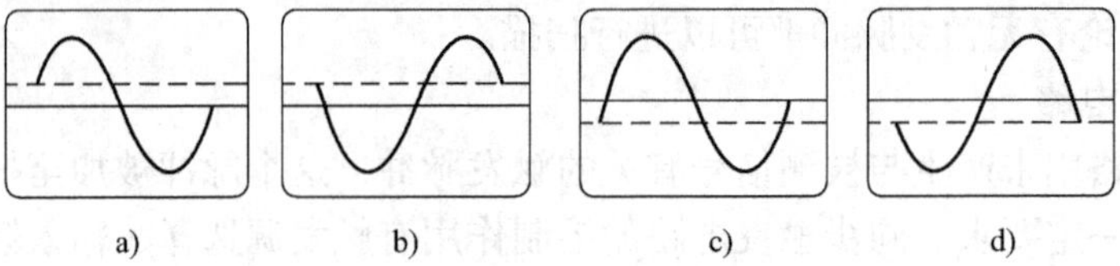

图6-15　不同触发电平和触发极性所显示的波形

a）正极性、正电平　b）负极性、正电平　c）正极性、负电平　d）负极性、负电平

4. X放大器

X放大器的输入端有“内”、“外”信号的选择。开关置于“内”时，X放大器放大扫描信号；开关置于“外”时，X放大器放大由面板上X输入端直接输入的信号，此时即可显示任意两个变量X与Y的关系，如李萨如图形。X放大器的基本作用是将X轴的单端信号放大并变成双端差分输出，去驱动示波管水平偏转板，以便使电子射线在水平方向得到满偏转；此外，X放大器还可以实现扫描时基因数的校准，X轴位移、扫描扩展等控制功能。为了无失真地放大扫描电压，X放大器需要有一定的频带宽度和较大的动态范围，因此，X放大器常由宽带多级直接耦合放大器构成，其工作原理与垂直通道的Y输出放大器类似。

6.2.6　通用示波器的多波形显示

在用模拟示波器进行测试时，常常需要同时观测几个信号，例如，需要比较电路中若干点之间信号的幅度、相位和时间的关系，观测信号通过网络后的相移和失真的情况等。有时即使只观察一个脉冲序列，也希望能把其中某一部分取出来，在时间轴上予以展宽，或在荧光屏的另一位置同时显示，以便在观测脉冲列的同时能观测其中某一部分的细节。实现上述目的需要进行多波形显示。多波形显示常见的方法主要有三种，即多线显示、多踪显示和双扫描显示。

1. 多线显示

多线示波器有多个相互独立的电子束，如双线示波器具有两套各自独立的垂直通道、电子枪和偏转系统，水平通道只有一个与扫描电压共用。Y通道通常接入不同的信号，并可单独调整灵敏度、位移、聚焦和辉度等开关或旋钮，大大减小了通道间的干扰。

这种示波器除了观测周期信号外，还可以观测同一瞬间出现的两个瞬变信号。该示波器测量精度高，图形清晰，但工艺要求高，电路复杂，价格贵，这限制了它的应用普及。

2. 多踪显示

多踪示波器与多线示波器不同，它的组成与普通示波器类似，具有多个垂直通道，通过电子开关可对多个垂直通道进行切换，分别把多个垂直通道的信号轮流接至Y偏转板，实现多波形的同时显示。

以双踪示波器为例，其Y通道工作原理如图6-16所示。双踪示波器具有Y_A、Y_B两个垂直通道。电子开关轮流接通A门和B门，Y_A通道和Y_B通道的输入信号按一定的时间分割轮流被接至垂直偏转板，在荧光屏上显示。

双踪示波器有五种显示方式：

1）Y_A 为单踪显示 Y_A 通道的输入信号。

2）Y_B 为单踪显示 Y_B 通道的输入信号。

3）$Y_A \pm Y_B$ 为单踪显示两信号的和或差。

4）交替是指加在 Y_A 和 Y_B 通道的信号交替显示在荧光屏上。例如，第一个扫描电压周期电子开关接通 A 门，显示 Y_A 通道的信号，则第二个扫描电压周期电子开关接通 B 门，显示 Y_B 通道的信号；下一个扫描周期电子开关又接通 A 门，显示 Y_A 通道的信号，再下一个扫描周期电子开关又接通 B 门，显示 Y_B 通道的信号，如此重复，在屏幕上轮流显示两个通道的信号波形。若被测信号的重复周期不长，那么利用屏幕余辉和人眼的视觉残留，观测者感觉到屏幕上同时显示出两个波形，如图 6-17a 所示。交替方式下电子开关的转换信号由时基电路提供，以使电子开关信号与扫描信号同步。这种显示方式适合于显示重复频率高的信号，当被测信号频率较低时（低于 25Hz），由于交替显示的速率很慢，图形将出现闪烁。因此要求扫描频率大于 25Hz。

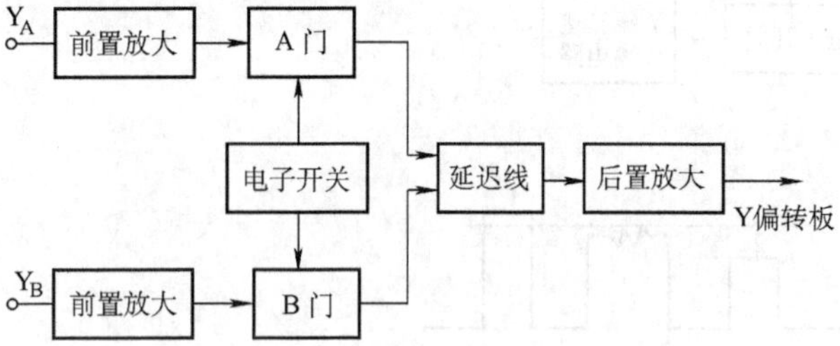

图 6-16 双踪示波器的电路结构图

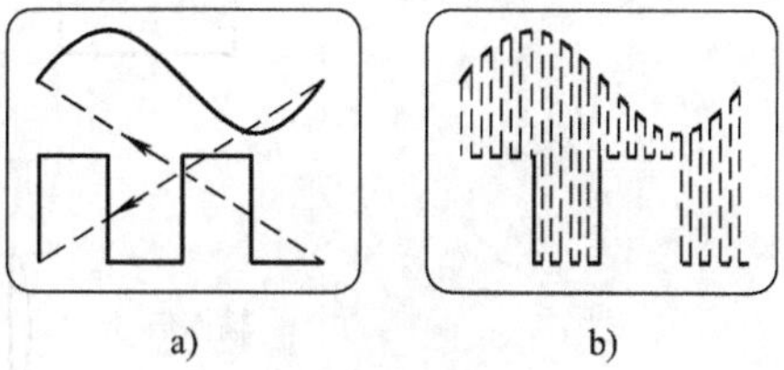

图 6-17 双踪显示方式
a）交替方式 b）断续方式

5）断续是指由于交替方式的双踪显示在被测信号的频率较低时容易出现亮度的闪烁感，所以示波器中还设置了一种断续方式的双踪显示方式。

断续方式时，开关信号分别对两个被测信号波形轮流进行实时取样，例如，对正弦信号进行一次取样，然后对方波信号进行一次取样，于是在屏幕上看到的将是由若干取样光点所构成的断续波形，如图 6-17b 所示。这种显示方式中，由于每个扫描周期同时显示两个信号波形，故观测重复频率较低的波形时也可以避免闪烁。

3. 双扫描显示

对于复杂组合的信号，如计算机数字信息、全电视信号、动态变化过程中的电压电流信号等，要在观察信号的同时仔细测量其中若干波形细节，那么使用双扫描示波器特别适合。

图 6-18a 所示为双扫描示波器的组成框图。双扫描示波器有两套独立的扫描系统，主扫描 A（扫描速度较慢）用于观测周期信号的全貌，延迟扫描 B（扫描速度较快）用于观测信号中的给定部分，并以快速扫描展宽该处信号。双扫描示波器除了比通用示波器多一套扫描系统外，还增加了电压比较器、X 通道电子开关和 Y 线分离电路等。

设输入信号为由四个脉冲组成的脉冲列，希望能在同一荧光屏上对其中的第三个脉冲进行仔细观测，这时可利用双扫描示波器中的 A 扫描去完整显示脉冲列，而用 B 扫描去展开第三个脉冲。

图 6-18b 所示为双扫描示波器工作波形图。首先脉冲 1 达到触发电平，产生 A 触发，在其作用下开始 A 扫描，显示整个脉冲序列；同时 A 扫描电压送到电压比较器，与 RP 提供的直流电平进行比较，当电平一致时，产生 B 触发，开始 B 扫描。B 扫描信号的斜率远大于 A

扫描，即 B 扫描的扫描速度更快，利用 B 扫描便得到展宽了的第三个脉冲信号。B 扫描和 A 扫描的延迟时间由 RP 调节，通过调节 RP，使 B 扫描可在被测脉冲序列的任意观测点上产生，并展宽该点信号。通过电子开关，将两套扫描电路的输出交替送入 X 放大器，并在两种扫描时给 Y 放大器加不同的直流电压，使两种扫描显示的波形在屏幕上能上下分开。

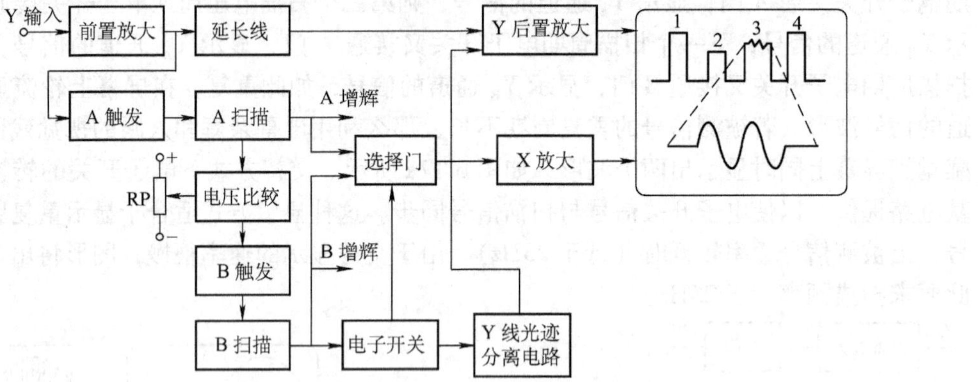

a)

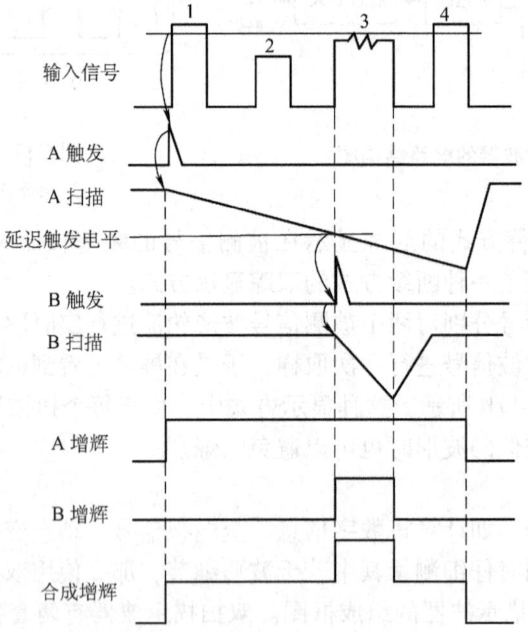

b)

图 6-18 双扫描示波器的组成及工作波形

a）双扫描示波器的组成框图 b）双扫描示波器工作波形图

为了从显示波形上很容易看出展宽的信号是原信号的哪一部分，需要对展宽的部分进行加亮。把 A、B 两扫描闸门产生的增辉脉冲叠加起来，成为合成增辉信号，用于 A 通道增辉。由于在合成增辉信号中，第三个脉冲增辉最强，因此在 A 通道脉冲序列中，第三个脉冲（即需要观察细节的那个脉冲）被加亮。

6.3 数字示波器

6.3.1 数字示波器的功能与特点

随着信息技术的发展，移动通信、网络传输、数字电视、远程数据交换等各种业务都是以又长又复杂的数据流传输为基础的。面对千变万化的复杂数据流，传统的模拟示波器已经无能为力，数字存储示波器（Digital Storage Oscilloscope，DSO）则成为不可缺少的测量手段和工具，数字存储示波器采用数字技术对输入波形进行取样、量化、存储、处理和显示。第一台DSO出现于1973年，从20世纪80年代中期开始，随着微电子技术，尤其是计算机技术的飞速发展，DSO技术取得了长足的进步。

DSO包含了通用模拟示波器的全部功能，包括被测信号的输入放大处理、时基扫描信号的发生、被测信号波形的触发显示等。同时由于DSO对被测信号进行了数字化，可利用大规模存储器对输入信号进行记录，因此DSO具有信号记忆功能。同时由于DSO中采用了计算机技术，因此能够对信号进行复杂的数据分析处理，从而得到更多的信息。相比于模拟示波器，DSO在功能上具有下列优点：

1）能够捕捉单次信号、随机信号、低重复速率信号，并进行测量和分析。

由于DSO能够存储信号波形，即使信号在相当长的时间内只出现一次，它也能捕捉并一直保持记忆，观测单次信号变得非常简单。

2）灵活多样的触发和显示，增加了捕捉和测量能力。

DSO具有丰富的触发功能，除了模拟示波器中的各种触发方式外，还可根据信号在一段时间内的变化状况，即根据信号的历史进行触发，例如脉冲宽度、脉冲串中的小信号、时间限定、图形及状态等触发。同时系统对信号波形的存储实际上与显示并无绝对的关系，触发之前的信号同样也进行存储，所以能观测触发前的信号，触发点的位置可以移动。

3）通过软件实现自动参数测量，测量精度高，不受人为因素影响。

DSO对被测信号进行了A-D转换，因此它可以直接给出被测信号在各时间点的数值，同时利用内嵌的计算机完成各种精确的数据分析计算。其中包括利用直接测得的数据计算信号有效值、峰值、平均值、频率、脉冲宽度及边沿时间等参数；利用数字滤波技术对信号进行处理，削弱噪声干扰，使显示波形更为清晰、稳定，甚至能将淹没在噪声中的信号波形检测出来；通过采集多个波形，存储并显示各波形在同一相位点的最大值、最小值，以显示出波形的包络，这样可以方便地观测调幅波的包络。除此之外，有些DSO还能进行FFT及直方图等分析和处理。

多数DSO都具有峰值检测功能，能在保证较大的时基因数的条件下兼顾频率非常高的信号成分，以捕捉缓慢变化信号中的“毛刺”等窄脉冲干扰信号。

4）具有多种输出方式，便于进行功能扩展和自动测试。

DSO可通过改变工作程序的方式来扩展仪器功能，与其他仪器设备共同构成自动测试系统。DSO存储的数据、显示的波形可在微处理器的控制下通过接口以各种方式输出，如直接在屏幕上用数字形式，或用GPIB接口总线或打印口、软驱等输出。

DSO也有一些功能上的局限，同模拟示波器一样，它也具有信号采集上的“盲区时间”。由于采样和数据处理速度上的限制，在两轮采样之间存在一段较长的停止采样时间。在一个波形采集完后要进行存储、读出、处理及显示等操作时，需要耗费较长的时间，在这段时间内系统无法进行取样存储，因此其真正用于捕捉波形的时间并不多。例如，观测10MHz的信号，屏幕上显示五个周期，共500 ns。若显示刷新速率选为60次/s，那么每秒钟只有30μs用于采样，仅占总时间的百万分之三十。目前，DSO的刷新速率多为每秒几十至几百次。为了提高DSO的刷新速率，DSO通常采用多个处理器分别完成控制、采样及显示处理等工作。

近年出现的数字荧光示波器（DPO），以数字荧光技术为核心，在波形显示效果和波形刷新速率方面都有很大的提高，目前DPO的最高波形刷新速率已达400 000次/s，超过了模拟实时示波器的波形刷新速率（200 000次/s）。

6.3.2 数字示波器的组成

早期的数字存储示波器（DSO）是在模拟示波器的基础上额外加一个数字化存储电路，经过数字存储之后的信号仍然需要转换为模拟信号送给静电偏转CRT进行显示。随着微处理器和光栅扫描CRT显示技术在数字存储示波器中的应用，被测信号数字化存储以后的数字信号不再转换为模拟信号，而是经过计算机处理，直接以像素的方式显示出被测波形，因此数字存储示波器又称为数字化示波器，后来统称为数字示波器。

1. 数字存储示波器

图6-19所示为数字存储示波器组成框图，主要包括如下几个部分：

1）信号调理部分主要由衰减器和放大器组成；

2）采集和存储部分主要由模-数转换器（ADC）和内存控制器和采集存储器组成；

3）触发与时基部分主要由触发和时基电路组成；

4）数据处理及显示部分主要由CPU、DSP完成数据处理及显示功能。

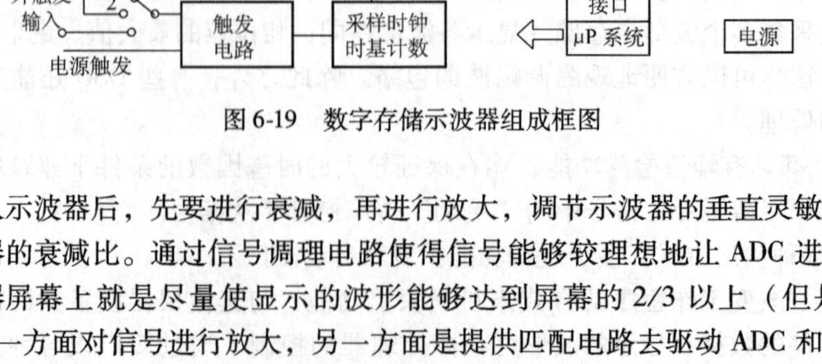

图6-19 数字存储示波器组成框图

信号进入示波器后，先要进行衰减，再进行放大，调节示波器的垂直灵敏度，实际上就是调节衰减器的衰减比。通过信号调理电路使得信号能够较理想地让ADC进行模-数转换，反映在示波器屏幕上就是尽量使显示的波形能够达到屏幕的2/3以上（但是不要超出屏幕）。放大器一方面对信号进行放大，另一方面是提供匹配电路去驱动ADC和触发电路，放大器决定了示波器的模拟带宽，这是示波器的第一重要指标。

所有数字示波器的核心元件都是模-数转换器和采集存储器，这是示波器用来获取波形图形的最根本组件。由于 ADC 的采样速率比较高（比如每秒 20G 个采样点），每个采样点用 8bits 来表示（现代数字示波器的 ADC 通常都是 8 位），ADC 后面的总线带宽就达到 160Gbit/s，所以不可能实时把采样点传递到微处理器。因此需要先把采样点存在存储器里，数据处理时再慢慢地把采样点传递到微处理器进行处理，而且这个时间一般相对采集时间较长，所以数字示波器的盲区时间还是比较大的（一般为 95% 以上）。那么如何保证示波器捕获人们感兴趣的信号呢？这就要靠触发，通过触发来解决采集和传输的矛盾。示波器的第二重要指标是实时采样速率，由 ADC 决定；第三重要指标是存储深度，由内存控制器和存储器决定；第四重要指标是触发能力，由触发电路决定。

在数据采样的同时，数据处理器不断对检测数据进行分析，当满足一定触发条件时，将数据从 FIFO 存储器中移至显示缓冲器，供显示系统显示。由于对信号所进行的数据处理相当复杂，为了加快工作速度，提高显示刷新速率，系统采用数字信号处理器完成数据的分析处理工作，具体包括复杂触发条件的识别；对采集数据进行处理计算，如数学加减、反相、平均、平滑及频域分析等；将采集的数据进行正弦内插或线性内插处理后再现波形；根据波形检测的一次数据计算其二次参数，如频率、周期、电压峰-峰值、平均值及方均根值等。

2. 数字荧光示波器

模拟示波器捕获速率快，能提供辉度等级显示，变化的亮度能清楚地显示出信号不同部分的发生频率，如偶然发生的假信号会表现为暗淡的轨迹。数字存储示波器能提供自动测量、完善的触发、波形存储和硬拷贝功能，这些功能都是模拟仪器所不具备的。但是，DSO 以单调的两维方式显示画面，缺少调试必需的辉度等级信息。

数字荧光示波器（DPO）同时融合了模拟示波器和数字存储示波器的优势。除了具有 DSO 的所有传统优势外，DPO 使用三个维度捕获和显示波形信息，即幅度、时间、幅度在时间上的分布，这在很大程度上与模拟示波器类似。

DPO 的长处在于其并行处理结构。DPO 把数字化波形数据光栅化从而成为数字荧光的数据库。大约每隔 1/30s，数字荧光中存储的信号图像就会直接“流入”显示系统，如图 6-20 所示。有些高档的 DPO 拥有波形成像处理器（DPX），DPX 完成采集数据的存储、光栅化和统计处理以生成三维数据库。波形数据的这种直接扫描以及从数据库到显示存储器的直接复制，避免了数据处理引起的速度下降问题。其结果是改进了实时效果和动态显示更新效果。信号细节、偶发事件以及信号的动态特性均以实时方式捕获，DPO 的微处理器在执行自动测量、波形计算以及仪器控制任务时与数字荧光处理器并行工作，不会影响示波器的采集速度。

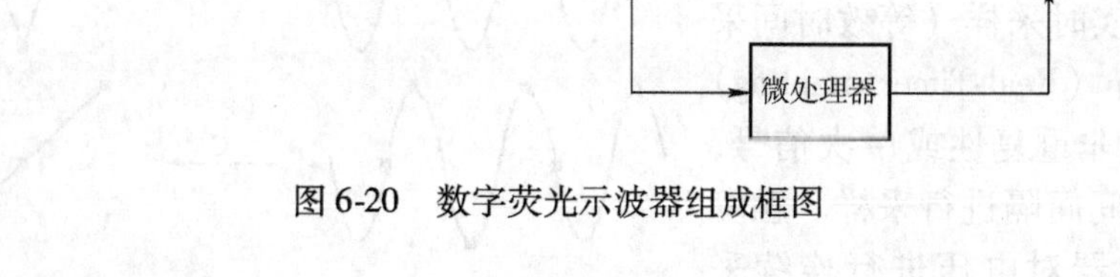

图 6-20　数字荧光示波器组成框图

模拟示波器依靠化学荧光物质，与此不同，DPO 使用完全的电子数字荧光，其实质是不断更新的数字荧光数据库。针对示波器显示屏的每个像素，数据库中都有独立的单元。每次捕捉到一个波形时，即每次示波器触发时，波形将映射到数字荧光数据库的单元。当波形涉及该单元，单元内部就加入亮度信息；反之则不加入。因此，如果波形经常扫过的地方，亮度信息在单元内会逐步累积。

当数字荧光数据库被送到示波器的显示屏时，根据各点发生的信号频率的比例，显示屏显示加入亮度形式的波形区域，这与模拟示波器的亮度级特性非常类似。DPO 也可以显示不断变化的频率信息，显示屏对不同的频率呈现不同的颜色，这一点与模拟示波器不同。利用 DPO，可以比较由不同触发器产生的波形之间的异同。

DPO 同时适合观察高频和低频信号、重复的波形以及实时的信号变化。DPO 能实时提供 Z（亮度）轴，常规的 DSO 没有这一功能。

6.3.3 采样和存储

模拟电压信号进入示波器后面临的首要问题就是连续信号的数字化。信号在某一时刻采样，每一个采样点的幅度与输入信号在那一时刻的幅度值相同。每一个瞬间图像代表波形上某一时刻的特定点，这些瞬像按照时间顺序排列起来，就能够重构输入信号，如图 6-21 所示。每两次采样之间的时间间隔越小，那么重建出来的波形就越接近原始信号。采样率（Sampling Rate）就是采样时间间隔的倒数。例如，如果示波器的采样率是每秒 10G 次，则意味着每 100ps 进行一次采样。

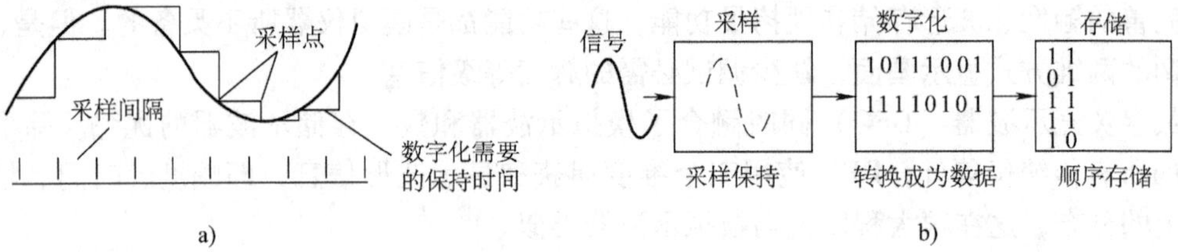

图 6-21 示波器的采样
a）等间隔采样 b）采样与存储

根据奈奎斯特采样定理，当对一个最高频率为 f_{max} 的信号进行采样时，采样频率 f_s 必须大于 f_{max} 的两倍以上才能确保从采样值完全重构原来的信号。对于正弦波，每个周期至少需要两次以上的采样才能保证数字化后的脉冲序列能较为准确地还原原始波形。如果采样率低于奈奎斯特采样率则会导致混叠现象，如图 6-22 所示。

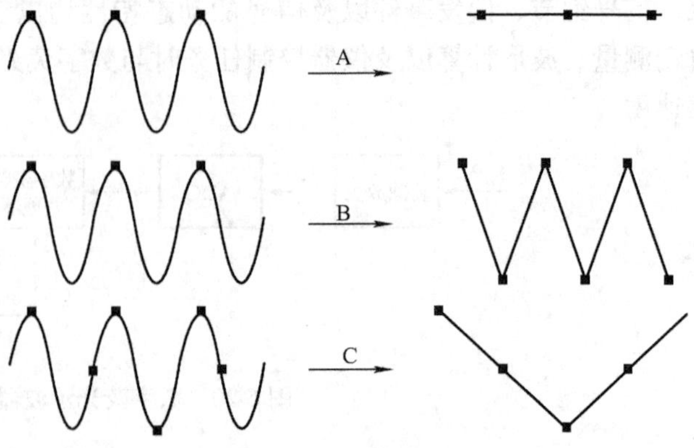

图 6-22 采样混叠失真
A：采样率 $f_s=f$；B：采样率 $f_s=2f$；C：采样率 $f_s=4f/3$

数字存储示波器的采样方式分为实时采样和非实时采样（等效时间采样）。实时采样（Real-Time Sampling）模式用来捕获非重复性或单次信号，使用固定的时间间隔进行采样。触发一次后，示波器对电压进行连续采样，然后根据采样点重建信号波形。等效时间采样（Equivalent-Time Sampling）是对周期性波形在不同的周期中进行采样，然后将采样点拼接起来重建波形，为了得到足够多的采样点，需要多次触发。等效时间采样又包括顺序采样和随机重复采样两种。使用等效时间采样模式必须满足两个前提条件，即波形必须是周期性的、必须能稳定触发。

1. 实时采样

实时采样是指在一次触发后连续进行采样，逐个采集并记录所有采样点。此时，通过一次扫描波形，示波器就能获得足够多的点重构精确的图像，如图6-23所示。数字示波器采集快速、单脉冲和瞬态信号时，实时采样是唯一的方式。

为了精确数字化高频瞬态事件，必需要有足够的采样速率，数字示波器的实时采样才能很好地完成这样的任务，如图6-24所示。这些事件只发生一次，必须在发生的同一时间帧内对其采样。如果采样速率不够快，高频成分可能会混叠为低频信号，引起显示混叠。另外，一旦波形经实时采样数字化，高速存储器也会带来更多的复杂性。

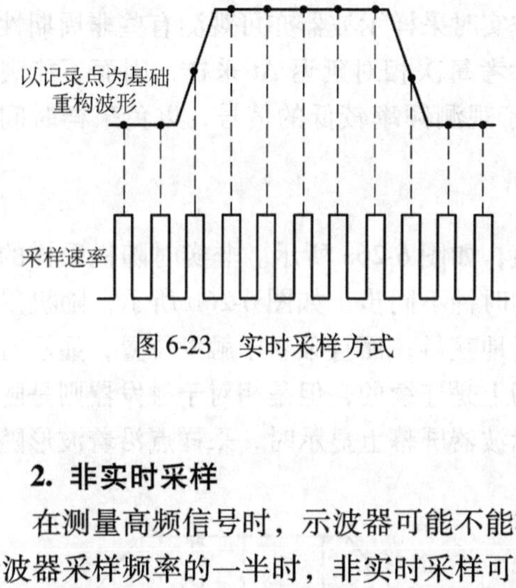

图6-23 实时采样方式

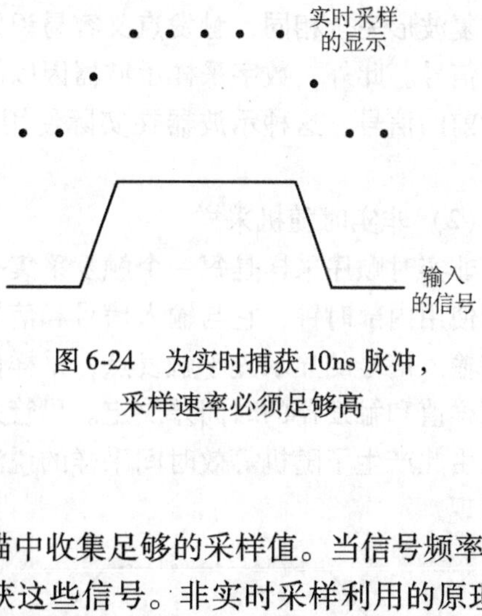

图6-24 为实时捕获10ns脉冲，采样速率必须足够高

2. 非实时采样

在测量高频信号时，示波器可能不能在一次扫描中收集足够的采样值。当信号频率超过示波器采样频率的一半时，非实时采样可以精确捕获这些信号。非实时采样利用的原理是，大多数自然产生和人为构造的对象都具有重复性。为构建重复信号的图像，在每一个重复期内，非实时采样只采集少量的信息，波形逐渐累积而成。利用这样的方式，即使信号的频率成分远远高于示波器的采样速率，也能形成精确的采样。

图6-25所示为实时采样和非实时采样原理图。非实时采样（等效时间采样）有两种方法：非实时顺序采样和非实时随机采样。每一种都有其优势。非实时随机采样允许输入信号的显示先于触发点，而不需要使用延迟线。非实时顺序采样提供更大的时间分辨率和精度。两者都要求输入信号具有重复性。

（1）非实时顺序采样

非实时顺序采样通常对周期为 T 的信号每经大约 m（m 为正整数）个周期采集一点，但每次采样都比前次在波形的相对位置上滞后 Δt，也就是说每经（$mT+\Delta t$）采集一点，如图6-25b所示。比较该图6-25a、b可见，只要采集起始点和时间 Δt 相同，图6-25b采集的样值与图6-25a完全相同，只不过这种非实时采样对采样速度的要求大大降低了，或者说它可以用不是非常高的采样速率等效极高的采样速率，进而使示波器的通频带做得很宽。这种采样方式常用于数字采样示波器中，目前高端频率已达50GHz。

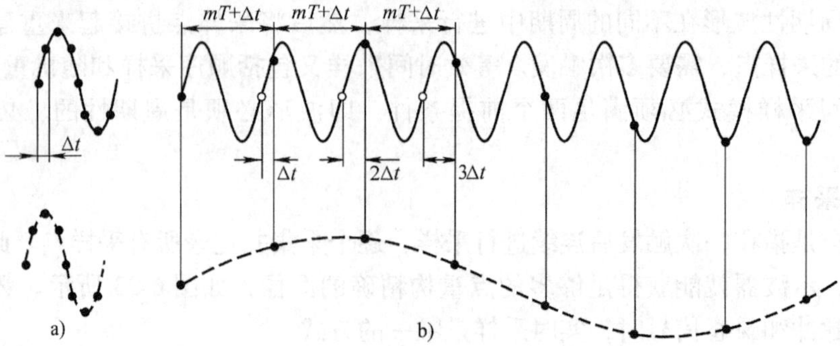

图 6-25 实时采样和非实时采样原理图

a）实时采样 b）非实时顺序采样

所有非实时采样的示波器都不能观测单次信号，它们通常用来观测周期性信号，但是只要重复波形完全相同，触发点又容易识别，某些非实时采样示波器亦可观测有些非周期性的重复信号。此外，数字采样示波器因以触发点为参考每次相对延迟 Δt 采样，因而不能观测触发前的信号。这种示波器在实际使用中也不便于观测频率较低的信号，以免采样时间过长。

（2）非实时随机采样

非实时顺序采样是每一个触发采集一个采样值，如图 6-26a 所示。非实时随机采样的采样器使用内部时钟，它与输入信号和信号触发器的时钟不同步，如图 6-26b 所示，随机采样允许输入信号的显示先于触发点，采样值连续不断地获得，而且独立于触发位置，显示时则由采样值和触发器的时间差决定。尽管采样在时间上是连续的，但是相对于触发器则是随机的，由此产生了随机等效时间采样的说法。当在示波器屏幕上显示时，采样点沿着波形随机地出现。

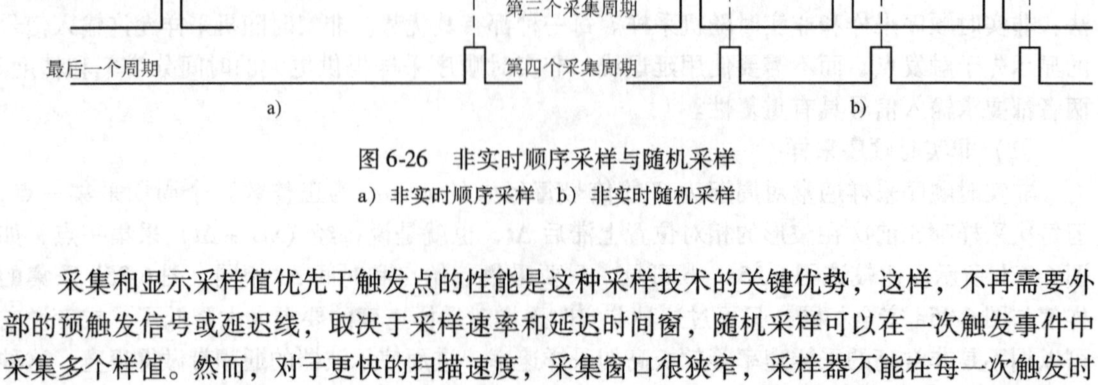

图 6-26 非实时顺序采样与随机采样

a）非实时顺序采样 b）非实时随机采样

采集和显示采样值优先于触发点的性能是这种采样技术的关键优势，这样，不再需要外部的预触发信号或延迟线，取决于采样速率和延迟时间窗，随机采样可以在一次触发事件中采集多个样值。然而，对于更快的扫描速度，采集窗口很狭窄，采样器不能在每一次触发时采到样值。对于这些具有更快交换速度的地方，往往需要进行相当精确的定时测量，而非实时顺序采样可以利用额外的时间分解方法，显得非常有利。

3. 数据存储技术

把经过ADC数字化后的八位二进制波形信息存储到示波器的高速存储器中，就是示波器的存储，这个过程是“写过程”。记录长度（存储深度）是示波器所能存储的采样点多少的量度。如果需要不间断地捕捉一个脉冲串，则要求示波器有足够的存储器以便捕捉整个事件。记录长度与采样速度密切相关。所需要的记录长度取决于要测量的总时间跨度和所要求的时间分辨率。对于DSO，其最大记录长度是一定的，但是在实际测试中所使用的存储长度却是可变的。

在记录长度一定的情况下，存储速度越快，存储时间就越短，它们之间是一个反比关系。存储速度等效于采样率，存储时间等效于采样时间，采样时间由示波器的显示窗口所代表的时间决定，所以有

$$记录长度 = 采样率 \times 采样时间 \tag{6-3}$$

由于DSO的水平刻度分为10格，每格所代表的时间长度即为时基，单位是t/div，所以采样时间 = 时基 ×10。

由以上关系式可知，提高示波器的记录长度可以间接提高示波器的采样率。当要测量较长时间的波形时，由于记录长度是固定的，所以只能降低采样率来达到，但这样势必造成波形质量的下降；如果增大记录长度，则可以以更高的采样率来测量，以获取不失真的波形。

图6-27所示为几种不同的DSO的时基、采样率和存储深度（记录长度）的关系曲线及存储深度对示波器实际采样率的影响。

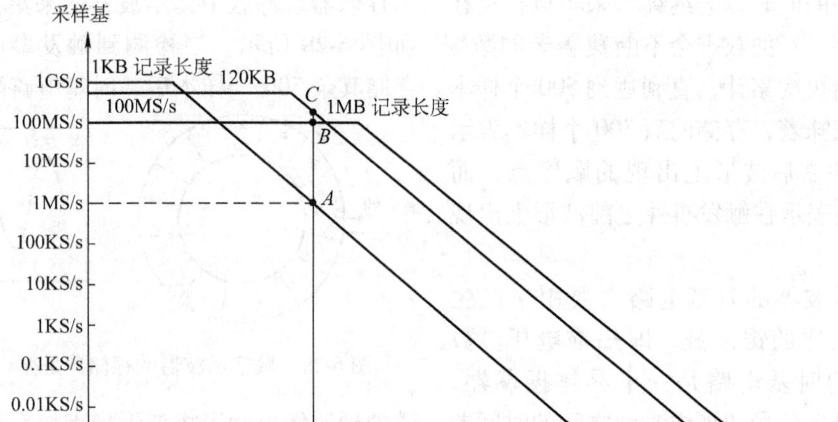

图6-27 时基、采样率和存储深度的关系

从图6-27中可以看出，一台最高采样率为1GS/s（S为采样数Samples的简称），存储深度为1Kpts（1Kpts = 1KB）的DSO，当扫速提高到100μs/div时，整个示波器窗口的采样时间是100μs/div × 10 = 1000μs，在1Kpts的存储深度下，当前的实际采样率为1K ÷ 1000μs = 1MS/s，即实际采样率已降到1MS/s（*A*点）。而另一台最高采样速率100MS/s，存储深度1Mpts的DSO，在同样扫速下，仍然保持在100MS/s采样速率（*B*点）。还有一台最高采样率500MS/s、120KB记录长度的DSO，在相同扫描下，采样速率大于100MS/s（*C*点）。

从图 6-27 的曲线关系可得出结论：存储深度大的 DSO，扫速在较大范围调节时，采样速率不必跟着变化。

6.3.4 时基与触发系统

时基与触发系统控制 DSO 每个数据采集周期的全过程，是 DSO 数据采集系统的核心，在每个采集周期内，需要完成触发点的确定、触发点之前和触发点之后应该存储多少数据、以多高的速度向采集 RAM 中存储数据、测量触发点与采样点之间的准确时间等操作。时基与触发电路工作的好坏，直接关系到数据采集的正确性和显示波形的质量，对 DSO 的幅度测量和时间测量精度、触发抖动和波形显示的失真程度都有重要影响。

1. 时基

时基电路控制 ADC 采样相对于触发事件的开始和停止时间。同时，时基电路根据示波器的采集存储器深度和时基设置控制 ADC 采样率。例如，设示波器的采集存储器深度为 1000 点，使用 1ms/div 的时基设置并将示波器设置为屏幕正中触发（默认设置）。此时，示波器应在触发事件之前先采集 500 点，随后在触发事件之后再采集 500 点。示波器在 1ms/div×10＝10ms 时间跨度内将采集 1000 点。尽管示波器的最大指定采样率可达 2GS/s，但在 1ms/div 时基设置下，时基电路会将示波器的连续采样率降低到 100KS/s（采样率＝存储器深度/波形持续时间＝1000 点/（1ms/div×10）＝100KS/s）。按运行键时，时基电路以适当的采样率（100KS/s）将数字化的数据连续存储到示波器的环形采集存储器中。当时基电路确定存储了 500 个样本时（意味着采集存储器至少有一半是满的），时基电路便等待触发。在等待触发事件的同时，会继续将采集点存储在采集存储器缓冲区中，示波器的采集存储器是一个循环缓存，新的数据会不断覆盖老的数据，如图 6-28 所示。当检测到触发事件后，时基电路便开始再次累计，直到达到 500 个样本。存储其余 500 个样本后，时基电路随后会停止采样。这意味着，存储的后 500 个样本表示在触发事件之后波形上出现的顺序点，而前 500 个点表示在触发事件之前波形上出现的顺序点。

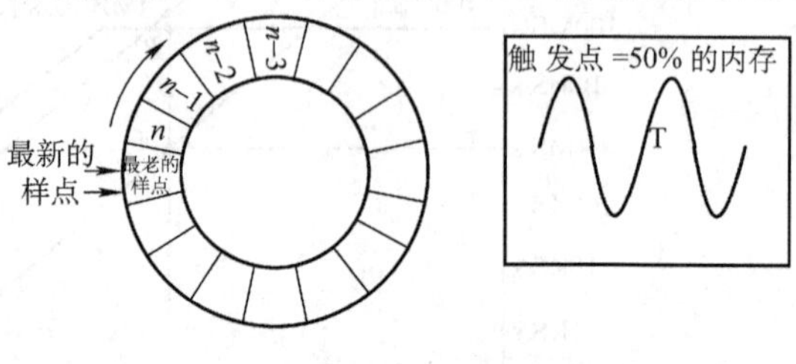

图 6-28 数字示波器的存储器是循环缓存

模拟示波器的时基电路主要用来产生与时间成正比的锯齿波，即扫描电压。数字示波器的时基电路是一个晶体振荡器，通过测量触发信号和采样时钟之间的时间差，微处理器便可确定将波形样点放在显示器中的相应位置上。数字示波器的时基电路，除了包括高稳定度、高准确度的主时钟外，还需要产生各种时序信号，例如采样时钟、ADC 启动信号、显示定时信号等。对延时时间等定时工作，通常用对时钟计数的方法加以确定。

2. 触发

触发是数字示波器区别于模拟示波器的最大特征之一。示波器的触发有两个重要作用，即捕获感兴趣的信号波形和确定时间参考零点，稳定显示波形。

所谓触发，就是控制采样的起始和终止，示波器通过对波形条件的把握实现“一触即发”。为了观察特定波形之前发生的更多事件，把触发点往显示窗口右方推移一段时间，即是延迟触发；为了解特定波形之后发生的更多事件，把触发点往显示窗口左方推移一段时间，即是超前触发，如图6-29所示。在数字示波器中，触发点可以位于采集存储记录的任何位置。DSO可以方便地实现模拟示波器中诸如边沿、视频及电源等常规触发类型。

6.3.5 数据处理及显示

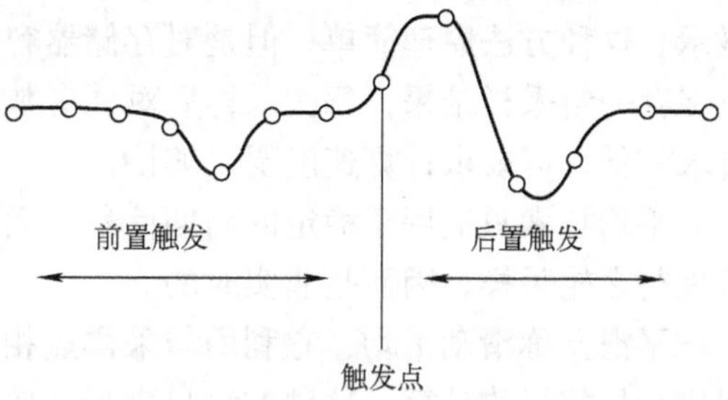

图6-29 触发的原理示意图

采集的数据传递到CPU后，先要进行 $\sin x/x$ 正弦内插，或线性内插进行波形的重建，重建后的波形可以进行各种各样的参数测量、信号运算和分析等，最终的结果或原始的样点都可以直接显示到屏幕上。

早期的DSO只是使用示波器的CPU系统将数据从采集存储器中读出、处理数据，然后再存储到显示存储器中，这是一个非常耗时的过程，有时会导致波形更新率较慢，尤其是在处理较深的存储器记录时。如今的许多新型DSO都使用专用的DSP来快速处理数据，然后高效地将波形数据以“流水线”的方式输入显示存储器，从而提高了吞吐量和波形更新率。

1. 内插技术

DSO检测到的信号是一系列时间和幅值都离散的数据点，如果把采样点直接送到屏幕显示，则只能得到一串光点，而非连续波形。为了再现输入信号的波形，就需要将这些光点按输入信号的变化规律连接起来构成波形。另外，根据香农定理，系统带宽可达到采样速率的一半，但实际是做不到的。实际上在每个正弦波周期内至少要有25个采样点才能得到看上去很好的正弦波，所以DSO的实际带宽仅为采样率的1/25。为了获得更高的实际带宽，必须利用数值计算的方法估算采样点之间的信号状况。这样的数值方法即为内插技术，常用的内插技术有线性插值法和正弦插值法两种。

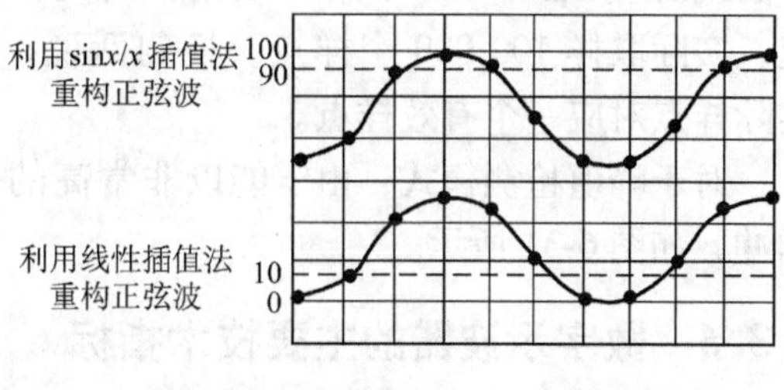

图6-30 线性和 $\sin x/x$ 插值法

线性插值法在相邻样点处直接连接上直线。只要各采样点之间靠得很近，例如每格50个采样点，用这种方法就能够获得足够的重建波形。如果在信号跳变沿前后都采集了采样点，那么用这种方法就可以观察信号的沿。$\sin x/x$ 插值法利用曲线来连接样点，通用性更强，如图6-30所示。采用这种方法时，即使当屏幕上每格的采样点数较少时也能得到和模拟示波器显示波形类似的自然平滑的重建波形。当采样速率是系统带宽的3~5倍时，通常采用 $\sin x/x$ 插值法。

为了观察真正的采样点，示波器通常设有点显示方式。在此方式下，不使用任何插值法。选择这种方式以后，在屏幕上只能看到用离散亮点表示的采样点，而在这些点之间没有任何连线。

2. 平均和平滑技术

DSO具有强大的数据处理能力，因此可以利用数字信号处理的方法进行波形降噪、滤波等处理。其中平均和平滑技术是常用的降低噪声、改善扫描线质量的有效手段。

平均技术是指在相同条件下采集多个波形，然后对各波形同一相位点的数据进行算术平均。如果信号是稳定信号，则相同相位点的取值应不变。因此对采集到的 n 个波形进行平均，其结果的标准偏差下降为一个波形的 $1/\sqrt{n}$，这样平均后波形的信噪比将提高$\sqrt{n}$倍。系统可以连续采集 n 个波形，将数据全部存在存储器中，待 n 个波形全部采集完后进行计算、显示，这种方法原理简单，但是对存储器容量的要求很大。另一种实现方法是递归，即系统只保存一组采样结果，每次采样后对原有数据进行修改得到信号数据。递归法对存储容量的要求较低，但要求计算速度要足够快。

平均技术只适用于稳定的周期信号，而非周期性信号则不能使用平均技术。平均技术要求进行多轮采样，因而是非实时的。

平滑又称滑动平均，它利用与采样点相邻的若干数据组成滑动窗口，并对该窗口内的数据进行加权平均计算。这种方法只进行一轮采样，边采集边平均，是实时的，可用于周期、非周期以及单次信号。滑动平均技术在应用中的关键是加权函数与滑动窗口的选择。常见的加权函数有矩形、二次和三次多项式加权函数。

3. 峰值检测技术

所谓峰值检测，是指系统采样速率不随扫描速度调节而改变，始终保持相当高的采样速率，这时在存储器容量限制下无法保存所有的数据，所以把高速采样来的大量数据分组，求出每组的最大值和最小值，并将其作为一个有效样点值来保存。

例如，在时基因数为 200 ns/div 条件下，每格显示 50 个采样点，那么正常的采样率为 0.25 GS/s。为了能够捕捉毛刺，实际采用了采样率 50GS/s。这样每屏曲线对应 2μs、500 个采样数据，而同样的时间系统，实际取样 100 000 个样点。换句话说，每 200 的实际样点对应一个有效样点。

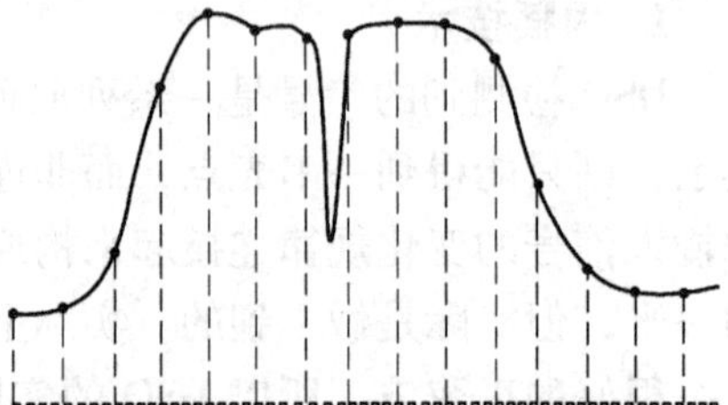

图 6-31　峰值检测模式采样

对于峰值检测模式，由于能以非常高的采样速率运行 ADC，故可捕获到偶尔发生的窄脉冲，如图 6-31 所示。

6.3.6 数字示波器的主要技术指标

带宽、采样率和存储器深度是选择数字示波器时最常使用的技术指标。

1. 带宽

带宽（B_W）是示波器的一项最重要的特性，因为它表示示波器在频域内的测量范围。换言之，带宽决定了能够准确显示与测试的信号范围。没有足够的带宽，示波器将无法准确再现真实的信号。所有示波器都具有低通频率响应，随着信号频率的增加，示波器对信号的准确显示能力将下降。

示波器带宽指的是正弦输入信号衰减到其实际幅度的 70.7% 时的频率值，即 -3dB 点。如果没有足够的带宽，示波器将无法分辨高频变化，幅度将出现失真，边缘将会消失，细节数据将会丢失。

图 6-32 所示为同一 50 MHz 方波信号在四种不同带宽示波器上的显示。图 6-32a 是使用 60MHz 带宽示波器测量 50MHz 方波信号的波形。此信号的较高次谐波均已衰减，以至于所有实际保留的部分只是方波信号的基本频率分量。图 6-32d 是使用 500MHz 带宽示波器进行测量同一 50MHz 方波的波形。从图中看出 500 MHz 带宽示波器不仅能显示 50 MHz 基本频率

分量，还能较为准确地捕获第3、5、7、9次谐波，从而能较完整地显示所测方波的波形。

一般采用5倍准则，即示波器所需带宽 = 被测信号的最高频率成分 ×5。带宽越高，再现的信号越准确。

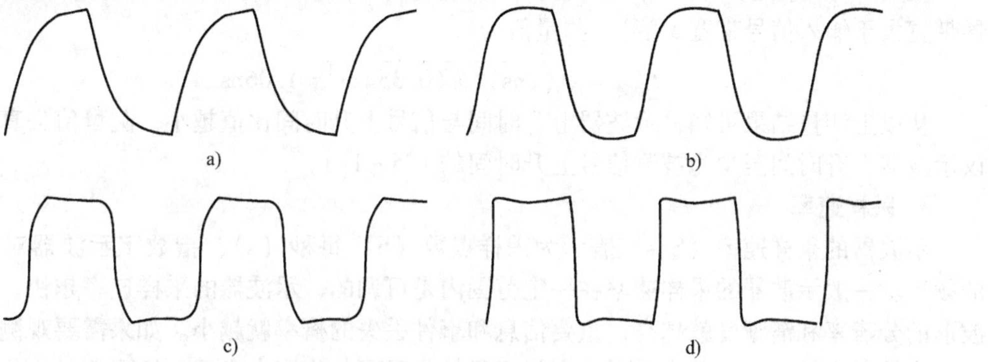

图6-32 不同带宽的示波器上显示50MHz方波
a）60MHz示波器 b）350MHz示波器 c）100MHz示波器 d）500MHz示波器

模拟示波器的带宽是一个固定的值，而数字示波器的带宽有模拟带宽和数字实时带宽两种。数字示波器对重复信号采用顺序采样或随机采样技术所能达到的最高带宽为示波器的数字实时带宽，数字实时带宽与最高采样频率和波形重建技术因子 K 相关（数字实时带宽 = 最高采样速率 f_s/K），K 一般并不作为一项指标直接给出。从两种带宽的定义可以看出，模拟带宽只适合重复周期信号的测量，而数字实时带宽则同时适合重复信号和单次信号的测量。厂家声称示波器的带宽能达到多少兆，实际上指的是模拟带宽，数字实时带宽是要低于这个值的。例如TEK公司的TES520B的带宽为500MHz，实际上是指其模拟带宽为500MHz，而最高数字实时带宽只能达到400MHz或远低于模拟带宽。所以在测量单次信号时，一定要参考数字示波器的数字实时带宽，否则会给测量带来误差。当DSO对重复信号使用等效采样时，其带宽将达到其模拟带宽。

2. 上升时间 t_r

示波器的上升时间可定义为示波器前置放大器的阶跃响应时间。这个指标反映的是示波器前置放大器的瞬态响应能力。示波器必须要有足够快的上升时间，才能准确地捕获快速变换的信号细节。选择示波器上升时间的依据类似于带宽的选择依据。示波器的上升时间越快，对信号的快速变换的捕获也就越准确。一般认为上升时间 t_r 和示波器带宽 B_W 通过一个常数相关联，即有

$$t_r \times B_W = k \tag{6-4}$$

式中 k 是介于0.35~0.45的常数，它的值取决于示波器的频率响应特性曲线和脉冲上升时间响应。对于带宽小于1GHz的示波器，常数 k 的典型值为0.35，而对于带宽大于1GHz的示波器，常数 k 的值通常介于0.40~0.45之间。

示波器在测量上升时间时，测量值 t_r 测量的是系统的合成结果（示波器带宽大于输入信号带宽），则有

$$t_{r测量} = \sqrt{t^2_{r信号} + t^2_{r示波器}} \tag{6-5}$$

例如使用350MHz带宽，即1ns上升时间的示波器，测量上升时间为1ns的方波信号，

（示波器带宽等于输入信号带宽），测量值为

$$t_{r测量} = \sqrt{(1\text{ns})^2 + (1\text{ns})^2} = 1.41\text{ns}$$

使用1GHz 带宽，即350ps 上升时间的示波器，测量上升时间为1ns 的方波信号（示波器带宽大于输入信号带宽3 倍），测量值为

$$t_{r测量} = \sqrt{(1\text{ns})^2 + (0.35\text{ns})^2} = 1.06\text{ns}$$

从以上测量结果可知，示波器上升时间与信号上升时间比值越小，测量值失真越小。建议示波器上升时间至少为被测信号上升时间的1/5 ~1/3。

3. 采样速率

示波器的采样速率（S/s）表示为采样点数（S）每秒（s），指数字示波器对信号采样的频率。一般示波器的采样速率在一定范围内是可调的，示波器的采样速率越快，所显示的波形的分辨率和清晰度就越高，重要信息和事件丢失的概率就越小。如果需要观测较长时间范围内的慢变信号，则最小采样速率就变得较为重要。为了在显示的波形记录中保持固定的波形数，需要调整水平控制按钮，而所显示的采样速率也将随着水平调节按钮的调节而变化。

为了准确地再现信号并避免混淆，奈奎斯特定理规定，信号的采样速率必须大于其最高频率成分的两倍。然而，这个定理的前提是基于无限长时间和连续的信号。由于没有示波器可以提供无限长时间的记录长度，而且，从定义上看，低频干扰是不连续的，所以，采用两倍于最高频率成分的采样速率通常是不够的。实际上，信号的准确再现取决于其采样速率和信号采样点间隙所采用的插值法。一些示波器会为操作者提供以下选择：测量正弦信号的正弦插值法以及测量矩形波、脉冲和其他信号类型的线性插值法。在使用正弦插值法时，为了准确再现信号，示波器的采样速率至少需为信号最高频率成分的2.5 倍。使用线性插值法时，示波器的采样速率应至少是信号最高频率成分的10 倍。一些采样速率高达20GS/s、带宽高达4GHz 的测量系统用5 倍于带宽的速率来捕获高速、单脉冲和瞬态事件。

4. 存储深度（记录长度）

如前所述，数字示波器使用A-D 转换器对输入的波形进行模-数转换，经模-数转换后的数据会存储到示波器的高速存储器中。存储深度是指可以存储的记录数量，也就是可以存储数据的时间长度。由于示波器仅能存储有限数目的波形采样，波形的持续时间和示波器的采样速率成反比。其数学关系为

$$波形持续时间 = \frac{存储深度}{采样速率} \tag{6-6}$$

现代的示波器允许用户选择记录长度，以便对一些操作中的细节进行优化。分析一个十分稳定的正弦信号，只需要500 点的记录长度；但如果要解析一个复杂的数字数据流，则需要有一百万个点或更多点的记录长度。

5. 测量分辨率和测量精度

DSO 采用ADC，从屏幕上看到的测量结果是在离散数据的基础上通过数据处理再现出来的，因此其精度取决于ADC 的量化精度。ADC 在时间和幅度两个域上对信号进行了量化，因此系统的分辨率有垂直分辨率和水平分辨率。

（1）垂直分辨率

垂直分辨率也称电压分辨率，即ADC 的幅度域上的量化分辨率，它取决于ADC 量化位

数，通常以量化结果最低有效位所对应的电压值表示。例如，当测量的满度值为10V时，8位ADC的分辨率为$10V/2^8 \approx 40$ mV。显然，ADC位数越多，DSO的垂直分辨率越高，测量精度也越高。

ADC满度电压值与Y通道的偏转因数D_y有关，即与满屏信号幅度有关。例如，D_y为1V/div，则满度幅值为10 V，采用8位ADC，电压分辨率为40 mV；若D_y为1mV/div，则电压分辨率为40μV。

（2）水平分辨率

水平分辨率也称时间分辨率，指ADC在时间域上的量化分辨率，即DSO横坐标上相邻两样点之间的时间间隔。水平分辨率与采样速率有关，即与系统时基因数D_x有关。当D_x为10ms/div时，每格100点，则水平分辨率为10ms/100=0.1ms。DSO的扫描速度越快，则测量的时间分辨率就越高。

垂直分辨率在一定程度上决定了DSO的测量精度。除了量化误差，在低频应用时，DSO的系统噪声也会增加测量误差；在高频应用时，除了噪声以外，ADC的孔径时间也会导致测量误差。所以，估计DSO的幅度测量误差时须综合考虑各种误差因素。

6.4 示波器的应用

6.4.1 示波器的基本应用

示波器是典型的时域测试仪器，其基本应用主要是观测幅度和时间。此外，示波器也可作为X-Y图示仪，用来描绘两个变量间的关系。其中用李萨如（Lissajous）图形观测相位差和频率比得到了广泛应用。

1. 用示波器观测幅度

利用示波器测量电压有它的独特之处，那就是它可以测量各种波形的电压幅度，包括测量脉冲和测量各种非正弦波电压的幅度。更有实际意义的是它可以测量一个脉冲电压波形各部分的电压幅值，例如上冲量、顶部下降量等。利用示波器测量电压的基本方法主要有下面几种。

（1）直接测量法

所谓直接测量法，就是直接从示波器屏幕上量出被测电压波形的高度y_{pp}，然后换算成电压值。若已知Y通道的偏转因素D_y，则可求得被测电压值U_{pp}为

$$U_{pp}=D_y y_{pp} \tag{6-7}$$

例6-1 用示波器测某电压，若垂直灵敏度开关的位置为1V/div，用1∶1探头，显示的波形如图6-33所示，求被测电压的峰-峰值。

解 若$y_{pp}=5.5$div，$D_y=1$V/div，根据式（6-7）可得正弦信号的峰-峰值为$U_{pp}=D_y y_{pp}=5.5\text{div}\times 1\text{V/div}=5.5\text{V}$。

电压测量的最基本方法是计算在示波器垂直刻度上波形所占的格数。调整信号使其在垂直方向上覆盖大部分屏幕，会得到最佳电压测量，如图6-33所示。所使用的屏幕区域越大，从屏幕上所读的值就越精确。大多数数字示波器在屏幕上的都有游标，它可以在屏幕上自动进行波形测量，而不用必须数刻度标识，一个光标就是一条可以在屏幕上移动的线。两条水

平光标线可以被上下移动来标出波形幅值以用于电压测量，同样，两条垂直线可以左右移动以用于时间测量，在它们位置上的读数指示出电压或者时间。

对于模拟示波器使用时要注意，测量时，垂直偏转因数微调旋钮应置于校正位置。

（2）比较测量法

用已知电压 U_r 产生的垂直偏转距离 y_r 与被测电压产生的垂直偏转距离 y_{pp} 相比较，可求得任意两点间的被测电压 U_{pp}，即

$$U_{pp}=\frac{y_{pp}}{y_r}U_r \tag{6-8}$$

式中，U_r 称为标准电压或参考电压。大多数示波器都能产生一系列校准信号，其幅度非常稳定，可用来在比较法中做标准信号。在进行这种测量时应尽量选 U_r 与被测电压相近，或者说尽量使它们造成的垂直偏转相近。

2. 用示波器观测时间

示波器时基能产生与时间呈线性关系的扫描线，因而可以用荧光屏的水平刻度来测量波形的时间参数，如周期性信号的重复周期、脉冲信号的宽度、时间间隔、上升时间（前沿）和下降时间（后沿）、两个信号的时间差等。

将示波器的扫速开关 t/div 的微调装置转至校准位置时，显示的波形在水平方向刻度所代表的时间可按 t/div 开关的指示值直读计算，从而较准确地求出被测信号的时间参数，如图 6-34 所示。

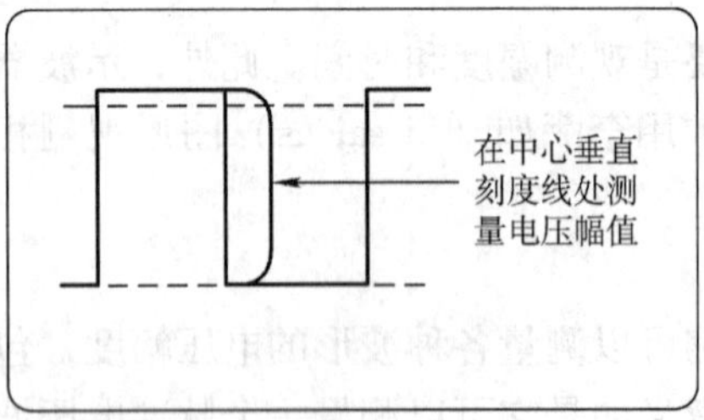

图 6-33 示波器测量电压

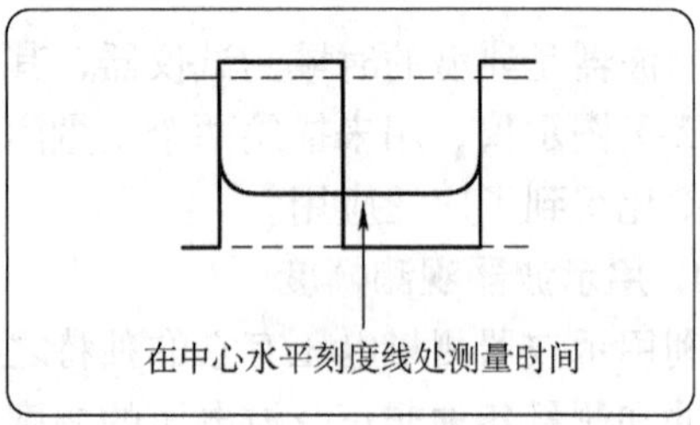

图 6-34 示波器测量时间

3. 用示波器测相位差、频率比

利用示波器测量两个正弦电压之间的相位差具有实用意义，用计数器可以测量频率和时间，但不能直接测量正弦电压之间的相位关系。利用示波器测量相位的方法很多，下面介绍几种常用的简单方法。

（1）双踪法

双踪法是用双踪示波器在荧光屏上直接比较两个被测电压的波形来测量其相位关系。测量时，将相位超前的信号接入 Y_2 通道，另一个信号接入 Y_1 通道。选用 Y_2 触发。调节 t/div 开关，使被测波形的一个周期在水平标尺上准确地占满 8div，这样一个周期的相角 360°被 8 等分，每 1div 相当于 45°。读出超前波与滞后波在水平轴的差距 T，相位差 $\phi=45°/\text{div}\times T$（div），如 $T=1.5\text{div}$，则 $\phi=45°/\text{div}\times1.5\text{div}=67.5°$

（2）李萨如图形法测相位

将示波器的 X 轴选择置于 X 轴输入位置，将信号 u_1 接入示波器的 Y 轴输入端，信号 u_2

接入示波器的X轴输入端。适当调节示波器面板上相关旋钮，使荧光屏上显现一个大小适宜的椭圆（在特殊情况下，可能是一个正圆或一根斜线）。设

$$u_y = U_{ym}\sin(\omega t+\theta)$$

$$u_x = U_{xm}\sin\omega t$$

调整X和Y的位移，使椭圆的中心与荧光屏坐标原点对正（这时椭圆与坐标的上、下和左、右截距分别相等），如图6-35所示。观察图中加在X偏转板上的电压和李萨如图形的关系，可得

$$\sin\theta = \frac{x_0}{x_m} = \frac{2x_0}{2x_m}$$

$$\theta = \sin^{-1}\frac{2x_0}{2x_m} \quad 或 \quad \theta = \sin^{-1}\frac{2y_0}{2y_m} \qquad (6\text{-}9)$$

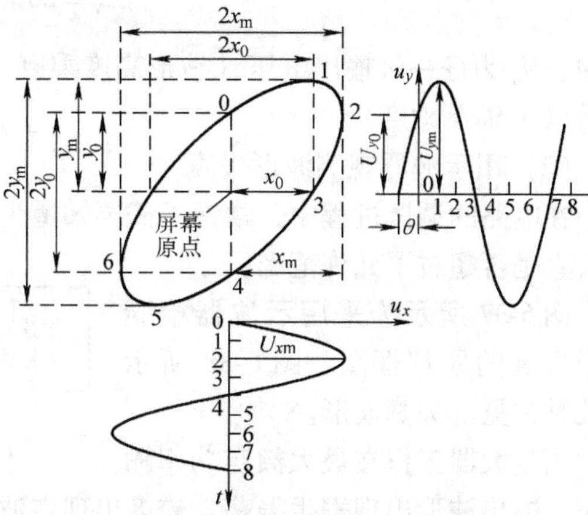

图6-35 李萨如图形法测相位

式中，$2x_0$ 为椭圆与横轴相截的距离；$2x_m$ 为荧光屏上X方向的最大偏转距离；$2y_0$ 为椭圆与纵轴相截的距离；$2y_m$ 为Y方向的最大偏转距离。

6.4.2 示波器应用实例

1. 用示波器检测电子电路

用示波器检测电子电路十分方便。例如，它可以检测放大器的工作是否正常，被观察信号的波形是否失真，而且能定量地测试其参数。

（1）测量放大电路的放大倍数

用示波器测量多级放大电路各级电压放大倍数的原理图如图6-36所示。

测试放大电路用的示波器应具有一定的频带宽度。一般选取示波器的带宽为20MHz。测试放大电路的示波器应具有电压定度装置。用示波器对放大电路的放大倍数测试时，先将示波器的触发选择开关置于内档，再根据测试信号的频率确定相应的扫描速度档级。当被测放大电路的工作频率比较高时，被测信号宜通过高阻抗探极接入示波器Y输入端。

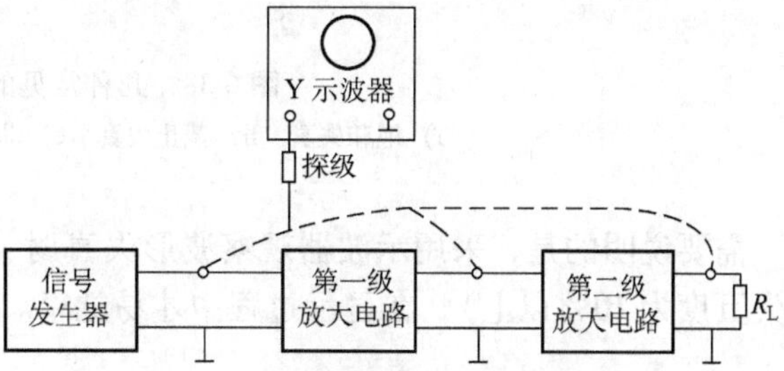

图6-36 用示波器测量多级放大电路电压放大倍数的原理图

测试中把被测放大电路输入端的信号经高阻抗探极送到示波器Y通道的输入端，使荧光屏上显示出3～4个完整周期的信号波形，再依次把第一级输出端、第二级输出端等的信号送到示波器，示波器荧光屏上呈现相应的波形，并与输入信号波形比较。如果放大电路各级工作正常，屏幕上波形只有幅度的增加而无失真。测试时，随着被测电路输出信号幅度逐级增大，示波器Y通道灵敏度选择开关也应做相应的变化，以免由于示波器放大电路本身过载而造成荧光屏上的波形失真。

根据示波器测试得到输入电压 U_i 及输出电压 U_o 的值，便可确定被测放大电路每一级的

电压放大倍数 A_V

$$A_V = 20\lg \frac{U_o}{U_i} \text{ (dB)}$$

式中，U_o 为任一级输出电压（波形高度乘以 Y 轴灵敏度）；U_i 为任一级输入电压（波形高度乘以 Y 轴灵敏度）。

（2）用示波器观测波形失真

在电路的调试过程中，常常不需要知道失真度 γ 的值是多少；而是需要知道引起的非线性失真是否超过了允许范围。

图 6-37 所示为采用示波器检验波形失真的原理框图。图 6-38 所示为几种常见的失真波形。

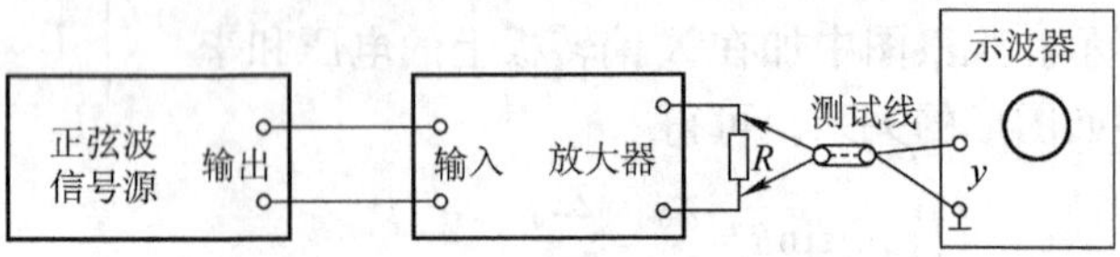

图 6-37　采用示波器检验波形失真的原理框图

当放大器工作在最大额定功率输出时，输出波形出现寄生振荡，较多出现在波形的峰顶部分。

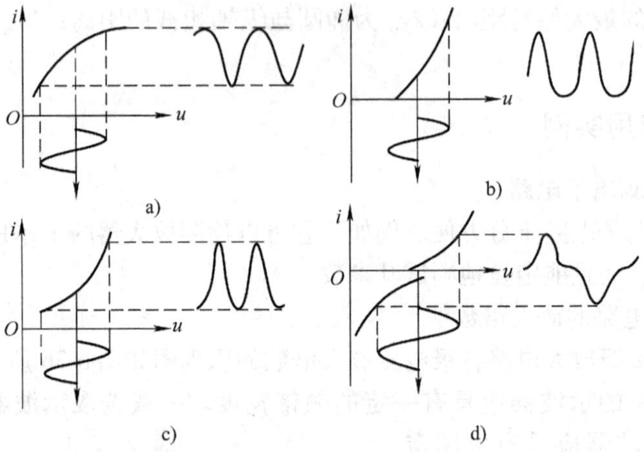

图 6-38　几种常见的失真波形

a）饱和失真　b）截止失真　c）非线性失真　d）交越失真

需要说明的是，采用示波器观察波形失真时，只有对于那些失真度比较大的情况（例如失真度为 10% 以上），在显示过程中才易觉察。较小的失真，应当用失真度测试仪进行测试。

2. AM/FM 无线电测试

图 6-39 所示为超外差无线电接收机。超外差无线电的工作方式是通过外差流程把输入信号的频率转换成较低的频率。接收机把内置本振的信号与天线的输入信号进行混频、放大和检波等信号处理。对于无线电 AM 段信号，经混频生成后，得到的信号差称为信号 IF，它继续通过无线电电路进行滤波、放大和解调，以生成最终音频输出。无线电 AM 段的中频是 465kHz。FM 接收机的中频是 10.7MHz。

带宽的测量通常可以采用点频法和扫频法（详见 7.2 节）。本测试方案中采用任意波形/函数发生器作为信号源（选择扫频输出），可以在数字示波器上直接显示幅频特性。

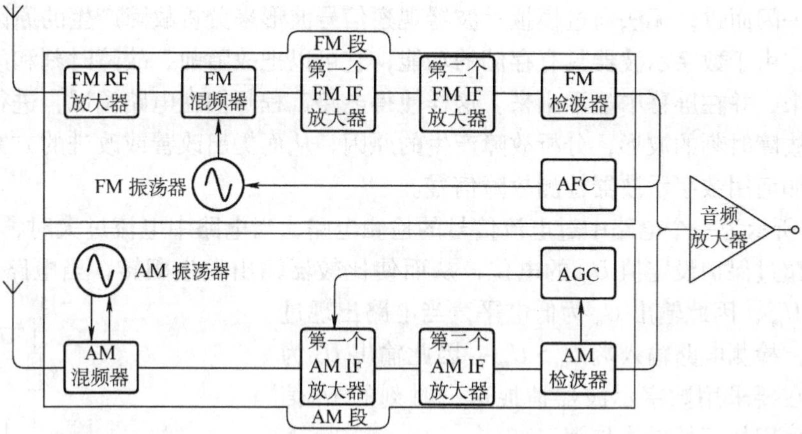

图6-39 超外差无线电接收机

AM中频（IF）带宽测量原理如图6-40所示，任意波形/函数发生器提供一个扫频正弦波输到接收机位置TP-AFG上，也就是第一个AMIF放大器晶体管的输出，示波器从接收机位置TP-DSO中提取输出信号，也就是第二个AMIF放大器的输出。测量输出幅度下降 -3dB 的频率上限和下限，其等于峰-峰值的70.71%，可以确定后一个放大器的有效频率响应。

在数字示波器上，选择峰值检测。峰值检测模式将提供包络式显示，包络表示IF放大器不能放大所有频率。明显高于或低于465 kHz扫描中心点的频率会稳定地下降到比指定中间频率低的幅度上。

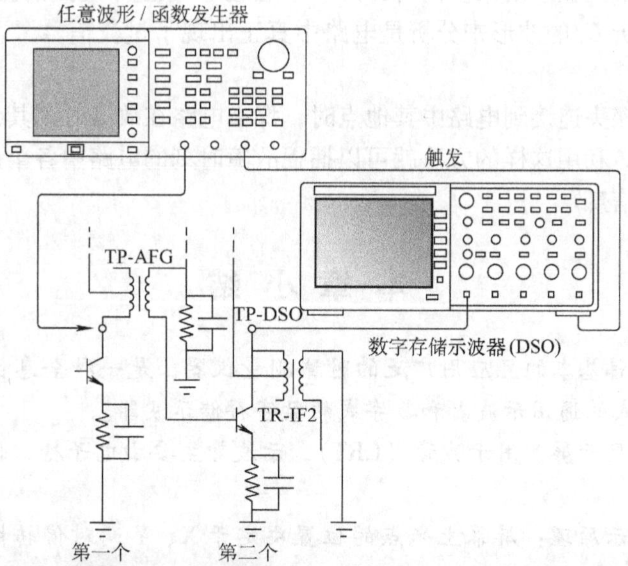

图6-40 AM中频（IF）带宽测量

3. 数字示波器检测故障信号

故障信号的产生通常具有随机性，所以用模拟示波器去观察故障信号时，就算看到了这个过程也是一闪而过，无法通过模拟示波器观察信号波形来分析故障产生的原因。当数字示波器产生后，由于数字示波器具有存储的功能，它可以把故障前，故障时刻和故障之后的波形都存储下来，并在屏幕中显示出来。这样使得电路工程师们在电路调试，进行故障分析时就能够根据故障时刻的波形，分析故障产生的原因，从而提出改善或改进的方案。下面举一个例子来看如何用数字示波器检测故障信号。

图 6-41 所示为一个电路中过电流信号的检测电路，当电路中电流过大时，会使得 U_i 这一点的电位超过保护设定值 U_{ref} 的电位，从而使比较器输出发生翻转，当电路正常工作时，输入端 $U_i < U_{ref}$，因此输出 U_o 为低电平，当电路出现过电流故障时，检测电路输入端 $U_i > U_{ref}$，因此输出 U_o 为高电平。现在要求用数字示波器捕捉这个时刻的 U_i 信号。具体可采用如下的操作步骤：

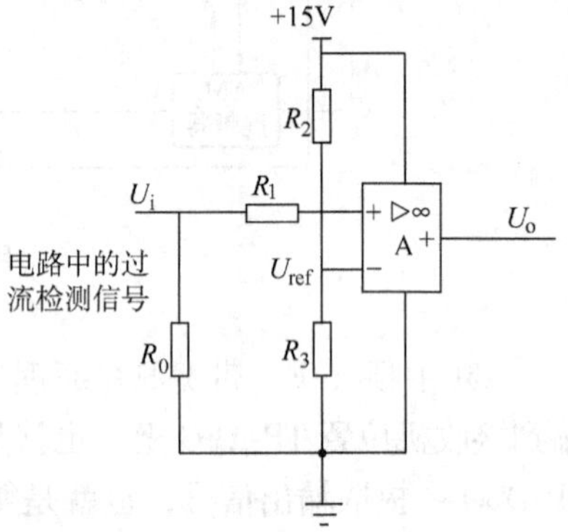

图 6-41　过电流信号检测电路

1）把数字示波器两个通道的探头分别接在 U_i 和 U_o 处，设示波器的通道 1 连接了 U_i，示波器的通道 2 连接了 U_o。

2）设置示波器的触发方式为单次触发，触发电平为 0 ~ 15V 之间的任意电平，触发边沿设置为上升沿。

3）调节示波器的水平时基到合适的位置。

4）按示波器面板上的单次触发按钮（不同示波器会有所不同），等待触发。

5）当电路中出现过电流时，此时 U_o 就会有一个低电平到高电平的跳变，就会被数字示波器捕捉并在屏幕上显示出来。同时另外一个通道 U_i 在这个时刻的波形也会被显示出来，这样就可以通过分析 U_i 的波形来分析是电路中真正出现了过流信号，还是干扰信号引起的误保护。

当把通道 1 的探头连接到电路中其他点时，那么电路在故障时刻其他点的信号波形就会在屏幕上显示出来。利用这样的方法就可以捕捉故障时刻的电路中各个点的波形，进而为故障分析提供更多的信息。

本 章 小 结

1. 示波器是一种基本的且应用广泛的时域测量仪器，是一种全息仪器。示波器从技术原理上可分为模拟式的通用示波器和数字式的数字存储示波器。

2. 示波器中的显示屏多用示波管（CRT），示波管主要由电子枪、偏转系统和荧光屏三部分组成。

3. 光点扫描显示原理：屏幕上光点的位置决定于 X、Y 两对偏转板上电场的合力。屏上光点的 y 坐标和 x 坐标分别与这一瞬间的信号电压和扫描电压成正比。由于扫描电压与时间成比例，所以荧光屏上所描绘的就是被测信号随时间变化的波形。

扫描方式分为连续扫描和触发扫描两种，触发扫描特别适合观测脉冲信号。

4. 通用示波器主要由垂直（Y）通道、水平（X）通道和显示屏三部分组成。

垂直通道通常包括探头、输入衰减器、Y 前置放大器、延迟线和 Y 输出放大器等部分。

水平通道主要由触发电路、扫描发生器环和 X 放大器组成。其中扫描发生器环和触发电路用来产生所需的扫描信号，X放大器主要用来放大扫描信号，也可以用来放大直接输入的任意外接信号作为X-Y图示仪用。

扫描发生器环用来产生扫描锯齿波信号。扫描发生器环又叫时基电路，常由扫描门、积分器及比较器和释抑电路组成，它们组成一个闭环自动控制系统，使示波器实现了既可连续扫描又可触发扫描，且不管哪种扫描都可以与外加信号自动同步。

5. 在双踪显示时，在Y通道中加入电子开关轮流接通A门或B门。交替方式适合观测两路高频信号，断续方式适合观测两路低频信号。为了显示出两个信号之间的相位（或时间）关系，需要用其中（A门或B门）一个信号去触发扫描发生器。

双时基扫描示波器在X通道中有两个独立的触发和扫描电路，两个扫描电路的扫描速度可以相差很多倍。这种示波器特别适用于在观察一个脉冲序列的同时，仔细观察其中一个或部分脉冲的细节。

6. 数字示波器的关键技术是信号的采集处理技术。数字示波器的采样方式有实时采样和非实时采样（等效采样），等效采样又可分为随机采样和顺序采样。

7. 在一个信号波形被采样、数字化、存储和处理之后，有多种方法将它复现，如点显示法、点线连接（线性插值）法、正弦插值法等。

数字实时带宽描述的是DSO观测正弦波信号最高频率的能力。实际上数字实时带宽也用来作为DSO的单次带宽。为了避免混淆现象发生，DSO的实时采样频率一般规定为带宽的4~5倍。但实际上数字实时带宽是与采样速率和波形重组的方法有关。在DSO中定义数字实时带宽=最高采样速率f_s/K，f_s为最高采样速率，K为每周采样点数。K要依据厂家采用的数据点内插技术而定。通常，纯点显示$K=25$，矢量内插$K=10$，正弦内插$K=2.5$。

8. DSO的主要技术性能指标有带宽（模拟带宽和数字实时带宽）、上升时间、采样速率、记录长度、垂直灵敏度V/div、扫速s/div、水平分辨率等。

思考题与习题

6-1 通用示波器由哪些主要电路单元组成？它们的作用是什么？它们之间有什么联系？

6-2 对电子示波器扫描电压有什么基本要求？

6-3 讨论在屏幕上显示清晰、稳定图像的主要方法。

6-4 当扫描电压（锯齿波）周期T_x等于被测正弦信号周期T_y的2.25倍时，画出荧光屏上的显示波形，分析现象并说明原因。

6-5 若扫描电压的周期T_x是被观测正弦电压周期T_y的7/8，画出在两个扫描周期中荧光屏上显示的波形（假设扫描回程时间可以忽略不计）。

6-6 在Y、X系统中分别加有如图6-42所示的电压波形，分别画出屏幕上显示的图形和射线运动的方向。

6-7 若由于示波器增辉电路不良或对回扫的消隐不好，使得扫描正程和回程在荧光屏上的亮度相差不多，画出图6-43所示被测信号及扫描电压在显示器上合成的波形。

6-8 在通用示波器中调节下列开关、旋钮的作用是什么？在电路中靠调节什么来实现？

（1）偏转灵敏度粗调（示波器面板上标V/cm）；

（2）偏转灵敏度微调；

（3）Y轴位移；

（4）Y轴倍率；

（5）稳定度；
（6）触发电平；
（7）触发极性；
（8）触发方式；
（9）扫描速度粗调（示波器面板上标 t/cm）；
（10）扫描速度微调；
（11）X 轴扩展；
（12）X 轴位移；
（13）辉度；
（14）聚集和辅助聚集。

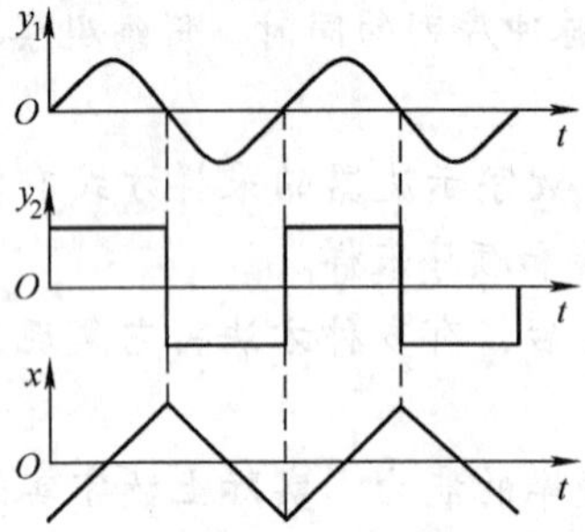

图 6-42 题 6-6 图

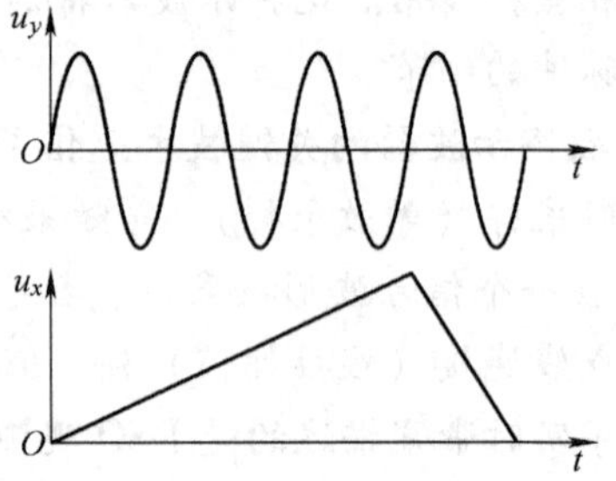

图 6-43 题 6-7 图

6-9 用示波器观察正弦波，荧光屏上得到的波形如图 6-44 所示，试分析示波器哪个部位工作不正常。

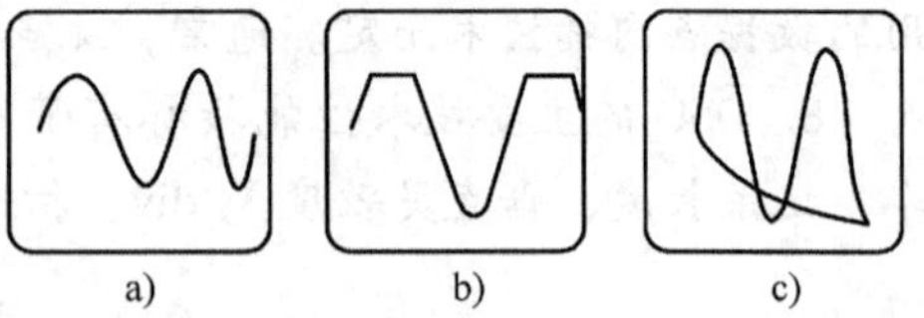

图 6-44 题 6-9 图

6-10 双踪波器器 SR8 的主要技术特性如下：

Y 轴频带宽度（－3dB）DC～15MHz，灵敏度 10mV/div～20V/div，按 1、2、5 顺序步进，探头衰减 10∶1，X 轴时基因数 0.2～1s/div，按 1、2、5 顺序步进。已知脉冲参数如下：脉冲频率 $f=10\text{kHz}$，正脉宽 $\tau=10\text{s}$，上升时间 $t_r=1\text{s}$，脉冲幅度 $U_m=5\text{V}$，高电平 $U_H=4\text{V}$，低电平 $U_L=-1\text{V}$。

（1）欲用该示波器尽可能准确地测量这个脉冲的上升时间，下列工作状态开关如何选择：触发极性（＋，－），触发电平（＞0，＝0，＜0）灵敏度，时基因数。

（2）画出屏幕图形。（屏幕刻度为 Y 轴 8div，X 轴 10div）

6-11 如果在示波管的 X、Y 两对偏转板上加入同频、同相、等幅的正弦波，在荧光屏上会出现什么图像？如果两者相位相差 90°，又是什么图像？

6-12 用双踪示波器观察图 6-45 中正弦波和方波之间的相位关系，采用零电平、正极性触发。图 6-45a 为两个波形分别触发产生的扫描电压；图 6-45b 为只用其中第一路信号触发产生的扫描电压。画出图 6-45a、b 两种情况下显示器上显示的波形，指出为什么用双踪示波器观测相位和时间关系时应由一路检测信号进行触发。

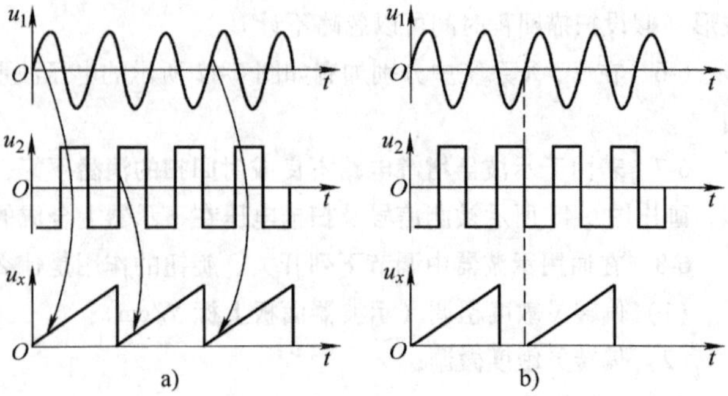

图 6-45 题 6-12 图

6-13 双踪示波器处于交替方式时，若时基因数置于 20ms/div，两个正弦波的周期都为8格，其中，正弦波a导前于正弦波b为1.5div，求出它们的相位差，单位为度。

6-14 欲观测一个上升时间t_r约为50ns的脉冲波形，现有下列四种型号的示波器，问选用哪种型号的示波器最好，为什么？其次应选哪种示波器，这时应注意什么问题？

（1）SBT-5型，$f_{3dB}=10MHz$，$t_R \leqslant 40ns$；（2）SBT-10型，$f_{3dB}=30MHz$，$t_R \leqslant 12ns$；

（3）SBT-8型，$f_{3dB}=15MHz$，$t_R \leqslant 24ns$；（4）SBT-10型，$f_{3dB}=100MHz$，$t_R \leqslant 3.5ns$。

6-15 一个受正弦调制电压调制的调幅波u_y加到示波管的垂直偏转板，而同时又把这个正弦调制电压加到水平偏转板，如图6-46所示，试画出屏幕上显示的图形，并说明如何从这个图形求这个调幅波的调幅系数。

6-16 为了测量一个调频波的调频指数m_f，可将调频波u_y加到示波管垂直偏转板，而同时又把载波信号u_y加到水平偏转板，如图6-47所示。试说明其测量原理及如何根据示波器显示的图形计算m_f。（提示：示波器X、Y通道输入波形之间的相位差为$m_f\sin\Omega$。）

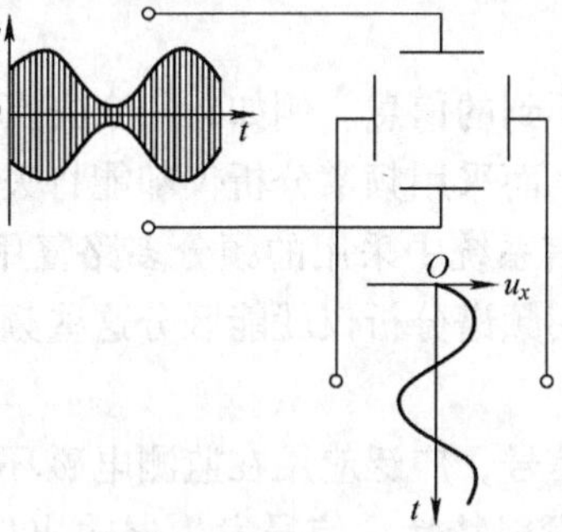

图6-46 题6-15图

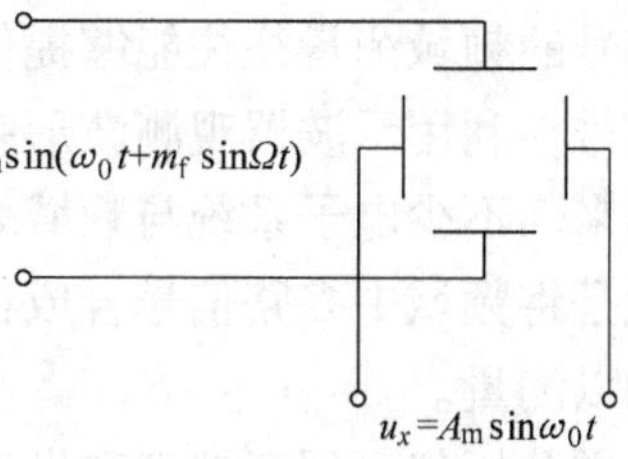

图6-47 题6-16图

6-17 说明数字存储示波器的工作原理、特点和主要技术特性。

6-18 用8位ADC（转换时间100μs、输入电压0～5V）作为数字存储示波器Y通道的模-数转换器。试问：

（1）Y通道能达到的有效存储带宽是多少？

（2）拟定输入信号范围为-2.5～+2.5V时的输入电路形式。

（3）信号幅度的测量分辨力是多少？

（4）若要求水平方向的时间测量分辨力优于1%，则D-A应为多少位？

6-19 设数字存储示波器水平分辨力为$N=100$点/div，当扫描速度为5μs/div、5ms/ div、5s/div时，其对应的采样频率为多少？有何启示？

6-20 有A、B两台数字示波器，最高采样率均为200MS/s，但存储深度A为1K，B为1M，问当扫速从10ns/div变到1000ms/div时，试计算其采样率相应变化的情况，并仿照图6-27形式用曲线表示出来。这对DSO的选用有何启示？

第 7 章 频域测量

7.1 信号的频谱分析

频域测量是观测信号幅度或能量与频率的关系，是对频率特性参数进行的测量。频域测量的主要内容包括两个方面：一是对信号进行频谱分析；二是研究电子系统对不同频率的激励所产生的响应。

信号的频域测量往往能够提供在时域测量中观察不到的信息。例如，一个失真很小的正弦波信号，利用示波器观测波形就很难发现这种失真，而采用频谱分析仪却能将失真直观地检测出来。不少电子系统与频域处理有关。例如，电信系统中采用的频分多路复用（FDM）技术就是将频域中多路信号合成在一起进行传输，利用频谱分析仪就能区分这些频率成分并精确加以测量。

频谱分析仪可用于搜索和发现一定频段内的射频信号，广泛应用在监测电磁环境、无线电频谱监测、电子产品电磁兼容测量、无线电发射机发射特性、信号发生器输出信号品质、反无线窃听器等领域。频谱分析仪可以测量射频信号的多种特征参数，包括频率、选频功率、带宽、调制波形、电场强度等。频谱分析仪在射频领域应用非常广泛。

7.1.1 时域和频域测量

时域测量和频域测量是测量同一信号的两种不同方法。图 7-1 是时域和频域测量的实例。图中从时域 t 方向描述的电信号就是示波器上看到的波形 $f(t)$，从频域 f 方向看到的这个信号，可表示为一组沿频率轴排列的正弦信号频率的集合，即 $F(\omega)$，也就是 $f(t)$ 中所包含的各频率分量。各频率分量沿 f 轴按大小排列的图形，称为频谱图。频谱分析仪能测量和显示电信号的频谱。通常只给出振幅谱或功率谱，不直接给出相位信息。

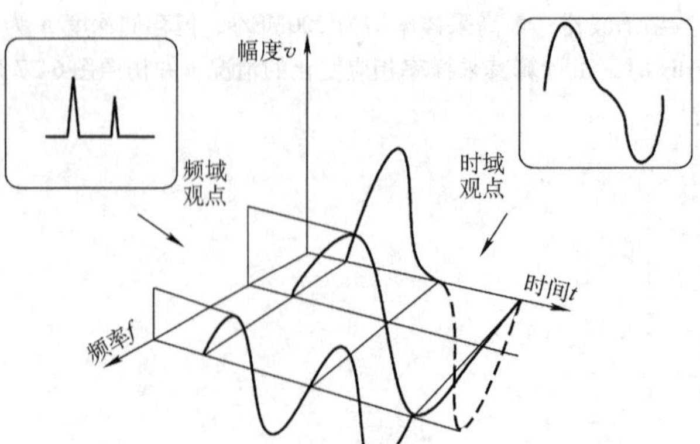

图 7-1 信号的时域测量与频域测量

从图7-1可知，示波器和频谱分析仪都可用来观察同一个物理现象，但是两者又是从不同的角度去观察同一事物，故各自得到的现象都只能反映事物的某个侧面。从测量的观点来看，这两类仪器各有特点。图7-2分别给出了基波及二次谐波的幅度相同而相位不同的两个波形，这一相位的差别在示波器上可十分明显地反映出来。但是，在频谱分析仪上，测量这两个信号所显示出的频谱图却没有区别。

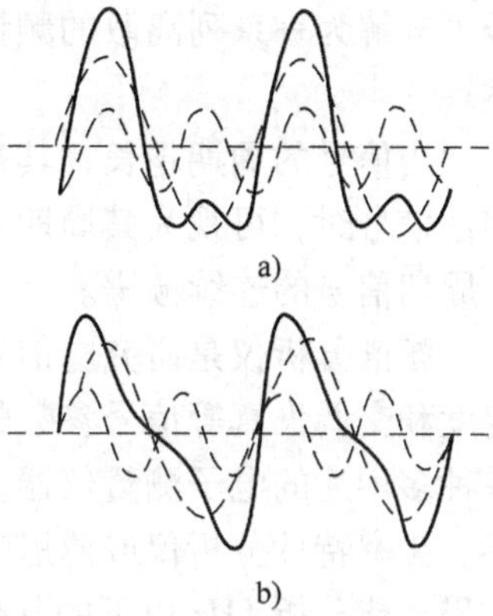

图7-2　不同相位合成的波形

既然时域和频域可以表达同一信号，那么这两个域的分析结果之间一定存在联系，这就是傅里叶变换和反变换。从理论上说，能进行傅里叶变换的信号应满足一定的条件，主要是应为确定性信号而非随机信号、函数值应有限、函数应连续或分段连续、具有有限个极点并在有限范围内绝对可积。在电子领域处理的确定信号都能满足或经某些处理后满足这些条件。这时，同一信号在时域和频域存在如下变换关系

$$F(\omega) = \int_{-\infty}^{\infty} f(t)\mathrm{e}^{-\mathrm{j}\omega t}\mathrm{d}t \tag{7-1}$$

$$f(t) = \frac{1}{2\pi}\int_{-\infty}^{\infty} F(\omega)\mathrm{e}^{\mathrm{j}\omega t}\mathrm{d}\omega \tag{7-2}$$

式中，$f(t)$为时域函数，即它在各时间t点的幅值；$F(\omega)$为频域函数，即它在各频率（$\omega/2\pi$）点的频谱密度函数。

描述信号时域和频域间相互关系的理论通常称为傅里叶理论，它包括傅里叶级数和傅里叶变换。傅里叶变换频谱分析是基于这样的理论，即所有复杂的波形都是由具有不同幅度、不同相位和不同频率的正弦波叠加而成。例如，一个方波是由一系列奇次谐波频率的正弦波组成，图7-3描述了方波信号在时域和频域中的视图。

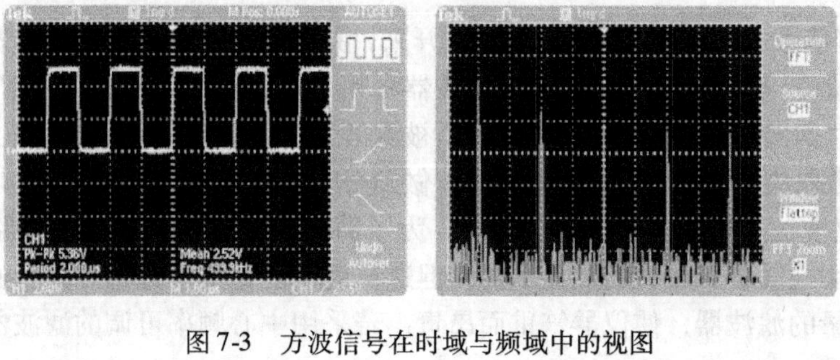

图7-3　方波信号在时域与频域中的视图

任何实际信号都存在于有限的时间内，也就是说，都可视为非周期性信号。但是若信号存在的时间或者观察信号的时间明显大于信号周期，也可把该信号当做周期性信号来处理。任何周期性信号$f(t)$都可分解为一系列不同频率的正弦信号，即

$$f(t) = A_0 + \sum_{n=1}^{\infty} C_n \sin(2\pi n f_0 + \varphi_n) \tag{7-3}$$

式中，A_0为信号中的直流分量；n为谐波次数；C_n为n次谐波的幅度；f_0为周期信号的基波频率；φ_n为n次谐波的相位。

式（7-3）称为傅里叶级数展开式，它还有指数形式等其他形式。式（7-3）说明周期信号可分解为一系列离散的频谱分量，信号的频谱可用频率轴上各分量的幅度和相位值来描述。

当信号的周期越长，其基频频率值越小，频谱线的间隔就越近。当周期性信号变为非周期性信号时，可视为其周期变为无穷大，频谱线的间隔变为零，周期性信号的离散频谱变为非周期信号的连续频谱。

频谱分析仪是研究电信号频谱结构的仪器，用于信号失真度、调制度、谱纯度、频率稳定度和交调失真等信号参数的测量，可用于测量放大器和滤波器等电路系统的某些参数，是一种多用途的电子测量仪器。它又可称为频域示波器、跟踪示波器、分析示波器、谐波分析器、频率特性分析仪或傅里叶分析仪等。现代频谱分析仪能以模拟方式或数字方式显示分析结果，能分析 1Hz 以下的甚低频（Very Low Frequency，VLF）到亚毫米波（介于微波和红外波段之间的电磁波）段的全部无线电频段的电信号。仪器内部若采用数字电路和微处理器，具有存储和运算功能；配置标准接口，就容易构成自动测试系统。

7.1.2 频谱分析仪的工作原理

1. 模拟式频谱分析仪

模拟式频谱分析仪的基础是模拟滤波器，用滤波器来实现信号中各频率成分的分离，分离出的频率分量经检波后得到各分量的幅度，如此完成频谱分析。在这类频谱分析仪中，滤波器和检波器是两个关键的组成部分，如图 7-4 所示。

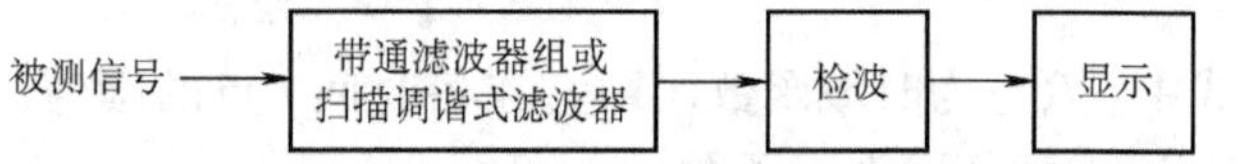

图 7-4 模拟式频谱仪的基本结构

各种以模拟滤波器为核心的频谱分析仪的差别就在于这两个组件。通常有并行滤波法、顺序滤波法、可调滤波法、扫频外差法等实现方法，现在广泛应用的模拟频谱分析仪多为扫频外差式频谱分析仪。

1）为了将信号中的各种成分按频率区别开来，并行滤波法设置一系列带宽极窄的带通滤波器，并使之覆盖一定宽度的频率范围。检波器将频率分量变为直流信号，然后由显示器将直流信号的幅度显示出来。其优点是可实时分析被测信号，但缺点是硬件设备量大，所能显示的离散频谱分量数取决于滤波器数目，带宽难以做到很窄，所以分辨率和灵敏度均较低。

2）顺序滤波法原理与并行滤波法相同，为了简化电路、降低成本，各路滤波后通过电子开关轮流共用检波器、放大器及显示器，但这样就不能做实时分析。并行滤波法和顺序滤波法都需要大量的滤波器，使仪器笨重而昂贵，若采用中心频率可调的滤波器，则硬件电路可得到大大简化。

3）可调滤波法用一个中心频率可电控调谐的带通滤波器取代带通滤波器组来进行各频率分量的测量。这类频谱分析仪结构简单，但可调带通滤波器不易满足通带较窄的要求，且调谐范围窄，频率特性也不均匀。

4）外差式频谱分析仪是在实际中得到广泛使用的一类频谱分析仪，该类频谱分析仪利用扫频技术，采用外差接收方法进行频率调谐，即将通带固定的中频放大器作为选频滤波器，将本地振荡器作为扫频器件，本地振荡器输出的振荡频率从低到高连续扫动和输入被测信号中的各频率分量 f_{xn} 逐个混频，使信号各频率分量依次进入中频放大器从而被提取出来。

扫频外差式频谱分析仪原理如图7-5所示。频率为f_x的输入信号在混频器中与频率为f_L的本机振荡信号进行差频，只有当差频信号的频率落入中频放大器的带宽内时，即$f_{IF}=f_{Ln}-f_{xn}$（f_{IF}为中频滤波器的中心频率）时，中频放大器才有输出，且其大小正比于频率为f_x的输入信号的幅度。当连续调节f_L时，输入信号的各频率分量依次落入中频放大器的带宽内。中频放大器的输出信号经检波、放大后，输入到显示器的垂直通道；由于示波管的水平扫描电压就是调制扫频振荡器的调制电压，故水平轴已变成频率轴，这样屏幕上将显示出输入信号的频谱图。

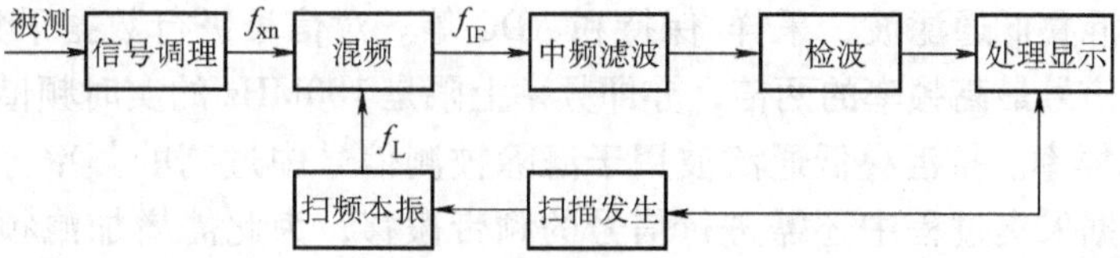

图7-5 扫描外差式频谱分析仪

应该指出，由于本机振荡器是连续调谐的，故被分析的频谱是一个个地被顺序取样，因此扫频外差式频谱分析仪就不能实时地检测和显示信号。鉴于这一原因，被测信号之间的时间和相位关系不能体现，也就是说，这种频谱仪只能提供幅度谱，而不能提供相位谱。由于扫频外差式频谱分析仪具有较高的灵敏度，而且由于引入锁相和频率合成技术以及微型计算机，使其性能不断提高，所以在现代频谱仪中仍占有重要地位。

2. 数字式频谱分析仪

数字式频谱分析仪主要有两种实现方法：数字滤波法和快速傅里叶变换分析法。数字滤波法是仿照模拟频谱分析仪，用数字滤波器代替模拟滤波器，其关键的差别是在进行信号滤波处理之前首先利用A-D转换器将模拟信号数字化，而后利用计算机或大规模可编程序逻辑器件实现数字滤波，如图7-6所示。所谓数字滤波，其主要功能是对数字信号进行过滤处理。由于输入/输出都是数字序列，所以数字滤波器实际上是一个序列运算加工过程。由于数字滤波过程是数字化的，因此既可以采用多个滤波器同时工作，也可以采用一个滤波器以分时方式滤出各中心频率的分量。与模拟滤波器相比数字滤波器具有滤波特性好、可靠性高、体积小、重量轻、便于大规模生产等优点。但是目前数字系统速度还不够高，故在使用上还有局限性。

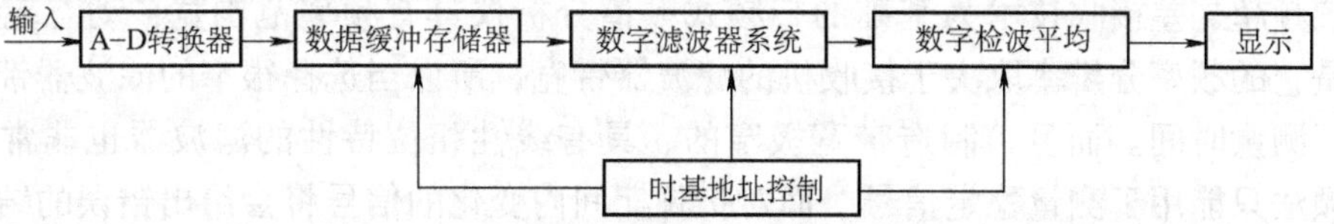

图7-6 数字滤波器实时频谱仪框图

快速傅里叶变换（FFT）分析法对信号进行时域的采集，然后对其进行傅里叶变换，将其转换成频域信号，这种方法称为动态信号的分析方法。特点是有较高的采样速率和较高的分辨率，即使是两个信号间隔非常近，用傅里叶变换也可将它们分辨出来。

FFT频谱分析仪的基本结构如图7-7所示。其主要结构包括数据采集、数字信号处理、结果读出显示与记录等几部分。

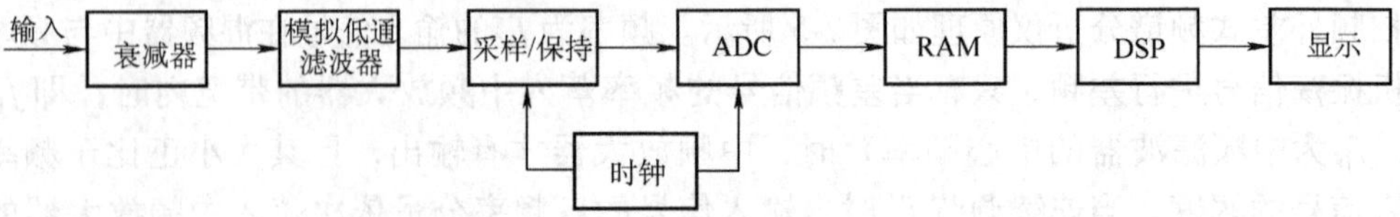

图 7-7 FFT 频谱分析仪的基本原理框图

数据采集部分与数字示波器的信号输入部分基本相同，包括探头及输入信号耦合、放大和衰减电路、抗混叠低通滤波、采样/保持和 ADC 等。对信号进行数据采集时 ADC 的取样率至少等于输入信号最高频率的两倍，亦即频率上限是 100MHz 的实时频谱分析仪需要 ADC 有 200MS/s 的采样率。抗混叠低通滤波用于滤除被测信号中过高的频率分量，以避免频谱混叠误差。在数据采集过程中还需进行信号的频带搬移，为此需增加混频器和相应的滤波器。在应用中可以采用模拟混频，也可采用数字混频，由于数字混频及滤波的稳定性和精度都较高，因此目前大多采用数字混频方式。

数字信号处理是 FFT 频谱分析仪的关键，由于运算过程中存在大量乘法、加法的运算操作，普通的单片机无法满足要求，因此通常采用数字信号处理器（DSP）。数字信号处理部分的核心功能就是 FFT 蝶形算法的运算。FFT 频谱分析仪具有强大的数值运算能力，基本的功能包括通过复数谱经变换得到幅度谱、相位谱，利用幅度谱间接获得功率谱。此外，还可以进行多种相关的频域分析，通过同时对两路信号进行频谱测量得到它们之间的自功率谱、互功率谱以及频率响应等。对 FFT 运算的结果，DSP 还可进行平滑与平均等数据处理，以提高谱的质量。

FFT 频谱分析仪的性能用采样点数和采样率来表征，如用 100kS/s 的采样率对输入信号采样 1024 点，则最高输入频率是 50kHz，分辨率是 50Hz。如果采样点数为 2048 点，则分辨率提高到 25Hz。由此可知，最高输入频率取决于采样率，分辨率取决于采样点数。

由于 FFT 分析是用数字采样，所能分析信号的最高频率受采样速率的影响，限制了对高频的分析。目前来说，最高的分析频率只是在 10MHz 或是几十兆赫兹，也就是说，其测量范围是从直流到几十兆赫兹。FFT 技术的数字式频谱分析仪在速度上明显超过传统的模拟式频谱分析仪，能够进行实时分析。

3. 模拟数字混合式频谱分析仪

以扫频超外差接收技术为基础的扫频式频谱分析仪具有频率范围宽、动态范围大等优点。但是它的频率分辨率取决于接收机的滤波器带宽，所以当选择很窄的滤波器带宽时，大大增加了测量时间。而且，制造带宽极窄的、具有线性相位特性的滤波器也非常困难。另外，扫频法只能用于测量稳定信号，而对扫频期间内变化的信号将会给出错误的结果。数字式频谱分析仪是以数字滤波和 FFT 技术为基础，通过在时域内离散采样，经数学处理得到信号的频谱图。这种频谱分析仪具有测量速度快、实时性强和多种频谱分析的能力。但是，目前受 12 位（甚至更高位）ADC 速度的影响，频谱范围上限受到限制，一般为 100kHz；最高为 10MHz；最大不失真动态范围为 70～80dB。

现代频谱分析仪将外差式扫描频谱分析技术与 FFT 数字信号处理技术相结合，兼有两种技术的优点：前端仍采用传统的外差式结构，而在中频处理部分采用数字结构，中频信号由 ADC 量化，FFT 则由通用微处理器或专用数字逻辑实现。这种方案充分利用了外差式频谱仪的频率范围和 FFT 优秀的频率分辨率，使得在很高的频率上进行极窄带宽的频谱分析成为可能，整机性能大大提高。

7.1.3　频谱分析仪的结构

传统模拟式频谱分析仪由于模拟电子技术的限制，存在各种各样的缺陷，如分辨率带宽调节困难、滤波器存在动态特性等。同时数字计算式频谱分析仪虽然具有很多优点，但其分析速度较慢，无法实现高频信号的频谱分析。为了克服这些缺陷，当前先进的频谱分析仪设计方案多采用数字模拟混合系统，利用模拟电子系统实现本振、混频等输入系统，以得到更高的分析频率，而后面影响分辨率带宽的中频滤波器则采用数字滤波器，以得到更高的扫描速度。

下面以实例来说明现代频谱分析仪的结构。图 7-8 为测量范围为 9kHz ~ 3. 6GHz 频谱分析仪的简化框图。

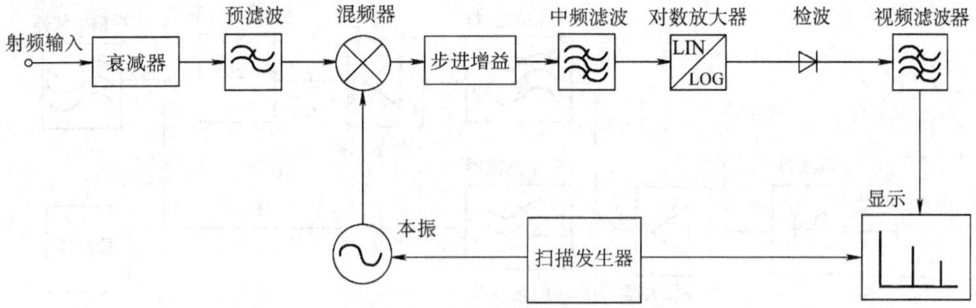

图 7-8　频谱分析仪的内部结构框图

1. 射频部分

从射频输入端到混频输出的部分被称为射频部分，其功能是将宽带射频信号变换成适宜处理的中频信号。

在测量高电平信号时，衰减器对信号进行衰减，保护频谱仪不受损坏。通过设置步进衰减器调节进入混频器的电平，可以得到较大的动态范围。

混频器完成信号频谱的搬移，将不同频率输入信号变换到相应频率，混频器是实现频谱分析仪宽频带的关键。在混频过程中会存在镜像干扰问题，频谱分析仪需采用相应方法来解决这个问题。频谱分析仪利用两种方法解决该问题：在低频率段（小于 3GHz），利用高混频和低通滤波器抑制干扰；在高频率段（大于 3GHz），利用带通跟踪滤波器抑制干扰。

外差式接收机通过混频器与本振将输入信号变到中频，这种变频形式可用下式表示

$$|f_L \pm f_x| = f_{IF} \tag{7-4}$$

或

$$f_x = |f_L \pm f_{IF}|$$

式中，f_L 为本振频率；f_x 为输入频率；f_{IF}为中频频率。

通过本振与输入可以获得固定的中频。从式（7-4）可以看出，相对于一个固定的中频和本振频率，总是对应着两个输入频率，其中有一个就是镜像频率，因此需要在混频器前增加滤波器以抑制镜像频率。

本振是一个压控振荡器，其控制电压由扫描发生器产生。扫描发生器同时控制显示器的水平偏转，保持同步，提供扫频显示。

2. 中频信号处理

中频信号处理技术是频谱分析仪的核心关键技术之一，它的主要功能是对固定频率的中频信号进行滤波和放大，并提取信号幅度信息，作为测量结果供整机显示。它包括以下几个模块。

（1）中频滤波器

中频滤波器是频谱分析仪中的关键部件，频谱分析仪主要依靠该滤波器来分辨不同频率信号，中频滤波器可以减小噪声带宽。其带宽越窄，噪声带宽就越窄，进入频谱分析仪的噪声就越小，那么接收灵敏度就越高，即本底噪声越低。

现代频谱仪的中频滤波器有三种形式，如图 7-9 所示。其具体为：

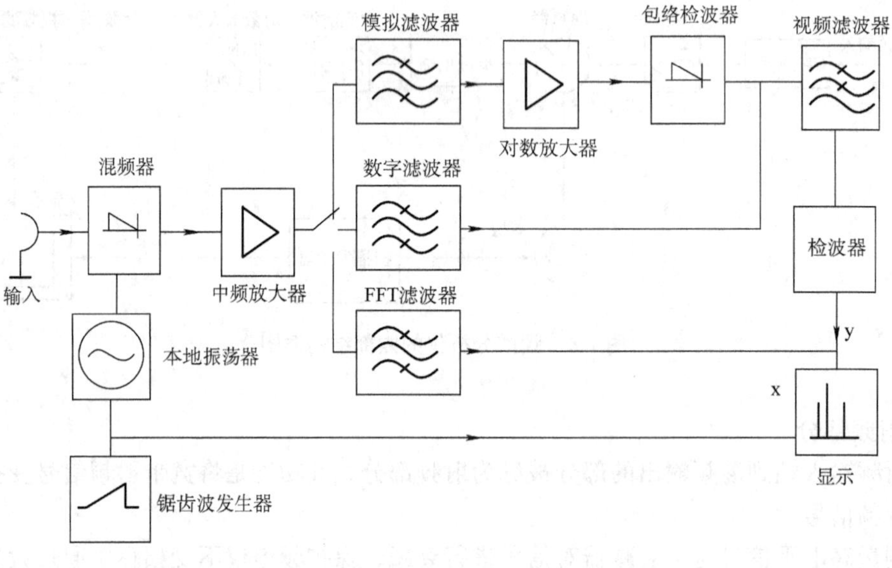

图 7-9　中频滤波器的三种形式

1）模拟滤波器。模拟滤波器通常用来实现大的分辨率带宽。本例中频谱分析仪带宽从 100kHz ~ 10MHz 是采用模拟滤波器来实现的，其选择性依赖于滤波电路阶数，一般频谱分析仪为 4 级滤波电路，也有 5 级滤波电路，这样可分别得到 14 和 10 的波形因子。

理想的高斯滤波器的波形因子为 4.6，不能用模拟滤波器实现，但是在 20dB 带宽内实现近似是可能的，这样瞬态响应几乎与高斯滤波器相同。

2）数字滤波器。通过数字滤波器可以获得很窄的带宽，本例中从 10Hz ~ 30kHz 的分辨率带宽是通过数字滤波器实现的。和模拟滤波器相比，数字信号处理可以实现理想的高斯滤波器。数字滤波器在可接受的价格内有更好的选择性，如 5 级电路模拟滤波器的波形因子为 10，高斯滤波器为 4.6。另外，数字滤波器有更好的温度稳定性，无需调整，因此在带宽上它更为精确。数字滤波器结构如图 7-10 所示。

由于瞬态响应已经确定，使用合适的修正系数可使数字中频获得比模拟中频在相同带宽下更短的扫描时间。

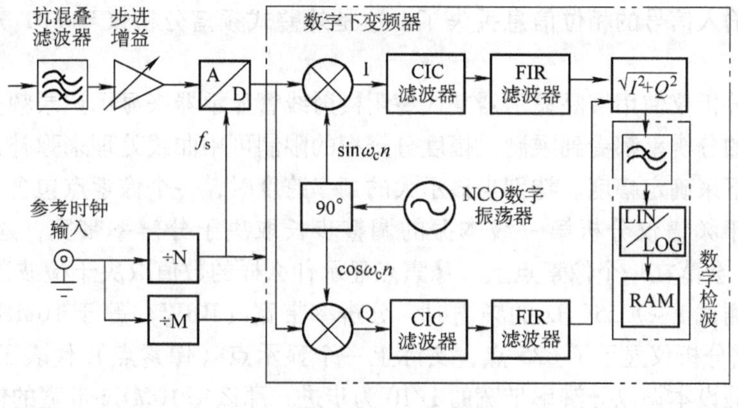

图 7-10 数字滤波器

3）FFT。信号的频谱是由其时域特性决定的。时域和频域可借助傅里叶变换和傅里叶反变换来相互转换，因此可以计算出时域信号的频谱。为了精确计算输入信号的频谱，就需要无限期的观察。另外，时域中每个点上信号的振幅都要知道。这种计算的结果将是一个连续的频谱，频率分辨率将是无限的。很明显，这么精确的计算在实际中是不可能的。假设某些前提条件，频谱仍然可在保证足够准确度的情况下确定。

傅里叶变换需要借助于数字信号处理，因此被分析的信号要用 A-D 转换器采样及振幅量化。通过抽样可以使连续输入信号转换成时域上离散的点，但是关于时域特性的信息将会丢失。因此输入信号的带宽必须限制，否则会因为取样而产生不真实的信号。根据奈奎斯特采样定律，采样频率 f_s 必须要至少高于输入信号带宽两倍。

实际上，被分析的信号通过 A-D 转换器采样，变成离散信号，采样值被保存在一个存储器中，经过离散傅里叶变换计算，计算出信号的频谱。

（2）步进增益放大器

输入信号经过了前置衰减器，电平降低，为了恢复信号幅度，补偿输入衰减器的变化，在混频器后对中频信号进行放大，在放大有用信号的同时，噪声和干扰信号也被同时放大。

（3）对数放大器

检波器之前有一个对数放大器，对数放大器按照对数函数来压缩信号电平（对于输入电压幅度 U，输出电压幅度为 $\log U$），这大大减小了由检波器所检测的信号电平变化，而同时向用户提供校准成用分贝读数的对数垂直刻度。在频谱分析仪中，由于信号电平大幅度变化，故需要采用对数刻度。对数放大器的设计基于多级解调原理，将许多个具有固定增益（每一级的增益通常为 10dB）的单元放大器级联起来。随后，将每一级放大器的输出逐个相加以提供线性输出电压，有些器件提供一个表示输入信号的相对相位的限幅输出。

（4）检波器

检波器其实质是一个峰值包络检波器，提取中频包络信号的幅度信息。针对不同特性输入信号（正弦信号、噪声信号、随机调制信号等），需采用不同的检波方式（正峰值检波器、负峰值检波器、样本检波器、均值检波器）才能准确测出该信号功率。高性能频谱分析仪采用数字技术，支持所有检波方式以确保准确测量各种被测信号的功率参数。

检波器的输出就是频谱测量的实际结果。它的动态范围决定频谱分析仪的动态范围，由于包络检波，输入信号的相位信息丢失了，这是外差式频谱分析仪与 FFT 分析仪的主要区别之一。

现代频谱分析仪使用液晶显示器来代替阴极射线管显示器来显示记录频谱，相应地，幅度和频率显示的分辨率都受到限制。幅度分辨率的限制可用曲线处理来弥补，这样可在很高分辨率的情况下来确定幅度。特别当显示大的频率跨度时，一个像素点包含了相对较大段的频谱信息，由于频谱仪分析第一级本振的调整步长取决于分辨率带宽，这样多个取样点（测试结果值）会落在一个像素点上，像素点显示什么样的数值取决于检波器的检波方式。

例如，当测试 1～7.25GHz 的频谱时，分辨率带宽（RBW）等于 10MHz，频率跨度为 6.25GHz，频谱分析仪显示了 625 点，实际上一个显示点（像素点）代表了 10MHz 信号带宽内的频谱。假设本振以分辨率带宽的 1/10 为步进，那么每 10MHz 带宽的输入信号测试了 10 次，在整个带宽内一共测试了 6250 次，中心频率分别为 1.001GHz、1.002GHz、1.003GHz、…、7.248GHz、7.249GHz、7.250GHz，但是显示点只有 625 个，那么一个显示点代表这 10MHz 频带内的 10 次测量结果值，到底代表哪一次或者哪几次结果的合成就由检波器来决定。

（5）视频滤波器

视频滤波器对检波器输出视频信号进行低通滤波处理，视频带宽可对频谱显示中的噪声抖动进行平滑，从而减小显示噪声的抖动范围。这样有利频谱分析仪发现淹没在噪声中的小功率信号，还可提高测量的可重复性。该滤波器决定了频谱分析仪的视频带宽，用于从视频信号中滤除噪声，平滑轨迹，从而使显示结果稳定。

7.1.4　实时频谱分析仪

扫频式频谱分析仪可以提供很高的动态范围，但缺点在于它一次只能计算一个频率点的幅度数据。分析仪在频率跨度内扫描需要很长的时间，在某些情况下要达到几十秒，这种方法要求输入信号相对稳定及不变。

如果信号迅速变化，那么在统计上可能会漏掉变化。如图 7-11 所示，扫描查看频段 F_a，图 7-11a 上在 F_b 发生了一个瞬时频谱事件。在扫描到达频段 F_b 时，事件已经消失，没有检测到事件，如图 7-11b 所示。频谱分析仪没有提供触发这个瞬时信号的方式，也不能存储全面的信号在不同时间上的行为记录。

实时频谱分析的基本概念是能够触发射频（RF）信号，把信号无缝地捕获到内存中，并在多个域中分析信号。实时频谱分析仪是先将要分析的信号快速采集到内存中，然后用软件分析其频谱特性。实时触发、无缝捕获和多域分析是实时频谱分析仪的几个主要特点。采用实时 FFT 处理器对宽带数字信号进行实时的时频变换，根据信号的频域信息进行实时触发、采集和存储时域或频域的数据并进行各种需要的信号分析。

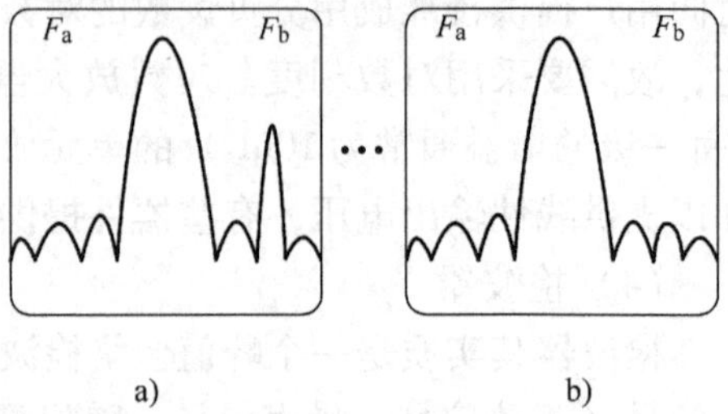

图 7-11　扫频分析仪分析频谱瞬时事件

实时频谱分析仪通过内存来存储连续的时域或

频域信号，因此能够无缝地捕获没有时间间隔的信号。无缝捕获的时间受存储器容量的限制，一次无缝捕获的长度为 FFT 结果的若干帧，通常称为块。实时频谱分析仪可以避免通常的扫频分析仪经常漏掉重要的瞬时事件的现象。除了拥有常见的功率触发、外部触发和基于电平触发外，还有一种独特的频率模板触发方式。频率模板触发允许在不同的频率上设置不同的触发功率，这种在存在强信号时触发弱信号的能力，对间歇性信号、干扰信号、脉冲信号和跳频信号等的检测是非常重要的。当前实时频谱分析仪可以很好地解决现代雷达和通信系统中出现的脉冲压缩、捷变频、直扩、跳频、码分多址和自适应调制等各种复杂信号的测试需求。

图 7-12 所示是简化的实时频谱分析仪框图，实时频谱分析仪将射频信号下变频到中频 (IF)，然后 A-D 转换器数字化宽带中频信号，系统以数字方式执行所有进一步的步骤。FFT 算法实现时域到频域变换，后续分析生成频谱图、码域图等显示画面。

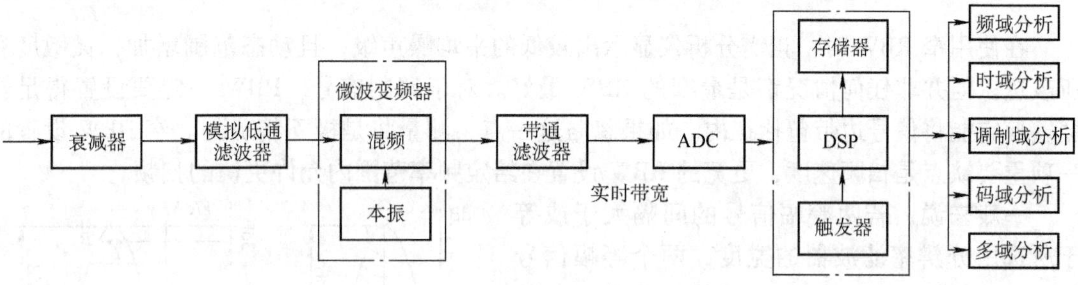

图 7-12　实时频谱分析仪原理框图

在实时频谱分析仪中增加了实时 FFT 专门的硬件设备，这个设备提供实时 FFT 处理和频域模板触发功能。其处理能力远远高于软件 FFT 处理，能够实时地处理采集到的数据。时域采集的信号通过 FFT 转变到频域，当处理速度足够快时就可以做到实时处理。

7.1.5　频谱分析仪的主要技术指标

1. 频率特性

(1) 频率范围

频率范围是指在满足仪器性能指标的情况下，仪器能分析的最宽频率范围。在并行滤波式及扫频外差式等滤波式分析仪中，有效频率范围是指滤波器能选出的信号最低频率至最高频率。对于 FFT 分析仪，频率范围的低端可接近于零，其高端频率由采样频率决定，即采样频率通常应能大于最高工作频率的 2.5 倍。目前，频谱分析仪的有效频率范围可从几赫兹至几十吉赫兹，工作频率范围是很宽的。

(2) 频率分辨率、边缘分辨率和波形因子

频率分辨率是频谱分析仪能在响应中明确地分离出两个输入正弦波信号的能力。如果两个紧靠在一起的等幅信号同时进入中频滤波器的通带，谱线在彼此的顶部重合，看起来就像一个响应，频谱分析仪就无法分辨出这两根谱线，如图 7-13a、b 所示图形。频谱分析仪的分辨率取决于中频滤波器的带宽，滤波器的带宽通常由 3dB 带宽来定义，称为分辨率带宽 (RBW)。中频滤波器的带宽越小，分辨率就越高。一般来说，两个等幅信号的间隔大于或者等于所选择的中频滤波器时，就可以将信号区分开来，如图 7-13c 所示。

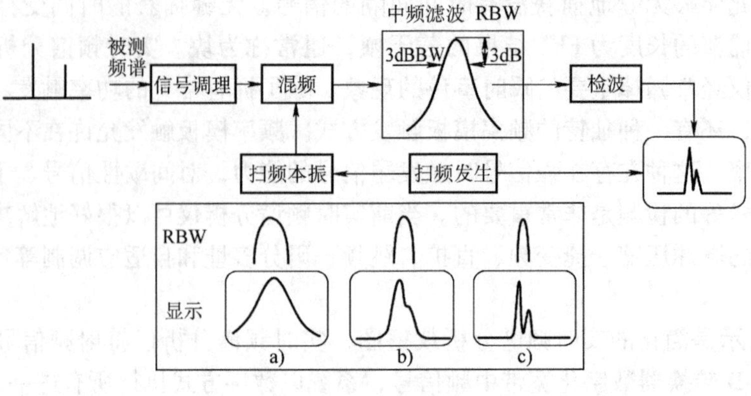

图 7-13　分辨率带宽 RBW

在使用窄 RBW 时，频谱分析仪显示出较低的平均噪声级，且动态范围增加，灵敏度有所改进。但并非任何情况都是最窄的 RBW 最好。对于调制信号，RBW 一定要设置得足够宽，使它能将信号边带包括在内。如果忽略这一点，测量将是极不精确的。窄 RBW 设置的一项重要缺点是扫频速度，更宽的 RBW 设置在给定频率范围内允许更快的扫频。

一般来说，若两等幅信号的间隔大于或等于所选用分辨率滤波器的宽度，两个等幅信号就可以分辨出来了。但对于不等幅信号，尤其是一个大信号与一个相隔很近的小信号时，若两信号的间隔只大于或等于所选用分辨力滤波器的宽度，小信号有可能被掩埋在大信号的裙边中。通常把两信号相差 60dB、能分辨出小信号时（即两信号间有 3dB 下凹）两信号间的频率差称为动态显示边缘分辨率，简称边缘分辨率（ER），如图 7-14a 所示。波形因子定义为滤波器 60dB 带宽和 3dB 带宽之比，如图 7-14b 所示。

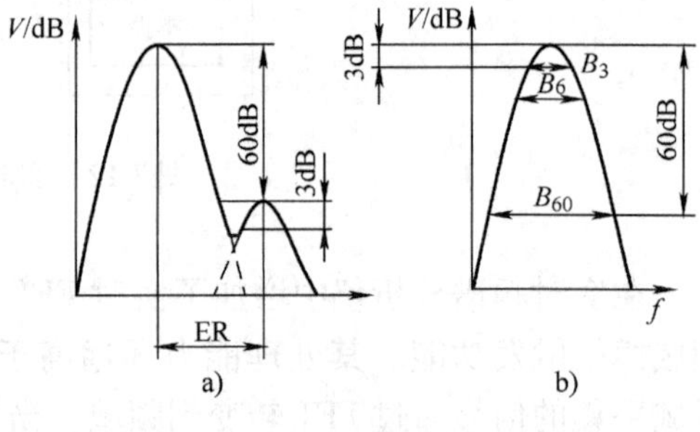

图 7-14　数字中频外差式频谱仪
a）边缘分辨力（ER）　b）60dB 波形因子

$$S = \frac{B_{60}}{B_3}$$

波形因子越小越接近 3dB 带宽。越陡峭就越接近于矩形，这时分辨能力就越强。所以说波形因子越小，分辨能力越强。

影响信号的分辨能力还有两个因素：剩余调频和噪声边带。

1）剩余调频是本振信号的抖动，这种抖动决定了它能分辨信号间的小频率范围。如果两个信号相差频率是小于这个抖动范围，那么就无法把这两个信号分辨出来。所以剩余调频这个指标就决定了频谱分析仪的最小可分辨的频率差。对于带宽较宽或波形因子较大的中频滤波器，由于其选择性指标的影响，在中心频率附近的小信号会隐藏在输入信号谱线之下，从显示器上看不出来。当采用窄带滤波器，而且有很小的波形因子时，剩余调频的最大频偏接近分辨率带宽，等效为输入信号上叠加了大量可分辨的小幅度信号分量，这时剩余调频的影响变得很明显。在显示屏上可以看到滤波器输出响应的边缘粗糙且不规则。滤波器带宽越窄，就会出现越多的尖峰。如图 7-15 所示为 1kHz 剩余调频在不同带宽滤波器中的响应，图中上方为 3kHz 带宽滤波器得到的响应，中间是 1kHz 带宽滤波器得到的响应，而最里边为 100Hz 带宽滤波器得到的响应。

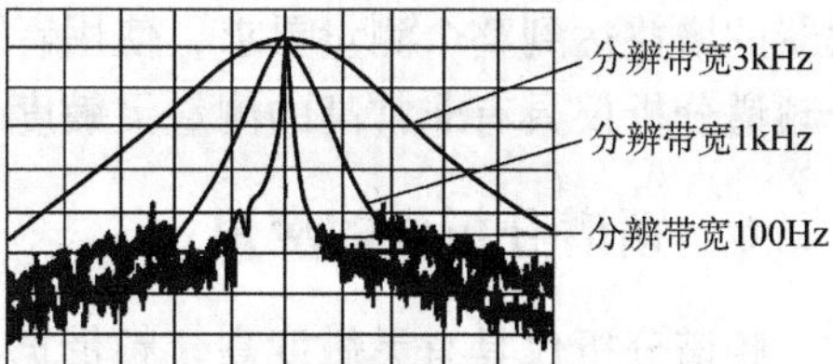

图 7-15 剩余调频对分辨率的影响

2）噪声边带也称为相位噪声，是由于本振信号频率的抖动引起的随机频率变化。一般来说，越接近载波信号频率，其相位噪声越大。相位噪声用 dBc 表示，即某频率点的相位噪声幅度与载波信号幅度之差（dB 表示）。相位噪声不仅与其偏离载波频率的间隔相关，还与系统分辨率带宽有关，分辨率带宽缩小 10 倍，相位噪声电平将减少 10dB。相位噪声是限制频谱分析仪分辨不等幅信号的因素之一，分辨两个频率接近的信号的前提条件是相位噪声不能掩盖小信号。

从使用者的角度考虑，分辨率越小，所需的扫描时间也就越长，扫描时间（ST）与分辨率带宽（RBW）和扫频宽度（S_{pan}）有如下关系

$$ST \geqslant k\frac{S_{pan}}{RBW^2} \tag{7-5}$$

式（7-5）表明扫描时间与分辨率带宽二次方成反比，分辨率减小 1/10，扫描时间增加 100 倍。

2. 幅度特性

（1）灵敏度

灵敏度定义为信噪比为 1 时的输入信号功率，它表征频谱分析仪测量微小信号的能力。灵敏度取决于频谱分析仪内部噪声的大小，其中起主要作用的是有增益的第一级放大器噪声。

灵敏度常常采用能够检测的最小信号幅度表示。为了便于测量，常采用输入端信号为零时，显示屏上所指示的电平值表示灵敏度，该电平是频谱分析仪本身的噪声门限，称为显示平均噪声电平（DANL）。比平均噪声电平低的信号将被噪声掩盖而无法观察，而与 DANL 相等的输入信号功率将显示近似高出 DANL 3dB 的凸包。

灵敏度与分辨率带宽和衰减量的设置有关。当衰减量增大时，灵敏度将下降。频谱分析仪内部噪声是随机的，在相当宽的频率范围内其幅度是常数，因此通过滤波器的总噪声功率取决于滤波器的带宽，带宽越大，噪声功率也越大。通常选用最小输入衰减量（0dB 衰减）和最小分辨率带宽来测量灵敏度，以反映仪器测量最小信号的能力。

（2）动态范围

大多数频谱分析仪都能提供对数和线性显示方式（相比示波器则只有线性显示方式），并由用户根据需要自己选择。显示动态范围定义为在相同测试条件下，仪器屏幕可同时显示并测量的最大信号和最小信号的幅度差。由于频谱分析具有极大的信号动态范围，在线性显示方式下，显示动态范围只能达到 30dB 左右，而采用对数放大器，显示动态范围就可以大大提高，达到 80dB 甚至更高。目前，高档频谱分析仪的显示动态范围可达到 100dB。这首先要求对数放大器具备相应的动态范围，并在整个动态范围内达到一定的对数精度。对于数字化中频信号处理来说，显示动态范围主要取决于 A-D 转换器的有效输出位数。

对于测量动态范围远大于显示动态范围这一问题，可通过调节输入射频衰减器和中频放大器的增益达到整个测量要求，使用者可通过调节仪器的参考电平达到自动控制的目的。由于频谱分析仪具有非常高的测量灵敏度，需要中频电路提供高达100dB的增益。

7.1.6 频谱分析仪的应用

频谱分析仪具有灵敏度高、频带宽、动态范围大等特点，可方便地获时域测量中不易得到的独特的信息，如频谱纯度、信号失真、寄生、交调、噪声边带等各种参数。频谱分析仪不但广泛地用于电子科学技术的各个领域，同时在声学、光学、振动等科学技术中也是必不可少的测试设备。随着高速集成电路的不断发展，时域测试能力得到显著提高，带宽6GHz、取样率10GHz的信号采集已经商品化。频谱分析仪家族中又增添了实时频谱分析仪。实时频谱分析仪能同时观测显示其规定频率范围内所有频率分量，而且保持了两个信号间的时间关系或相位关系，使它不仅能分析周期信号、随机信号，而且能分析瞬时信号，显示相位关系，包括多通道频谱分析技术、时基压缩式频谱分析技术、快速傅里叶变换分析技术等也都得到大力发展。频谱分析仪被誉为射频万用表，在射频及微波频率下使用特别得心应手。

1. 声音信号分析

对声音信号来说，通常说的“音色”是指频谱而言的。音色如何是由谐波成分决定的。电子琴可以模仿许多种乐器发出的声音，在研制电子琴时，要求它发出动听的乐音，首先要对各种乐器的频谱进行精确的测量。比如扬声器的A调就不同于长笛或小提琴的A调，它们奏出的A调虽然基波都是440Hz，但谐波成分却不相同，每种乐器奏出的A调有其特定成分的谐波。把声振动转换成电振动后，可以在示波器上观察声音的波形和在频谱分析仪上观察声音的频谱。图7-16a为长笛时域波形及频谱图，图7-16b为小提琴的时域波形及频谱图。在电子琴的制作和调试过程中，与被仿乐器的频谱作精确的对比，可提高电子琴的仿真效果。同理，可通过频谱分析仪的协助实现语言的仿真。

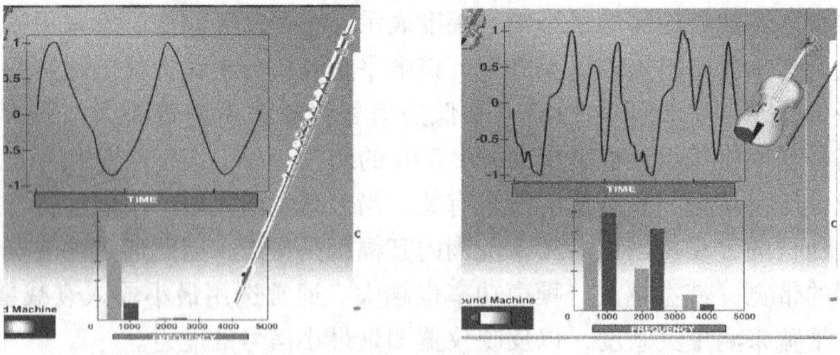

a) b)

图7-16 声音信号的时域波形及频谱

a）长笛时域波形及频谱图 b）小提琴的时域波形及频谱图

2. 调制信号分析

现代通信、广播电视和雷达等多种信息传输中都使用调制信号。很多类型的调制信号都可用频谱分析仪进行测试。

(1) 调幅波

已调幅信号的幅度随着调制信号瞬时值的变化而变化，若调制信号是正弦波 $m(t)=$

$U_m\cos\Omega t$，则已调幅信号的表达式为

$$
\begin{aligned}
s_{AM}(t) &= [U_0 + m(t)]\sin\omega_c t \\
&= [U_0 + U_m\cos\Omega t]\sin\omega_c t \\
&= U_0\sin\omega_c t + \frac{1}{2}U_m\sin(\omega_c - \Omega)t + \frac{1}{2}U_m\sin(\omega_c + \Omega)t
\end{aligned}
\tag{7-6}
$$

令
$$m_a = \frac{U_m}{U_0} \tag{7-7}$$

m_a 称为调幅系数或调幅度。

式（7-6）表明，对于调制信号为单频信号的调幅波，共包括三个频谱分量，即载频和两个边频。其中，$U_0\sin\omega_c t$ 称为载频，两个幅度均为 $1/2U_m$、频率分别为（$\omega_c+\Omega$）及（$\omega_c-\Omega$）的分量分别称为上、下边频。

图7-17为单频调幅波频谱显示实例，由该图很容易求得调幅系数 m_a。通常采用相对电平显示，将载频信号作为参考电平（0dB），然后直接读出边频电平 ΔdB，两者之差为 ΔdB。

则
$$-\Delta = 20\lg\frac{\frac{1}{2}U_m}{U_0} = 20\lg\left(\frac{1}{2}m_a\right)$$

$$m_a = 2\times 10^{-\frac{\Delta}{20}} \tag{7-8}$$

根据式（7-8），用频谱分析仪不仅可测量一般的调幅，而且可以发现非常微小的寄生调幅。现代较好的频谱分析仪显示动态范围可达80dB甚至更多，以Δ为80dB为例，可由式（7-8）算得 $m_a=0.02\%$。这样小的寄生调幅甚至再大一个数量级的寄生调幅，在时域观测中是根本发现不了的。

利用频谱分析仪测试调幅信号的方法不适于调制频率低于频谱分析仪分辨带宽的情况。在这种情况下，可将频谱分析仪的带宽增大到调制频率的两倍以上，并把扫频宽度 S_{pan} 减到零（零跨度），把中心频率调到被测调幅信号的载频，此时频谱仪实质上是一台调幅接收机。故荧光屏上显示的图像即是被测调幅信号检波后的包络，如图7-18所示。为此，对频谱分析仪设置如下：最宽的分辨率带宽以便包括所有频谱分量、最宽的视频带宽以防止平滑、线性显示方式、零跨度，它是已解调的调制信号的时域波形。测量信号电压的峰值和谷值，根据调幅信号的调制度定义可计算出调制度参数。

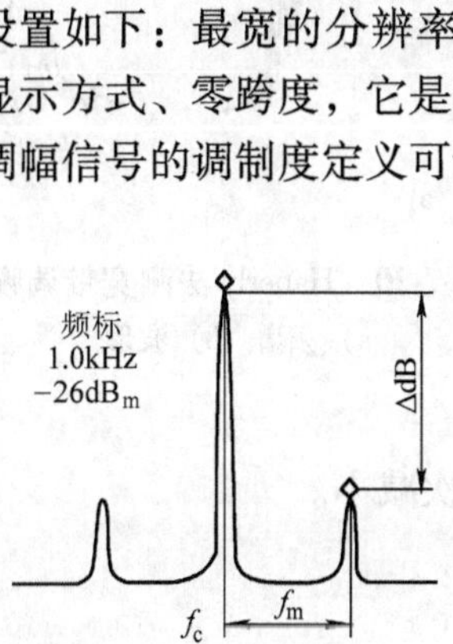

图7-17 已调幅信号的频谱图

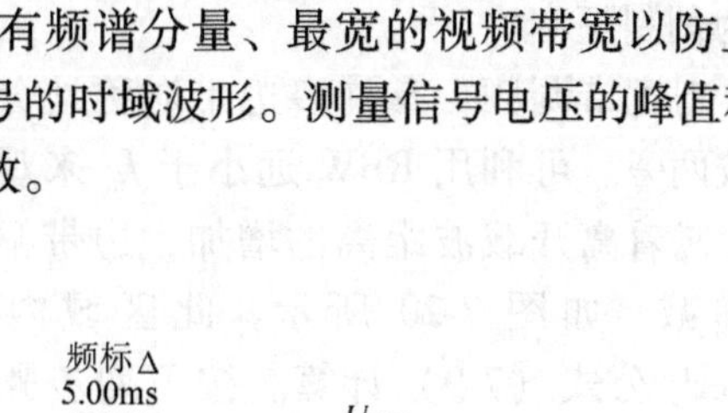

图7-18 时域法测调幅信号

扫频法可得到最好的绝对和相对频率准确度，但该方法通常需要一台高档的频谱分析

仪。例如，调制率小于1kHz时，需要100Hz的分辨率带宽；如果调制率小于100Hz，就需要10Hz的分辨率带宽。时域法精度差，对低的调制指数它的灵敏度低，然而对语音和噪声的调制解调却是非常有用的。

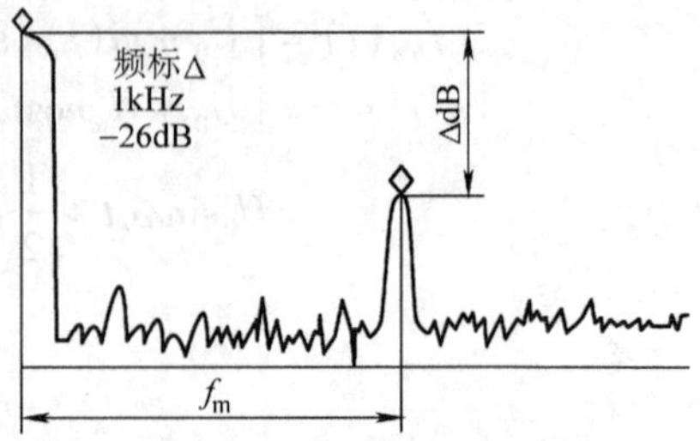

图7-19 FFT变换测调幅信号

频谱分析仪在时域测量状态时，用快速傅里叶（FFT）变换功能可得到对载波归一化的信号频谱，如图7-19所示。载波在屏幕的最左边，记为0Hz；边带的调制信号处于载波旁边，间隔就是调制率。FFT的起始频率为0Hz；终止频率为$N/2\times ST$（频率采样长度$N=400$，ST为扫描时间）。例如，扫描时间为1s，FFT终止频率为200Hz。在实际测量中，调整扫描时间使每格显示拥有5~10个周期即可。

FFT频域法使普通的频谱分析仪可以进行精确的调幅（AM）测量，对于调制率f_m小于5kHz的调幅波，不论低档、中档或是高档频谱分析仪，都可以加入适当的软件进行FFT测量，此方法在幅度精度、频率分辨率、速度、频率调制（FM）抑制等方面具有优势。FFT的幅度精度可以达到±0.2dB，这比扫频频域法要好得多。FFT的频率精度主要取决于扫描时间的准确度。频谱分析仪的扫描时间的准确度一般为±10%，这就限制了FFT的频率准确度不超过±10%。

（2）调频波

调频信号的频谱是由无限边带组成的，然而在窄带调频情况下，只有两个主要的边带，它们的幅度相对于载波幅度为

$$dB_c=20\lg\left(\frac{m_f}{2}\right)$$

$$m_f=\Delta f_P/f_m$$

式中，dB_c是载波与边带第一根谱线的幅度差；m_f是调制指数；Δf_p为最大调频频偏；f_m为调制频率。

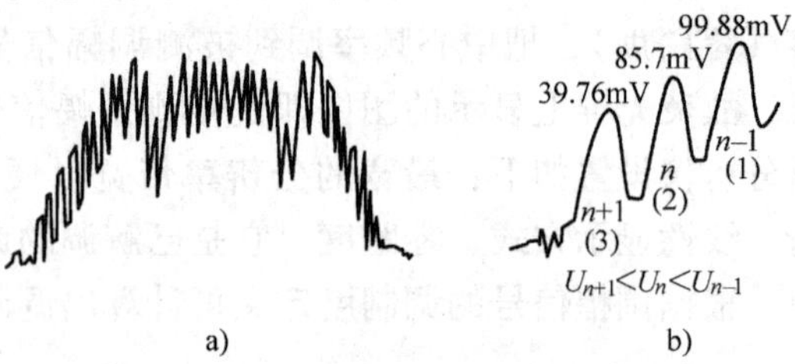

图7-20 Haberly法测宽带调频

a）频谱 b）波形

对宽带调频，有许多边带对称地分布在载波两旁。可利用RBW远小于f_m来观察边带。随着离开载波距离的增加，边带幅度连续递减，如图7-20所示。此区域内可用Haberly公式（7-9）计算。按下列步骤计算宽带调频参数：

1）找出三个邻近边带，其幅度随距离载波越远而依次减小。

2）将频谱仪设置成对数方式，采用电压单位。

3）从离开载波算起确定频率采样长度值。

4）计算调制指数m_f：

$$m_f=\frac{2nU_n}{U_{n-1}+U_{n+1}} \tag{7-9}$$

式中，U_n为邻近边带幅度，从图7-20测得：$m_f=(2\times2\times85.7)/(99.88+39.76)=2.45$。

7.2 线性系统频率特性的测量

所谓线性系统是指系统的响应与激励间存在线性关系。线性系统对正弦激励的响应仍是正弦信号，只是与输入相比，其振幅和相位发生了变化，一般情况下都是频率的函数。我们知道，正弦稳态下的系统函数或传输函数 $N(j\omega)$ 反映了该系统激励与响应间的关系为

$$N(j\omega)=\frac{U_o(j\omega)}{U_i(j\omega)}=N(\omega)e^{\varphi(j\omega)} \tag{7-10}$$

式中，$N(\omega)$、$\varphi(j\omega)$分别称为电路（系统）的幅频特性和相频特性。

7.2.1 频率特性测量方法

对系统频率特性的测量，是测量在不同频率正弦信号作用下，输出电压与输入电压之比，亦可测功率或电流之比。

频率特性的测量有很多方法，基本的测量方法是向被测系统施加不同频率正弦测试信号，测量各频率点的输出响应。经典的方法是以点频方式给出激励信号，分别测量各频率点的输出，最终成完整频谱的输出响应。这种方法费时，而且常常会漏掉频率特性的突变信息或一些细节。当前采用较多的是正弦波扫频测量。另外，还有采用伪随机信号进行广谱快速测量，或者采用具有素数关系的多个离散频率的正弦波集合作为测试信号的快速频率特性测量方法等。

1. 点频测量法

点频测量法属于静态测量法，就是逐点测量幅频特性的方法，如图 7-21 所示。这里正弦信号被调至一个个频率点进行测量。通常将正弦信号源的输出即被测系统的输入电压 U_i 固定为某确定值，在不同的频率用电压表测被测系统的输出电压 U_o，则用分贝表示的系统增益或衰减为

图 7-21 频率特性的点频测量

$$A[dB]=20\lg\frac{U_o}{U_i}$$

当 A 为正值时表示增益，为负表示衰减。将测量范围内各频率点的 A 集合起来，就是被测系统的频率特性。

点频法原理简单，需要的设备也不复杂。但存在明显缺陷，测得的频率特性是静态的，无法反映信号的连续变化。当涉及的频带较宽、频点较多时，这种测量法显然极其繁琐、费时，工作效率也低。同时，测量频点选择的疏密程度对测量结果有很大的影响，特别是对某些特性曲线的锐变部分以及个别失常点，可能会因为频点选择不当或不足而漏掉这些点的测量结果。

如果能够在测试过程中。使信号源输出的信号频率能自动地从低到高连续变化，并且周期性重复，利用检波器将输出包络检出送到示波器上显示，就可以自功地描绘出幅频特性曲线了。

2. 扫频法

对于一个具有频率特性的网络，当输入正弦波的幅度恒定但频率不同时，其输出正弦波

幅度将随着频率的不同而不同。例如，对于一个如图 7-22a 所示的单调谐电路，如果在其输入端馈入幅度恒定，但频率由低到高均匀变化的正弦波（即扫频信号），其输出波形将如图 7-22b 所示。

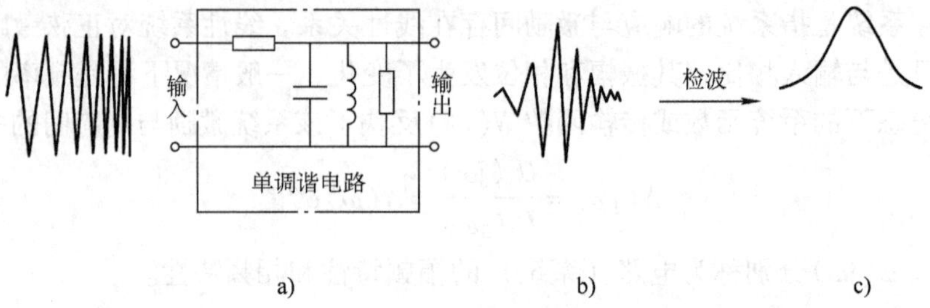

图 7-22 单调谐电路

由于被测电路是线性电路，故任一时刻，输出正弦波与输入正弦波的频率相同，但是输出正弦波的幅度却取决于被测电路的幅频特性。对图 7-22a 所示并联谐振电路，当输入扫频信号的瞬时频率较低时，由于谐振电路失谐，阻抗降低，故输出正弦波幅度减小，扫频信号的频率越低，则失谐越严重，并联谐振电路阻抗越小，输出正弦波幅度就越低。而当扫频信号的频率较高时，同样由于谐振电路的失谐而导致输出幅度下降。只有当扫频信号的频率恰好使并联谐振回路发生谐振时，因其阻抗此时最高，故此时输出正弦波幅度最大，形成了如图 7-22b 所示的波形。如果将电路输出波形的幅度用检波器检测出来，就会形成图 7-22c 所示图形。这个图形就是被测电路的幅频特性。

扫频测量法是一种动态测量法，可以测量被测器件或系统的动态特性。扫频测量方式的激励信号发生器能够在测量所需的频率范围内连续扫描，连续测出各频率点上的频率特性结果并立即显示特性曲线。此方法能够快速、直观地测量网络的频率特性。扫频信号的频率连续变化，可显示出一定扫频速度条件下被测网络的实际频率特性。所得被测网络的频率特性曲线是完整的，不会出现漏掉细节的问题。

3. 多频测量法

多频测量法是利用一种在较宽频率范围内具有多个频率分量的信号进行测量。多频测量将这个“多频信号”作为激励，同时加到被测系统的输入端，并检测被测网络输出信号在这些频率点的频谱，在与输入进行比较之后就可以得到被测网络的频率特性。多频测量无需像点频或扫频测量那样将测量信号的频率按顺序逐点或连续变化，这样就大大提高了测量速度。

4. 广谱快速测量法

当系统对非线性失真的要求较高时，可采用伪随机信号测量的激励。由于伪随机信号可看成是无穷多个不同频率、相位、幅度的正弦波的集合，测量时也就相当于将一系列不同频率、相位、幅度的正弦波同时加到被测电路上，从而给出动态测量的结果。这种方法称为广谱快速测量法。

7.2.2 扫频信号发生器

1. 基本工作原理

扫频信号发生器产生频率是按一定线性方式变化的正弦信号。扫频信号发生器的基本功能包括产生等幅正弦扫频信号，产生与频率变化同步的电压扫描信号，在一定的频率位置产生同步的频率标志。扫频信号发生器的原理框图如图7-23所示。它主要由扫频振荡器、扫描信号发生器、频标发生电路及稳幅反馈环路（ALC）组成。

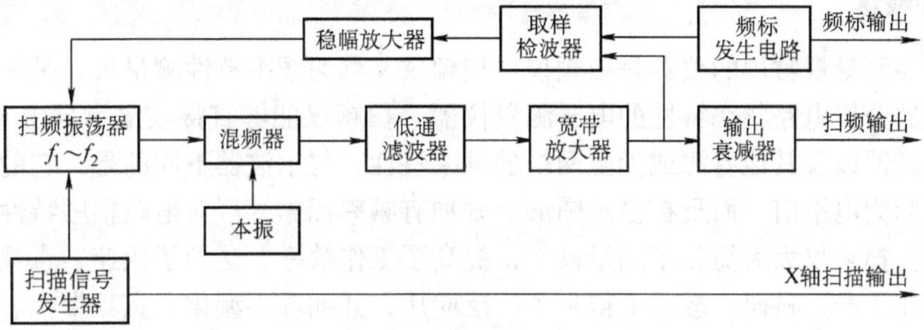

图7-23 扫频信号源原理框图

扫描信号发生器与示波器的扫描信号相似，可以产生适当的锯齿扫描电压。扫描信号对振荡器进行电调谐，使其频率在f_1~f_2之间连续变化，并且自动重复扫描。扫描信号送显示器的X偏转系统，使显示器上的光点由左向右移动，对应着振荡器输出信号频率由f_1向f_2扫描。取样检波器对扫频输出信号的幅度进行取样监测，并和稳幅放大器一同组成闭环反馈，实现自动稳幅控制。对于扫频范围较宽的扫频源，混频器可以将扫频振荡器的输出频段向上或向下扩展，增大扫频输出的输出频段。

现代扫频信号源的概念有所推广，如三角波、方波等波形，只要其基波频率能随时间扫描，亦被称为扫频信号发生器。但在频率特性测量中一般只使用正弦扫频信号发生器。对扫频信号发生器的基本要求是：

1）中心频率范围大且可以连续调节。不同测试对象对中心频率的要求也不同。

2）扫频宽度要宽且可任意调节，常用频偏进行描述。显然，频偏应能覆盖被测电路的通频带，以便测绘该电路完整的频率特性曲线。

3）寄生调幅要小。理想的调频波应是等幅波，因为只有在扫频信号幅度保持恒定不变的情况下，被测电路输出信号的包络才能表征该电路的幅频特性曲线。

4）扫描线性度好。当扫频信号的频率和调制信号成直线关系时，示波管的水平轴则变换成线性的频率轴，这时幅频特性曲线上的频率标尺均匀分布，便于观察。在测试宽带放大器时，若使用对数幅频特性，则要求扫频规律和扫频电压之间是严格的对数关系。

2. 扫频振荡器

扫频振荡器是一种电可调谐振荡电路，实现的方法很多，常见的电路有变容二极管电调振荡器、钇铁石榴石铁氧体（YIG）电调振荡器和基于锁相环的间接频率合成电路。

变容二极管是结电容随外加偏置电压的变化而变化的二极管。变容二极管适用于射频段到微波段，优点是实现简单、输出功率适中，扫描速度较快。缺点是扫描宽度小于一个倍频程，特别在宽带扫频时线性较差，需要增加额外的扫频线性补偿电路。

在吉赫兹以上的较高频段多采用YIG电调振荡器。YIG是一种单晶铁氧体材料钇铁石榴石，具有铁磁谐振特性。YIG扫频的基本原理是将YIG材料做成小球形状，适当定向后置于直流磁场内。利用单晶铁氧体内电子的自旋产生磁矩，在外加偏置磁场的作用下运动并由此产生铁磁谐振。

合成扫频信号发生器常用的形式有直接数字合成（DDS）和锁相环间接合成。

7.2.3 扫频仪

频率特性测量最常用的仪器是扫频仪。扫频仪又称为频率特性测量仪，是一种根据扫频测量法制成的分析电路频率特性的电子测量仪器。扫频仪能够直接在显示屏上显示放大器、滤波器、鉴频器以及其他有源或无源网络的频率特性，与示波器不同的是，它的横坐标为频率轴，纵坐标为电平值，而且在显示图形上叠加有频率标志，可对电路幅频特性、带宽等进行定量测量。扫频仪大大简化了测量操作，提高了工作效率，达到了快速、直观、准确、方便的目的，在生产、科研、教学上得到了广泛应用，并朝着小型化、宽频带化、数字化、智能化、多用化的方向发展。

近年来，随着大规模集成电路技术的飞速发展和 DSP 技术的广泛应用，直接数字频率合成、微处理器、数字信号处理、LCD 显示已成为新一代扫频仪的主要特征，它们具有更快的扫频测量速度、更高的扫频线性、更小的体积和灵活方便的数据存储与输出接口，已成为传统模拟扫频仪的强有力竞争者。

1. 基本工作原理

扫频仪是将扫频信号源及示波器的 X-Y 显示功能结合为一体，并增加了某些附属电路而构成的一种通用电子仪器，用于测量网络的幅频特性，其原理框图如图 7-24 所示。扫描电压发生器控制扫频振荡器的频率，使之按扫描规律产生由低到高周期性变化的扫频信号输出。同时扫描电压发生器为示波器的 X 偏转电极提供扫描信号。这样，扫频信号加到被测电路上，电路的输出响应电压由峰值检波器检波后与扫描电压同步加在显示器上，从而在显示器上得到输出电压或输入、输出信号的相位差随频率变化的规律，即幅频特性和相频特性。

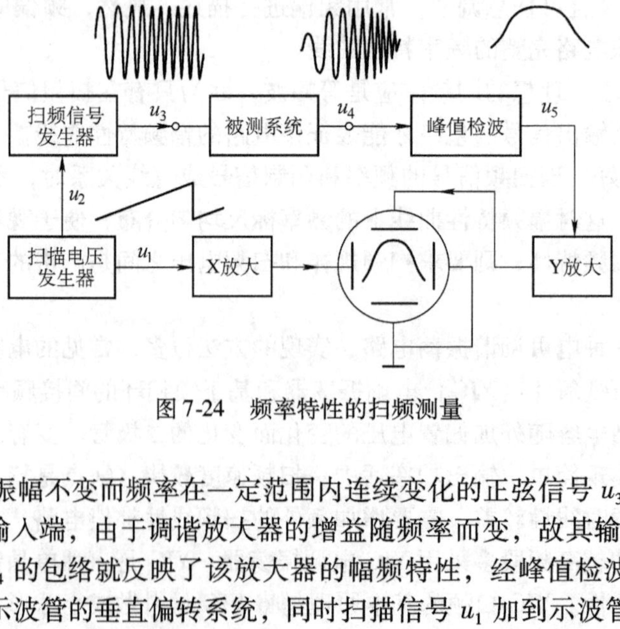

图 7-24 频率特性的扫频测量

在图 7-24 中，振幅不变而频率在一定范围内连续变化的正弦信号 u_3 加到被测电路（例如调谐放大器）的输入端，由于调谐放大器的增益随频率而变，故其输出信号 u_4 的振幅也将随频率而改变，u_4 的包络就反映了该放大器的幅频特性，经峰值检波器检出输出信号的包络 u_5，将它送至示波管的垂直偏转系统，同时扫描信号 u_1 加到示波管的水平系统作为扫描时基信号，由于扫频信号 u_3 的瞬时频率和水平扫描电压 u_1 的瞬时值一一对应，使得示波管的水平轴成为线性的频率坐标轴。这样在 u_1 和 u_5 的共同作用下。示波管荧光屏上就直接显示出该调谐放大器的幅频特性。

扫频方式中，系统对加到输入端的信号需要一定的响应建立时间，如果扫频速度太快以至于系统输出尚未得到完全响应，那么对每个频率的响应幅度就会出现不足，即扫频测量所得的幅度小于点频测量的幅度。另外，振荡电路中元件的惰性使幅度峰值有所偏差，从而产生了频率偏离。

扫频信号加在线性系统输入端后，其输出端产生一定的响应输出。在输入信号幅值恒定的条件下，随着输入信号频率的变化，输出信号的幅值和输入、输出信号相位差发生相应的变化。在测量幅频和相频特性时，须分别测量这两个方面的参数。

为满足不同被测电路对输入信号幅度的需求，扫频仪一般都接有衰减器。衰减器通常由两组构成，一组为粗调衰减器，每级采用 10dB 的步进方式；另一组为细调衰减器，每级采用 1dB 的步进方式，两组总的衰减量可达 70dB。

2. 动态频率特性

随着扫描速度的提高，频率特性将向扫频方向偏移，如图 7-25 所示。图中曲线Ⅰ为静态特性曲线，曲线Ⅱ和曲线Ⅲ为依次提高扫速时的动态特性曲线，可以看出动态频率特性有以下特点：

1）扫频测量所得的动态特性曲线峰值低于点频测量所得的静态特性曲线峰值，扫频速度越快，下降越多。

2）动态特性曲线峰值出现的水平位置（频率）相对于静态特性曲线有所偏离，并向频率变化的方向移动，扫频速度越快，偏离越大。

3）当静态特性曲线呈对称状时，随着扫频速度加快，动态特性曲线明显出现不对称性，并向频率变化的方向倾斜。

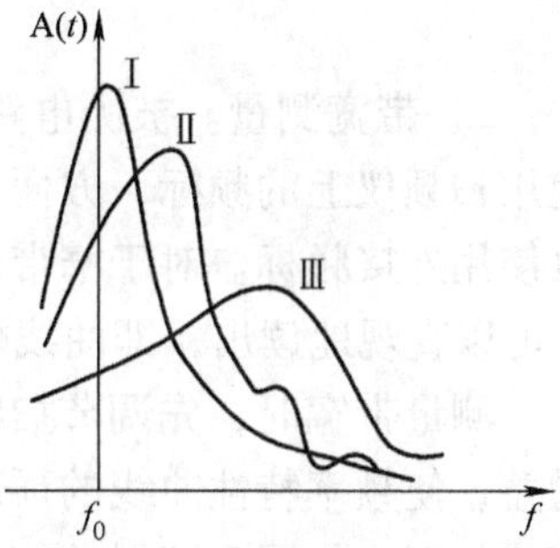

图 7-25 动态特性曲线

4）动态特性曲线较平缓，其 3dB 带宽大于静态特性曲线的 3dB 带宽。其原因是由于通常与频率特性有关的电路，实际上是由动态元件 L、C 等组成的（如调谐电路），信号在其中建立或消失都需要一定的时间，扫频速度太快时，信号来不及建立或消失，故谐振曲线出现滞后且展宽，出现了“失敏”或“钝化”现象。

综上所述，测量系统的动态特性必须采用扫频法；而为了得到静态特性，必须选择极慢的扫频速度以得到近似的静态特性曲线，或采用点频法。

3. 扫频仪的应用

扫频仪的应用范围十分广泛，在无线电通信、广播电视、雷达导航、卫星地球站等领域内，为有关电路的频率特性测量或鉴频器特性的测量，以及研究、分析或改善电路性能等提供了方便的条件。除此之外，扫频仪还能用于传输线特性阻抗的测量。

（1）电路幅频特性的测量

测量电路如图 7-26 所示。测量时应保证输入/输出阻抗的匹配。BT-3 型扫频仪的输出阻抗为 75Ω，如果被测设备输入阻抗也是 75Ω，则用空载电缆线

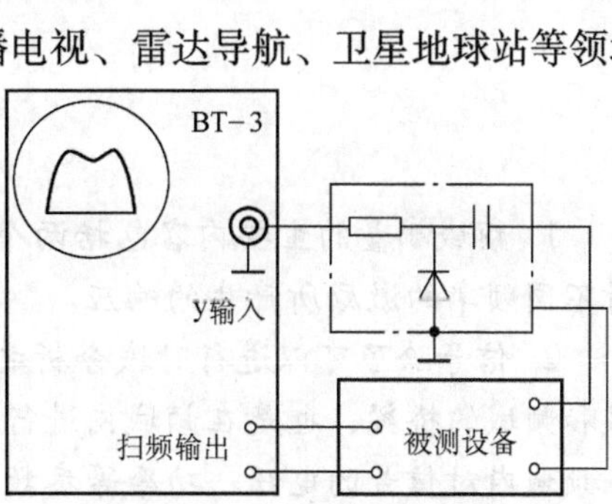

图 7-26 频率特性测量电路

连接被测设备。如果被测设备为50Ω，则应在BT-3和被测设备之间加一个阻抗匹配网络。

被测电路的幅频特性显示后，频标可为测量者随时读出任一点的频率提供依据。显示幅度可由垂直刻度线读出。应用数字技术的扫频仪可以将测量曲线打印或存储输出。如果显示的图像不符合设计要求，可在测量过程中进一步调整被测设备，这是动态测量的最大优点。

这种幅频特性的测量为各种电路的调整带来了极大的方便，如滤波器、宽带放大器、调频接收机的中放和高放，雷达接收机、单边带接收机、电视接收机的视频放大、高放和中放通道，以及其他有源和无源四端口网络等，其频率特性都可以用扫频仪进行测量。

（2）电路参数的测量

从上面所测得的幅频特性上可以求得各种电路参数。

1）增益测量。在调好幅频特性的基础上，用粗、细调衰减器控制扫频信号的电压幅度，使它符合被测电路设计时要求的输入信号幅度。衰减器的总衰减量应不小于放大器设计的总增益。记下此时屏幕上显示的幅频高度A，输出总衰减B_1(dB)；再将检波探头直接和扫频输出端短接，改变“输出衰减”，使幅频特性的高度仍为A，此时输出衰减的读数若为B_2(dB)，则该放大器的增益为

$$A = B_1 - B_2$$

2）带宽测量。被测电路的连接方法同测幅频特性曲线一样。对于宽带电路，可以直接使用扫频仪上的频标，方便地显示和读出频率特性曲线的带宽。有时为了更精确地测量，可以使用外接频标。对于窄带调谐回路，其谐振频率f_0可以直观地读出，即曲线峰顶对应的频率。

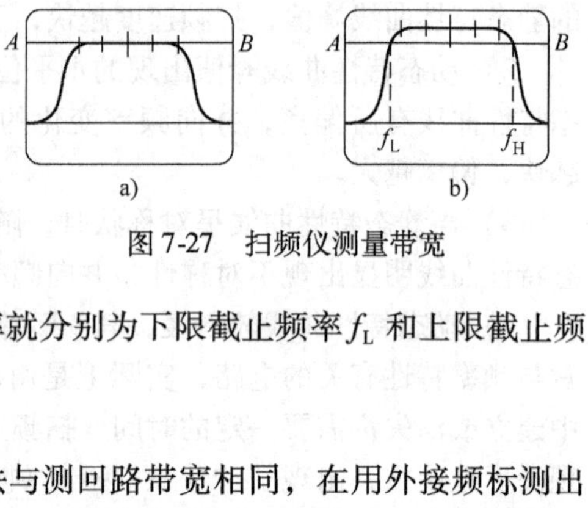

图7-27 扫频仪测量带宽

测量带宽时，先调节扫频仪输出衰减和调整Y增益，使频率特性曲线的顶部与屏幕上某一水平刻度线相切，如图7-27中与AB线相切，然后保持Y增益不变，将扫频仪输出衰减减小3dB，则此时屏幕上的曲线将上移而与AB线相交，两交点处的频率就分别为下限截止频率f_L和上限截止频率f_H。因而被测电路的带宽为

$$BW = f_H - f_L$$

3）回路Q值测量。测量时电路连接和测量方法与测回路带宽相同，在用外接频标测出回路的谐振频率f_0以及上、下截止频率f_H和f_L后，按下面的公式即可计算出回路的Q值。

$$Q = \frac{f_0}{BW} = \frac{f_0}{f_H - f_L}$$

本章小结

1. 频域测量的主要内容包括两个方面：一是对信号进行频谱分析；二是研究电子系统对不同频率的激励所产生的响应。

2. 信号除了可以进行时域分析之外，频域内的分析也同样重要。傅里叶分析是联系时域和频域的桥梁，也是在频域内进行数字化分析的理论基础。频谱分析仪就是使用不同方法在频域内对信号的电压、功率等参数进行测量并显示的仪器。

3. 模拟式频谱分析仪是以模拟滤波器为基础的，其中外差式频谱分析仪是实施频谱分

析的传统途径，它借用超外差接收机的原理，通过改变本地振荡器的频率来捕获欲接收信号的不同频率分量。外差式频谱分析仪主要包括输入通道、混频电路、中频处理电路、检波和视频滤波等部分，是目前频谱仪中数目最多的一种，尤其在高频段应用更多。但它不能进行实时频谱分析。

4. 数字式频谱分析仪是以数字滤波器或快速傅里叶变换（FFT）为基础的，它将输入信号数字化，并对时域数字信息进行 FFT 以获得频域表征。基于 FFT 的频谱分析仪除了电路结构本身较简单之外，由于采用微处理器或专用集成电路，在速度上明显超过传统的模拟式扫描频谱分析仪，能够进行实时分析；但它同时也受到 A-D 转换电路的指标限制，在频率覆盖范围上不及外差式频谱仪，工作频段较低。

5. 现代频谱分析仪多采用模拟数字混合系统，利用模拟电子系统实现本振、混频等输入系统，以得到更高的分析频率，而后面影响分辨率带宽的中频滤波器则采用数字滤波器，以得到更高的扫描速度。

6. 频谱分析仪的基本性能：频率方面包括频率范围（反映测量信号范围的能力，主要决定本振范围）、频率分辨率（分辨两个频率间隔信号的能力，主要决定中频分辨带宽）。幅度方面包括灵敏度（发现小信号的能力，主要决定显示平均噪声电平）、动态范围（同时分辨大、小信号的能力，主要决定内部失真和灵敏度）。

7. 线性系统幅频特性的基本测量方法，取决于加到被测系统的测试信号：点频法，是一种静态测量方法，还可测相频特性，但效率低；扫频法，是一种动态测量方法，并被制造成扫频仪，广泛应用在低频系统的幅频特性测量。

8. 扫频信号发生器是扫频测量的核心，典型的扫频信号发生器主要由扫频振荡器、扫描信号发生器、频标产生电路及稳幅反馈环路组成。实现扫频的方法早期有机械振荡式、变容二极管电调振荡式等，现在多用数字合成的方式，较高频段多采用 YIG 电调振荡方式；通常采用外差式差频扫频、全基波多频段联合式扫频、倍频式扫频等方法实现宽频段扫频输出。

思考题与习题

7-1　如何理解“实时”频谱分析的含义？传统的扫描式频谱分析仪为什么不能进行实时频谱分析？FFT 分析仪为什么能进行实时频谱分析？

7-2　什么是频谱分析仪的频率分辨力？在外差式频谱仪和 FFT 分析仪中，频率分辨力分别和哪些因素有关？

7-3　以 FFT 型频谱分析仪为例，说明为什么基于采样分析的电子测量仪器在采样环节前常要加一个低通滤波器。

7-4　在图 7-5 所示扫频外差式频谱分析基本原理框图中，设计成中频频率 f_{IF} 为扫频本振频率 f_L 减被分析频率 f_x。设 f_x 为 0 ~ 15MHz，f_{IF} = 20MHz。

（1）问扫频本振应能在什么频率范围内扫动？

（2）在图 7-5 所示的信号调理和混频环节之间常加一个低通滤波器，它用来避免高频信号的干扰。试以被测频率是 7MHz 为例，说明扫频本振应在什么频率才能使混频后的信号通过中频滤波器？而这时什么频率的高频信号能对 7MHz 的显示构成干扰，应被所加低通滤波器滤除？

（3）讨论本题（2）中所加低通滤波器与图 7-7FFT 分析中的低通滤波器有什么共同之处？

7-5　如果已将外差式频谱分析仪调谐到某一输入频率上，且信号带宽小于调谐回路带宽，此时停止本振扫描，屏幕将显示什么？

7-6 要想较完整地观测频率为 20kHz 的方波，频谱分析仪的扫描宽度应至少达到多少？

7-7 使用频谱分析仪观测调幅信号，如果测得边带信号的幅度相对载波幅度为 A（dB 单位），求调幅系数 m_a。

7-8 讨论在频谱分析仪和扫频仪中扫频信号发生器的作用有什么相同之处和不同之处。

7-9 根据扫频仪的用途，对扫频信号应有哪些要求？实现扫频信号的电路原理，可以有哪些方法？

7-10 说明扫频仪测量电路参数的原理和方法。

第 8 章　数据域测量

8.1 概述

8.1.1　数据域测量基础

随着计算机技术和集成电路迅速应用与发展，数字化、微机化产品的大量研制、生产和使用，数字化产品和系统在电子设备中已占极大比重，数字化已成为当今电子设备、系统的发展趋势。面对这些复杂的数字电路和系统，若采用前述章节讨论的时域、频域及调制域的测试方法进行测试将产生困难。因为在数字电路和系统中，传输的信息是采用离散二进制信息来表达的，即常用高、低电平状态来描述二进制信息，多个二进制位（bit）的组合可构成一个数据，称为数据字，这样大量数据字有序的集合形成了数据流信息。数据流的表示方式如图 8-1 所示，图中以十进制计数器为例，在输入量时钟（CLK）序列信号作用下，计数器的输出是由 4 位二进制码组成的数据流，这个数据流可以用高低电平表示两种逻辑状态表示，称为逻辑定时显示方式，如图 8-1a 所示；也可用在时钟序列作用下的数据字表示，这个数据字是由各信号状态的二进制码组成的，称为逻辑状态显示方式，如图 8-1b 所示。虽然两种表示方法形式不同，但表示的数据流内容是一致的。

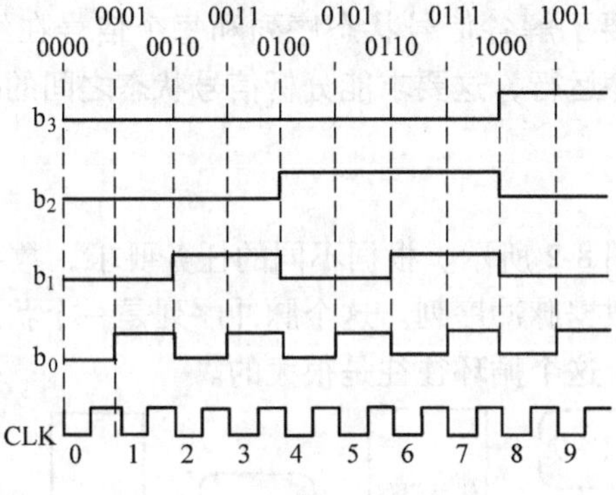

a)

	b_3	b_2	b_1	b_0
No.0	0	0	0	0
No.1	0	0	0	1
No.2	0	0	1	0
No.3	0	0	1	1
No.4	0	1	0	0
No.5	0	1	0	0
No.6	0	1	1	0
No.7	0	1	1	1
No.8	1	0	0	0
No.9	1	0	0	0

b)

图 8-1　数据流的表示方式

a）逻辑定时显示方式　b）逻辑状态显示方式

在现代数字电路和系统中，对数据流信息的测试技术被称为数据域测试技术，简称数据域测试。数据域测量是测试数字量或电路的逻辑状态随时间变化而变化的特性，其测量目的：一是能确定系统中是否存在故障，称为合格/失效测试，或称故障检测；二是可确定故障的位置，称为故障定位。它的理论基础是数字电路与逻辑代数，主要研究对象有数字系统中数据流、协议与格式、数字应用芯片与系统结构、数字系统特征的状态空间表征等。

1. 数据系统信号特征及检测要求

数据域测量是对数字系统中数字信息的测量，数字信息是由状态空间概念、数据格式和数据源构成的，它与频域和时域的信息不一样，具有以下主要特征：

1）数字系统可传输多路数据。字符、数据、指令等由按一定编码规则的多位数据组成，因此，同时传递数字信号要有多根导线，这就形成了总线，依靠一定的时序节拍脉冲，使多个器件挂接在总线上实现多路信号传输功能。

2）数据信号为有序数据流。数字设备具有一定的逻辑功能，各信号之间有预定的时序关系，因此数字电路的测试最重要的是检查数字脉冲的先后次序和波形的时序关系是否符合设计要求。

3）数据信息的传递方式具有多样性，如串行和并行、同步和异步传递方式。

4）数据信号往往是非周期性的或单次的，如微计算机系统的数据流存在着大量单次或非周期性信号，这一特点决定了它很难用非存储式示波器等传统仪器检测。

5）数字信息工作速率变化范围大，一般从纳秒级至秒级。

6）数字系统常由硬件和软件构成，其数字信息互相穿插，互相影响。

对数字系统的检测不能像对模拟系统那样，用示波器及一般的电子测量仪器是难以观察和测量数字信息的，对数字系统的基本检测要求如下：

第一，跟踪与分析状态数据流，这是对数字系统进行功能分析所必需的基本测量。跟踪状态数据流需要利用地址总线，同时能观测数据总线，有利于分析总线的全面工作情况。监视的位数多达 20～40bit 或更多，工作是同步的。由于有的总线是复用的，因此要求测量时有选择数据的能力。

第二，为监视总线上的数据流，需要设置触发字。

第三，为了分析异步总线，需要了解各信号状态序列和每个信号在给定状态的持续时间，以便判断系统是否按正确的时序运行，这要求能分析信号状态之间的时间关系。

第四，需要捕捉干扰或毛刺。

2. 数据域测量的基本原理

数据域测量系统的基本结构如图 8-2 所示。根据不同的任务要求，数字信号发生器需要能够输出多路具有一定逻辑关系的数据脉冲序列。这个脉冲序列是一个状态循环，对于复杂系统逻辑特性，其状态数量非常多，这个循环往往是很大的。

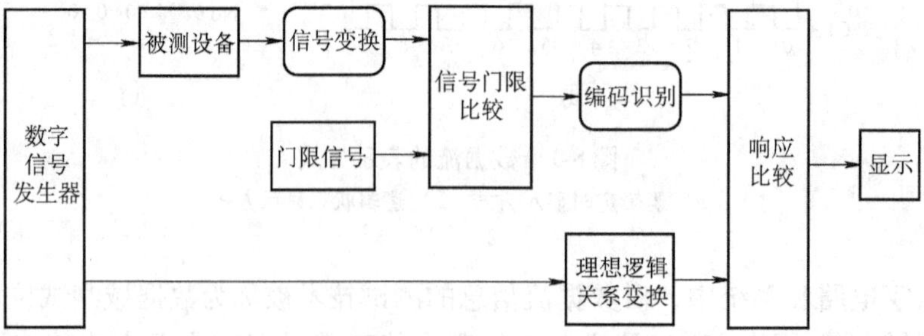

图 8-2　数据域测量系统的基本结构

数字激励信号经过一定的处理可得到合适的宽度、幅度、上升时间、下降时间信号。被测系统在激励信号的作用下产生一定的响应输出。响应信号首先经衰减、放大等处理，而后由数据捕获电路判断信号的逻辑状态，并准确测量出状态的起始和终止时间。这些状态保存在系统存储器中，供显示和比较。与时域、频域测量不同，数据域测量的结果是编码，而非电信号，因此数据显示系统须以合适的方式显示出编码序列，甚至是编码所代表的信息含义。

对于数字系统的数据域测量，输入到被测系统中的激励同时也送入一个具有理想逻辑特性的系统，其输出即为理想被测系统应输出的逻辑状态序列。因此，将被测系统的响应输出与理想输出相比较即可判断被测系统是否具有正确的数据特性。

8.1.2　数据域测量的基本仪器

1. 数字信号发生器

数字信号发生器的基本功能是产生数据域测量所需的各种波形，并以一定的电信号施加在被测系统上，其作用是用来模拟数字系统功能测试和参数测试的激励信号。

数字信号发生器输出的图形是形式、长度和宽度均可编程的并行或串行数据。发生器的输出是承载了上面数据流的一组电信号，其电平和速率可编程，并由触发、选通信号和时钟信号来控制。

在功能测试中激励电信号的各项参数应尽量为理想值，在此条件下可找出被测系统的输出。参数测试中则须改变电信号的各项参数，如电平、定时、输入信号的转换时间等，在被测系统状态不变的情况下，找出电信号参数可能的变化范围。

2. 逻辑分析仪

逻辑分析仪是数据域测量的基本仪器，其基本功能是采集、存储并以多种方式显示数字系统中的数据流，可用于测量数字信号的逻辑状态与时间的关系。

逻辑分析仪可分为状态分析仪和定时分析仪。其主要区别在于显示和时钟方式不同。逻辑状态分析仪的数据采集是在被测系统的时钟下实现的，分析仪与被测系统同步工作，主要用于监测数字系统的工作程序，如软件测试。其测量结果用0、1序列显示。逻辑定时分析仪在自身的内时钟控制下采集数据，分析仪与被测系统异步工作。为了准确得到信号在各时间点的状态，内时钟频率应为被测系统时钟频率的5~10倍。逻辑定时分析仪采用与示波器相同的方式显示信息，水平轴代表时间，垂直轴代表电压幅度。它能检测出硬件系统的工作时序及毛刺等瞬时故障，主要用于系统的硬件测试。

逻辑分析仪通常能同时检测多路信号，这样就能检测计算机总线等多位数字信号。为了直观地给出信号所承载的信息，逻辑分析仪有多种显示方式，如表格形式、各种数据图形方式、高低电平波形方式，甚至是汇编语言源程序形式等。数字系统中的数据流往往是很复杂的，为了有效地监测、分析数据流的片段，逻辑分析仪设有多种触发方式。

8.2　数字信号发生器

8.2.1　数字信号发生器的原理

1. 数字信号发生器的结构

数字信号发生器又称数据发生器、图形或模式发生器，它用来提供多位不同逻辑值的信号或信号序列。数据域测量使用的数字信号形式众多，因此对数字信号发生器输出信号有着许多不同的要求。为了适应这个特点，数字信号发生器多采用模块式结构。仪器的信号产生和输出部分由多个模块组成，每个模块包含多个数据通道。

数字信号发生器的结构包含地址发生器、波形（或码型）存储器、位移寄存器等。数据产生的核心是数据存储器。与任意波形信号发生器相似，在测量之前，需根据要求设计每个通道的数据序列，然后对各通道进行初始化。这期间将每个通道的数据序列写入数据存储器。在执行测试过程中，利用计数器产生数据存储器的地址。每一个有效时钟沿计数器将地址加 1，这样数据存储器中的数据随着地址的变化被逐一输出。

图 8-3 所示为一种数字信号发生器的结构图。主机部分包括信号处理单元、中央处理单元和人机接口等。信号处理单元提供一个启动/停止信号，用以控制数字信号发生器同步启动或同步停止各模块的工作。简单时钟同步方法就是用时钟的开、关来启动和停止各数据通道。许多数字信号发生器还提供了外部时钟输入端，用户可以把被测系统的时钟作为发生器的时钟源。在高性能的数字信号发生器中，使用锁相环构成合成信号源作为时钟源。

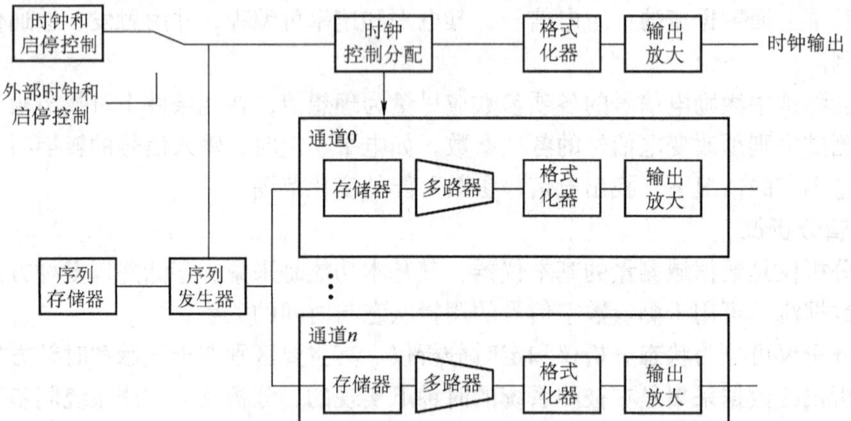

图 8-3 数字信号发生器的结构

每个信号发生模块含有若干通道，各通道统一在时钟和启动/停止信号的控制下工作。模块由序列和数据产生部件、通道放大器等构成。用于低速、高阻抗 CMOS 和 TTL 电平的仪器可带有外接放大器，并通过电缆将外接放大器与仪器模块连接。高速数字系统一般都使用具有 50Ω 源阻抗的放大器，并将它放置在模块上。此外，数字信号发生器都具有 GPIB 一类编程通信接口，可利用计算机进行复杂信号的设计，并将设计结果通过数据通信送入仪器。

2. 数据的产生

数字信号发生器作为一种通用的测试设备，配备了高速数据产生功能，能够产生大数据量的高速可编程串行数据。通常情况下，如果要对被测设备进行全面的测试，必须创建较长的测试脉冲，但是，要求存储器的存储容量做到能存储全面测试数字设备所需的大量码型字非常困难。借助数据发生器强大的数据循环功能，就可以生成超长的复杂数据，减少大量烦琐的数据编程工作。

数据存储器的主要参数是存储容量和运行速度。存储器的容量决定了一个状态循环中最多可能的数据数量。通常，测试用的状态循环比存储器的最大容量小，这样存储器中存在一些无用的数据。所以，地址计数器必须能够设定其地址循环范围。多数的数字信号发生器可提供的最大输出数据率可大于 100MB/s，但数据存储器的运行速度相对较低。这时需要用一定的分频器对操作时钟进行分频，用较低速的时钟操作存储器。为了满足输出的要求，每次从存储器中并行读出多位，而后再转换为高速串行形式。

图 8-3 中的序列存储器在初始化期间写入了每个通道的数据，数据存储器的地址由地址计数器提供。在测试过程中，在每一个作用时钟沿上，计数器将地址加 1。数据存储器输出的数据与地址是一一对应的，这是产生线性数据流的一种简单方法。

一个 8∶1 的多路器可将运行频率为 $f/8$ 的 8 个并行输入位转换成频率为 f 的串行数据流。对于低速的数字信号源，多路器可以不设，从数据的每位数输出可直接产生一个串行数据流，该数据流加到格式化器的输入端，通过格式化器将数据流与时钟同步。在简单情况下，格式化器就是一个 D 触发器。数据的逻辑电平加在 D 输入端，在时钟信号沿的作用下输出。

格式化器的输出通过输出放大器进行放大，获得足够的驱动能力，以合适的电平输出。通常，输出放大器的输出电平是可编程的，某些数字信号发生器中，数据流的传输时间也可编程。通过对传输时间的调节，同时每个模块上提供了外部时钟和启动/停止控制输入端，可以产生各种异步数据流。

3. 数据序列

数字信号发生器一般可产生三种主要的数据序列。第一种序列如图 8-4a 所示，这是一个循环序列，它将数据存储器中的某个数据块重复指定次数（1 次或有限次）。这种序列可用有限的存储深度来提供非常长的数据流。

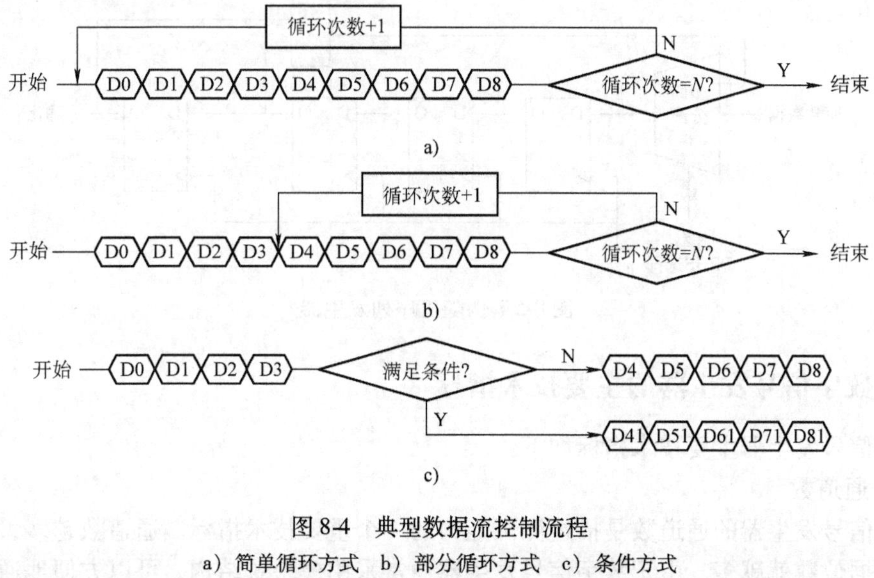

图 8-4　典型数据流控制流程

a）简单循环方式　b）部分循环方式　c）条件方式

数字信号发生器还可以在一个序列中产生不同循环次数的多种循环。它们以规定的循环次数，重复输出存储在存储器中两个地址之间的第一个数据块，并且将存储在存储器中另一个地址上的第二个数据块按规定的次数输出。这种序列的一个重要作用是：第一个循环（重复次数为 1）作为预置，而第二个循环载有地址信息，用于测试通信电路，因为它载有测试信息，故称为有效信息载体，如图 8-4b 所示。

数字信号发生器还可通过外部输入信号的控制来改变数据序列，这种能力被称为事件分支。在这种工作方式下，数字信号发生器首先输出每一个数据流，当输入的控制信号有效时就输出预先定义的第二个数据流。图 8-4c 所示为一个在第四个数据位之后有分支点的序列，根据分支条件数字信号发生器可输出不同的数据序列。

4. 伪随机序列

在有效应用场合，数据存储方式不能满足所需数据流的要求。例如，在数字通信中，信道中传输的数据流在实际中是无法预先设置的。因此，在数字通信系统中只能用随机数据来激励。由于产生真正的随机序列在技术上还有困难，实际中采用伪随机二进制序列（PRBS）作为激励。

伪随机序列又称伪噪声码（PN），它并非真正的随机序列。从起始的各时刻状态看实际上是确定的，只是它的循环周期非常长，从局部上看前后两个状态之间没有关系。显然，PRBS 的随机特性取决于周期的长度，即周期越长，其随机特性越好。

图 8-5 所示的发生器是一种通用的伪随机序列发生器。该发生器由 m 个 D 触发器首尾相接构成 m 段移位寄存器，其中触发器采用同步时钟。移位寄存器的输入端可选择加载初始数据或反馈数据。反馈数据来自一个异或门，异或门的输入是第 n 和 m 两个 D 触发器的输出信号。第 m 个 D 触发器的输出通过数据选择器输出。发生器启动时首先对触发器进行初始化，即通过数据加载端送入输出数据。如果触发器的输出数据不是全 0，那么在时钟信号的控制下输出端就可得到一个循环周期非常长的二进制位串，即伪随机二进制序列。该序列的循环周期或长度取决于反馈 n 和 m。

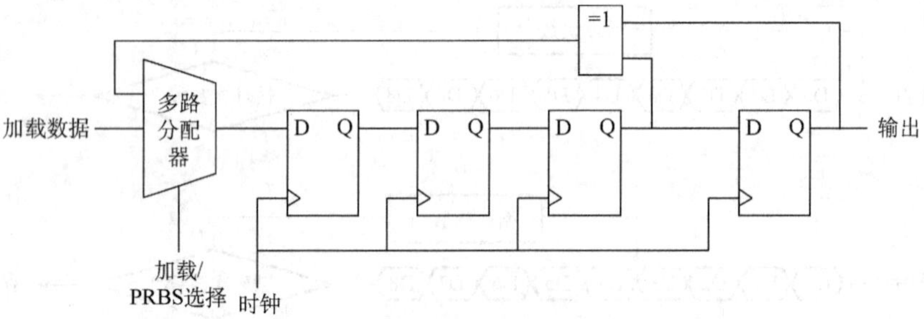

图 8-5　伪随机序列发生器

8.2.2　数字信号发生器的主要技术指标

数字信号发生器主要技术指标如下：

（1）通道数

数字信号发生器的通道数是描述测试能力的一个重要技术指标。通道数越多，同时进行测试的数据位数就越多。由于数字信号发生器通常采用模块式结构，可以方便地通过配置模块的数量增加通道数，一般每个模块有 4 ~ 16 个通道。

（2）最大数据速率

数字信号发生器的最大数据速率指可产生的最高数据流速率。数据速率用每秒钟输出的数据位数表示，它必须满足被测对象的要求。针对不同被测系统的要求，数据流的速率在一定范围内可调。

（3）存储深度

存储器的存储深度是表征数字信号发生器存储数据位的大小，它说明了数字信号发生器能够输出的确定数据流长度。

（4）输出放大器

对于高速数字信号发生器，其每一个数据通道设有一个50Ω源阻抗的放大器。为了避免与总线发生冲突，数字信号发生器还提供一种快速的三态能力，即在一个时钟周期内，可以切换到每一个通道的输出，也可将一组通道切换到高阻态。大多数的数字信号发生器都提供具有独立可编程为高电平或低电平的放大器，使逻辑电平适合于被测系统测试的需要。某些数字信号发生器还提供可变的上升时间，以满足某些特殊场合测试的需要。

（5）偏移和延迟能力

由于不同信道的固有传输延时存在差异，因此每个数据位经不同信道到达被测系统的时间不同，这种时间上的差异称为偏移。数字信号发生器通常采用时钟延迟电路调整各通道的偏移，使所有通道相对于内部基准时钟的传输延迟值均相同。数字信号发生器的延迟特性用分辨率和精度表征。分辨率指延迟电路可产生的最小时间间隔，精度指可编程延迟电路产生延迟时间的精确程度。为了减小偏移，数字信号发生器将参考时间置于延迟范围的中间，使用正延时和负延时进行偏移校正。

（6）抖动

抖动是指一个时钟信号或数据流中，数据位边沿位置的不确定性。抖动用一个时钟周期的若干倍描述，其不确定度用方均根值规定。由于放大器的脉冲压缩效应和数据通道之间的交叉干扰，数据信号的抖动比时钟信号的抖动更严重。

（7）触发能力

多数的数字信号发生器都具有用外部信号来启动/停止数据流的能力，而某些低速的数字信号发生器还提供一个触发器端，以产生一个启动/停止信号。如果一个特定的数据流在并行输出端发生，同时还可以产生一个分支信号。

8.3 逻辑分析仪的构成与原理

8.3.1 逻辑分析仪的构成

逻辑分析仪的基本结构如图8-6所示。逻辑分析仪主要包括数据采集捕获和数据处理显示两大部分。通常，逻辑分析仪先进行数据采集并存储，然后进行数据分析显示。

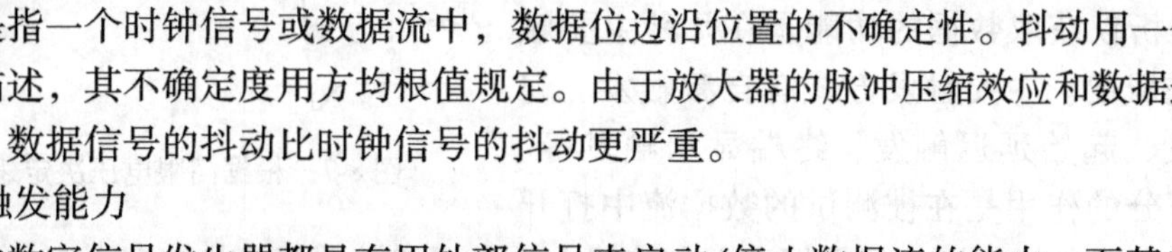

图8-6 逻辑分析仪的基本结构

数据捕获部分包括信号输入、比较采样、触发控制、存储控制和时钟电路等。外部被测信号通过探头送到信号输入电路，在比较器中与设定的门限电压进行比较，大于门限电压值的信号为高电平，反之为低电平。采样电路在采样时钟（外时钟或内时钟）控制下对信号进行采样，并将数据流送到触发模块中，产生触发信号。检测得到的数据按先进先出（First In First Out，FIFO）的方式保存在存储器的循环队列中，而有效数据的确认则依靠触发信号控制。数据域测量中，触发产生电路在数据流中搜索特定的数据字，称为触发字。当触发字出现时，产生触发信号，以控制数据存储器开始存储有效数据或停止存储数据，以便将数据流送去处理或显示。

数据处理显示部分的首要任务是将存储器里的有效数据以适当的方式显示出来，另外，还需对有效数据进行各种各样的分析处理和形式转换，例如，将数据编码反汇编得到原始的汇编语言。

8.3.2 数据捕获

逻辑分析仪测量和分析信号的方式不同于示波器。逻辑分析仪不测量模拟细节，而是检测逻辑门限电平。在输入高于门限电压（U_{th}）时，电平称为高或1；相反，当电平低于U_{th}时，则称为低或0。如图8-7所示。

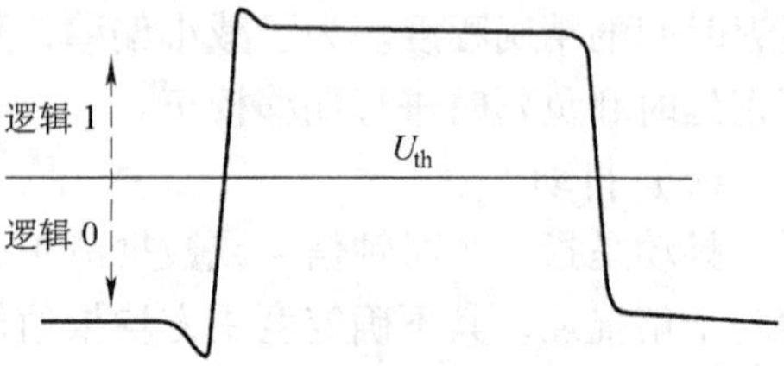

图8-7 根据门限电压决定逻辑值

逻辑分析仪获取数据的功能是在几种主要触发方式下完成的。主要触发方式有自激触发、起始显示触发、起始延迟触发、终端显示触发等。数据获取部分的作用是在被测试的数据流中打开一个窗口，把对分析有意义的数据存入存储器中。为了将被测逻辑状态存入存储器，通过时钟脉冲周期地对输入数据采样，逻辑分析仪有两种截然不同的采样模式：定时模式和状态模式。

（1）定时模式

定时模式中，取样时钟由逻辑分析仪内部产生，该时钟与所探测的数据信号无关，即采样时钟与数据信号两者是异步的，称为异步采样。通常要求时钟频率远高于被测系统的时钟频率，且越高越好。定时模式用于电路时序分析和硬件分析；替代示波器监视许多通道间的时序关系；分析多个不同总线信号（地址线、数据线、控制线）；检测通道、毛刺、时钟问题；准确的脉宽和边沿到边沿测量，这种采集模式主要用于在信号之间定时关系非常重要的情况下。

（2）状态模式

在状态模式，时钟来自于被测系统，称为同步采样，即逻辑分析仪此时需要外接同步时钟，因而采样时钟与数据信号两者是同步的。状态模式用于被测数字电路与系统的同步状态探测、微处理器执行分析以及在硬件与软件集成时应用；适用于软件排错，如用于微处理器和总线状态分析，用于通用同步状态机分析（当前大部分系统是同步的），利用微处理器时钟重建复杂总线活动并以很好理解的格式（反汇编）显示给使用者。

8.3.3 触发

与数字存储示波器相似，逻辑分析仪连续捕获大量的数据，并以环形结构存入存储器。

逻辑分析仪的触发识别部分用于从长长的数据流中寻找触发字或触发事件，从而选择出有分析意义的数据流进行存储和显示。逻辑分析仪通常有以下七种触发方式。

1. 起始触发

起始触发也称为触发开始跟踪。当触发字启动数据的采集时，这时触发字是数据流的第一个数据，之后逻辑分析仪就开始采集并存储在观察窗口内的数据，这称为启动跟踪方式。

2. 终端触发

终端触发也称为触发停止跟踪。当触发字停止数据的采集时，这时内存中采集存放的是触发字出现以前的数据，而触发字则是数据流的最后一个数据，这称为停止跟踪方式。

3. 延迟触发

延迟触发是指触发字出现后并不立即触发，而是延迟一段时间再触发。存储器内存储触发字和经一定延迟后的数据。

4. 序列触发

序列触发是为了检测复杂分支程序而设计的一种主要触发方式。例如，在检测计算机系统程序运行状况时，须观察的是某一特定程序片断的数据变化，那么触发条件则是该程序片断的运行，而非某一句程序指令。简单的触发序列条件只有两个状态字，通常称为使能触发。复杂的多级序列触发包括多个触发字，通常称为第一触发字、第二触发字等。

5. 计数触发

计数触发是延迟触发的一种变化形式。在检测软件中的循环程序时，常常遇到这样的情况。要观察循环中某个特定循环的状态，则可以设定循环起始状态为触发字，但并不立即引起触发，而是等到这个触发字第若干次出现时引起触发。

6. 限定触发

限定触发是给触发字施加一定的限定条件，只有当限定条件为真时，才能识别触发字，产生触发。如果限定条件为假，则即使出现触发字，也不产生触发。逻辑分析仪通常设立一些限定通道，进行限定触发时，用户可把限定通道连接到提供限定条件的电路节点。

7. 毛刺触发

逻辑定时分析仪能够检测信号中的毛刺，这个功能在实际工程中具有重要的意义。为了研究数字系统可能存在的不稳定性或分析系统故障，常常需要特别关注信号中的毛刺。为此，定时分析仪通常具有毛刺触发功能，也就是当信号中出现毛刺时引起触发。这种方式也可以与其他基本的触发方式结合在一起，构成较复杂的毛刺触发功能。

8.3.4　实时采集存储器

逻辑分析仪的探测、触发和时钟系统都是用来将数据传送到实时采集存储器中。存储器是仪器的核心——不仅存储所有采集的数据，而且是仪器分析和显示数据的源头。

逻辑分析仪拥有能够以仪器采样率存储数据的存储器。这个存储器可以视为一个拥有通道宽度和存储深度的矩阵，如图8-8所示。存储器会存储所有信号活动的记录，直到触发事件或用户指示仪器停止采集。存储的结果从本质上看是一个多通道波形画面，允许用户以非常高的定时精度查看已经采集的所有信号的交互情况。

逻辑分析仪对数据连续采样，填充实时采集存储器，根据先进先出原则丢弃溢出的数据。实时数据流源源不断地经过存储器，当触发事件发生时，暂停流程开始，存储器中将保留数据。触发在存储器中的位置非常灵活，允许捕获和观察触发事件前、触发事件后和触发事件周围发生的事件，这是一种重要的调试功能。通过设置逻辑分析仪，可以存储触发前的数据，捕获引起故障的原因；也可以存储触发后的数据，查看错误可能会引起的一系列效应。

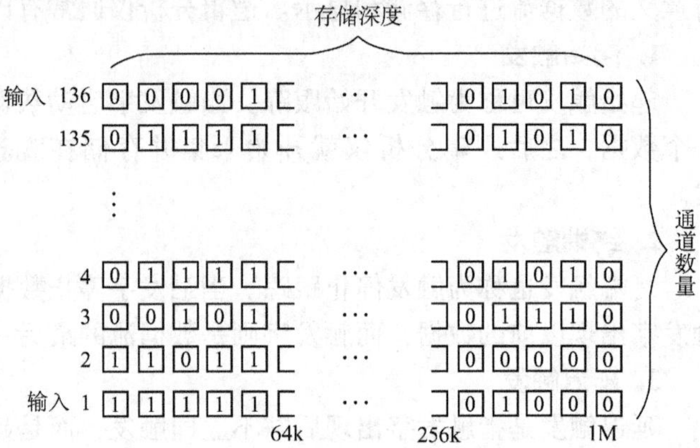

图 8-8 逻辑分析仪的存储器

8.3.5 分析和显示

存储在实时采集存储器中的数据可以在各种显示模式和分析模式下使用。信息存储后，可以使用不同格式查看这些信息，如定时波形或与源代码相关的指令助记符。通常逻辑状态分析仪采用各种状态表及图形显示，逻辑定时分析仪采用时序图显示。

1. 状态表显示

状态表是最基本的显示方式，这种方式将各种数制以列表方式显示状态序列，常用的数制有二进制、八进制、十六进制等。对于地址和数据总线上的信息，采用十六进制显示方式；对于控制总线和其他电路节点上的信息，可用二进制数显示，如图 8-9a 所示。

2. 反汇编显示

为了便于对计算机系统包括软件进行测试分析，逻辑分析仪提供了一种有效的反汇编显示方式。它将采集到的总线数据（指令的机器码），按照被测的微处理器系统的指令系统进行反汇编，然后将反汇编成的汇编程序显示出来，这样可以非常方便地观察指令流，分析程序运行情况，如图 8-9b 所示。

3. 直方图显示

直方图显示方式给出了系统某些状态的出现几率，常见的直方图有时间直方图和标号直方图两种。时间直方图给出了系统停留在某些状态的时间，标号直方图则给出了系统处于某些状态的次数。利用直方图可以方便地检测计算机程序执行时间的分布情况，用以确定各程序模块及整个程序的最小、最大和平均执行时间，据此就可找出占用 CPU 时间过长、效率低、质量不高的程序模块，如图 8-9c 所示。

4. 时序图显示

时序图显示方式是逻辑定时分析仪的基本显示方式。其形式与示波器的显示相似，以多踪的形式在屏幕上画出信号对时间变化的波形，如图 8-9d 所示。

5. 数据序列图形显示

数据序列图形显示是一种坐标显示方式，其 X 轴表示时间，Y 轴按线性标度标记为一系列的数据状态，通常这个数据状态代表一个数值。利用这种方式可以直观地观察数据值随时间的变化过程。例如，利用这种方式监视计算机系统的地址总线，可以清楚地看到计算机程

地址 (HEX)	数据 (HEX)	状态 (BIN)
2850	35	001100
2851	62	101101
2852	2B	100111
2853	4A	100110

a)

地址 (HEX)	数据 (HEX)	操作码	操作数 (HEX)
2850	214200	LD	HL,2042H
2851	0604	LD	B,04H
2852	97	SUB	A
2853	23	INC	HL

b)

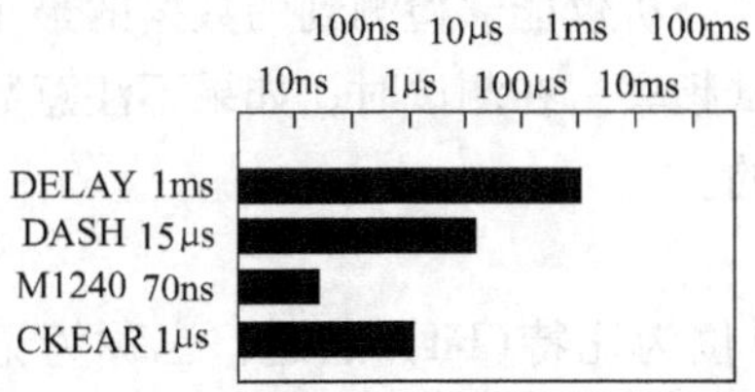

c)

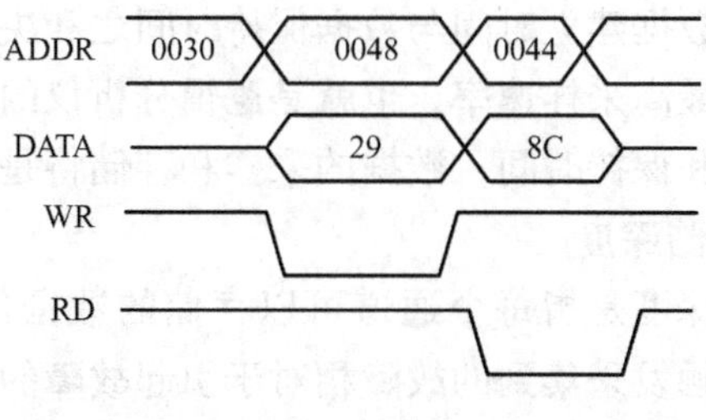

d)

图 8-9　逻辑分析仪常见显示方式

a）状态表显示　b）反汇编显示　c）直方图显示　d）时序图显示

序地址的变化过程，从而了解各程序段的运行情况。

6. 映射图形显示

映射图形显示方式是指将屏幕上各点与系统状态一一对应起来，这样系统的状态变化转变为屏幕上光点的运动轨迹。

实际上，大多数逻辑分析仪都具备多种显示方式，并能够对这些方式进行组合，同时显示在屏幕上。在实际应用中应根据要求合理选择各种显示方式。

8.3.6　逻辑分析仪的性能

1. 定时分析

逻辑分析仪最基本的功能是根据其采集的数据生成时序图。在定时分析时，时钟由逻辑分析仪产生，时钟速率越高，单位时间内采集的信息越多，因此分辨率越好。其关键指标是指逻辑分析仪最小可检测的脉冲的宽度。

定时分辨率与内时钟频率相关，工程应用中，一般要求内部时钟应比被测量信号快 5 ~ 10 倍。图 8-10 所示为逻辑分析仪定时分辨率与内时钟的关系。

2. 状态分析

在状态分析时，时钟由被测系统产生，当时钟有效（时钟发生正沿或负沿跳变）时，逻辑分析仪才开始采集数据。时钟必须和系统时钟一样快，但并不是越快越好。建立时间和保持时间是其关键指标。所谓建立时间，就是在时钟跳变之前，数据必须出现在存储器输入端的最小时间。同样地，为使数据可以稳定、可靠地存入存储器中，在时钟沿跳变之后，数据应保持足够长的时间。因此，所谓保持时间，就是在时钟沿跳变之后，数据必须保持的最

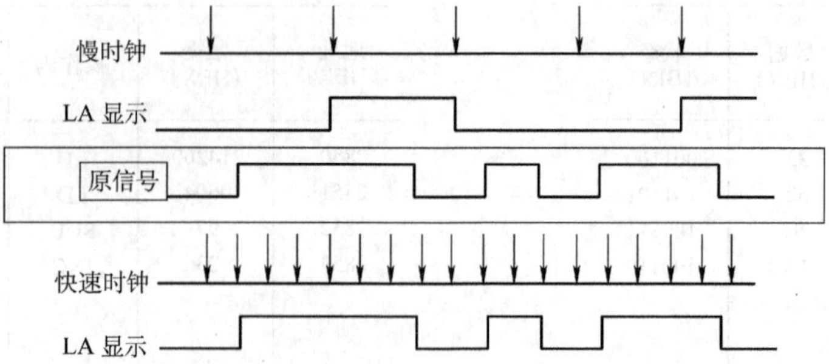

图 8-10 逻辑分析仪定时分辨率与内时钟的关系

小时间。数据建立时间与数据保持时间之和决定了逻辑分析仪能够检测到的数据的最小时间间隔，即最高采样速率，也就是逻辑分析仪的最高测试频率。在测试时，如果不注意数据的建立时间和保持时间，数据的采样和存储将是不正确的。

3. 存储深度

存储深度是指每个通道可以存储的数据位数，单位为比特(bit)/通道，也称为记录长度。由于触发采集到的故障相对于引起故障的原因可能相隔很长时间，对于存储深度长的逻辑分析仪通常可以同时捕获和查看到故障和引起故障的原因，从而能大大简化数据域中逻辑数据的分析调试过程。

有些逻辑分析仪可以配置各种存储深度，如果把四条通道的存储器连接起来，使可用深度提高四倍。这样提供了一种手段，当需要构建大规模记录长度时，可以通过从较小的、成本较低的配置中获得长存储深度的性能。

4. 通道数量和模块化

逻辑分析仪的通道数量是其为整个系统中宽总线和（或）多个测试点提供支持的基础。在配置仪器记录长度时，通道数量非常重要，为使记录长度提高两倍或四倍，分别要求两条通道和四条通道。

高速串行总线是当前的发展趋势，在这种趋势下，通道数量问题变得非常关键。例如，32 位串行数据包必须分布到 32 条逻辑分析仪通道中，而不是一条逻辑分析仪通道中。换句话说，从并行结构转向串行结构并没有影响对通道数量的需求。模块化逻辑分析仪可以容纳各种采集模块，并且可以连接在一起，实现更高的通道数量，最终系统可以容纳数千条采集通道。

5. 触发

触发灵活性是快速高效地检测未发现问题的关键。在逻辑分析仪中，触发与设置条件有关，在满足设置条件时将捕获采集，显示结果。一旦停止采集就证明发生了触发条件。

逻辑分析仪还提供了多个触发状态、字识别器、边沿/跳变识别器、范围识别器、定时器/计数器和快照识别器及毛刺和建立/保持时间触发。

8.3.7 逻辑分析仪测量实例

逻辑分析仪检测被测系统是指用逻辑分析仪的探头检测被测系统的数据流，通过对特定数据流的观察分析，进行软硬件的故障诊断。

1. 逻辑分析仪在硬件测试及故障诊断中的应用

逻辑定时分析仪和逻辑状态分析仪均可用于硬件电路的测试及故障诊断。给一数字系统加入激励信号，用逻辑分析仪检测其输出或内部各部分电路的状态，即可测试其功能。通过分析各部分信号的状态、信号间的时序关系等就可以进行故障诊断。下面用实例说明逻辑分析仪在硬件测试中的具体使用。

（1）ROM 的指标测试

逻辑分析仪可以通过测试器件在不同条件下的工作状态来测试它的极限参数，下面给出了用逻辑分析仪对 ROM 的最高工作频率和工作寿命进行测试的方法。

图 8-11 所示为 ROM 最高工作频率的测试。由数据发生器以计数方式产生 ROM 的地址，逻辑分析仪工作在状态分析方式下，将数据发生器的计数时钟送入逻辑分析仪作为数据采集时钟，ROM 的数据输出送入逻辑分析仪探头，同时用频率计检测数据发生器的计数时钟频率。

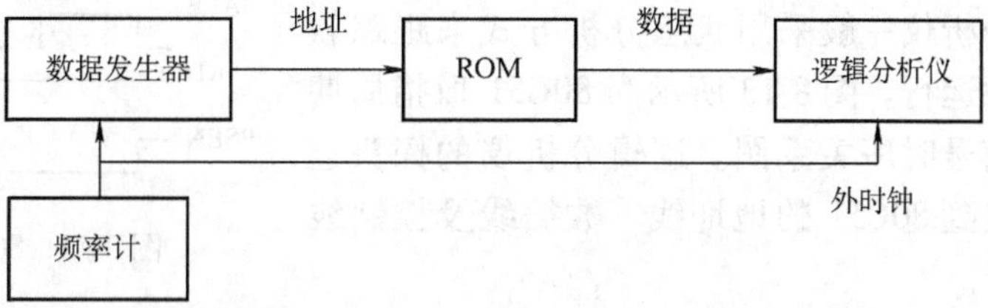

图 8-11　ROM 最高工作频率的测试

首先让数据发生器低速工作，逻辑分析仪进行一次数据采集，并将采集到的 ROM 各单元数据存入参考存储器作为标准数据，然后逐步提高数据发生器的计数时钟频率，同时逻辑分析仪将每次采集到的数据与标准数据相比较，直到出现不一致为止，此时数据发生器的计数时钟频率即为 ROM 的最高工作频率。

ROM 的寿命可以通过改变其工作电压和温度的方法间接测试。首先在正常温度和工作电压情况下，由逻辑分析仪采集数据作为标准数据，然后改变工作电压和温度，逻辑分析仪采集数据并与标准数据比较，直到出现两者不一致时，停止并记录当时的工作电压及温度等测试条件，根据这些数据即可计算出 ROM 的工作寿命。

（2）检测和显示间歇性毛刺

毛刺一直是数字系统设计人员头痛的问题。这些不稳定的脉冲具有间歇性特点，其幅度和时间周期可能是不规则的，检测和捕获起来非常困难，而不可预测的毛刺影响可能会使系统失效。例如，一个逻辑单元很容易会错误地把毛刺理解为时钟脉冲，进而可能会在总线中过早地发送数据，产生使整个系统产生波动的错误。串扰、电感耦合、竞争条件、定时违规等都会导致毛刺。

图 8-12 所示为一个译码器的时序图，D_0、D_1、D_2 是译码器的三个输入端的波形。D_3、D_4、D_5、D_6 是四个输出端的波形，每个输出波形上都有毛刺脉冲。

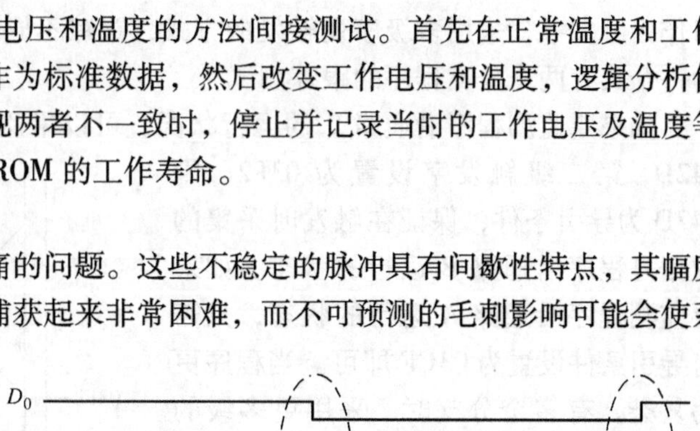

图 8-12　译码器的时序图

由图可见，所有的毛刺都出现在输入信号的跳变沿上。例如，t_2 和 t_4 时刻的毛刺都是输入端 D_0、D_1、D_2 同时跳变引起的，如图 8-12 所示虚线圈。t_2 时刻 D_4 信号变负，t_4 时刻 D_6 信变负。由于译码器中采用的触发器性能及级数造成不同的延迟时间，因此会在翻转过程中产生毛刺。跳变的输入信号多，产生毛刺的可能性就大。

逻辑分析仪在正常采样方式下观察不到毛刺，而要使用毛刺检测功能来观察毛刺。调节数据发生器的输出信号延时，同时逻辑分析仪工作在毛刺锁定方式下，在波形窗口中开启毛刺显示，即可观察到译码器输出端上的毛刺。

2. 逻辑分析仪在软件测试中的应用

逻辑分析仪可用于软件的跟踪调试，发现软件故障，通过对软件各模块的监测与效率分析有助于软件的改进。在软件测试中必须正确地跟踪指令流，逻辑分析仪一般采用状态分析方式来跟踪软件运行。图 8-13 所示为 80C51 取指周期信号时序关系图。逻辑分析仪的探头连接到 80C51 的地址线、数据线及控制线上。

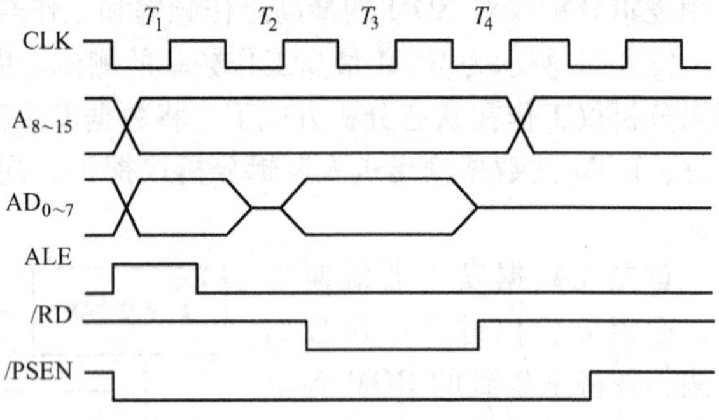

图 8-13 80C51 取指周期信号时序关系图

以 ALE 下降沿作为地址采集时钟，PSEN 的上升沿作为数据采集时钟，设置触发条件为复位结束或某数据字，即可将 80C51 总线上传输的数据正确捕获。同时还可以将捕获的指令数据按其指令系统反汇编后进行分析。

如果程序比较复杂，程序中包含了许多子程序及分支程序，可以将分支条件或子程序入口作为触发字，采用多级序列触发的方式，跟踪不同条件下程序的运行情况。图 8-14 所示为一个具有两个分支程序的跟踪测试。

如果要监测程序沿通路 B 的运行状况，可以采用两级序列触发，第一级触发字设置为 042D，第二级触发字设置为 03F2，则 042D 为导引条件，保证在触发时采集的数据是程序沿通路 B 运行的状态。如果要监测程序沿通路 A 运行的状态，只需将导引条件设置为 03CF 即可。当程序更为复杂，有多个分支时，采用更多级的序列触发即可，有的逻辑分析仪序列触发可达 16 级以上，保证了对程序灵活准确地跟踪分析。

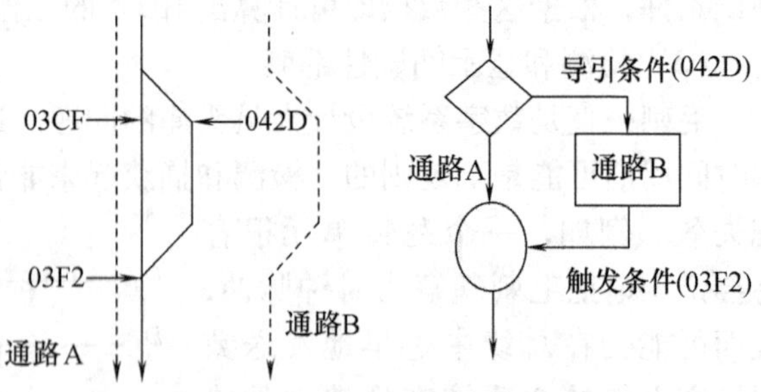

图 8-14 分支程序的跟踪测试

本 章 小 结

1. 数据域测量是测试数字量或电路的逻辑状态随时间变化而变化的特性。数据域测量的目的：一是确定系统中是否存在故障，称为合格/失效测试，或称故障检测；二是确定故障的位置，称为故障定位。

2. 数据域测试系统：一个被测的数字系统可以用它的输入和输出特性及时序关系描述，它的输入特性可用数字信号源产生的多通道时序信号激励，而它的输出特性可用逻辑分析仪测试，获得对应通道的时序响应，从而得到被测数字系统的特性。

3. 数字信号发生器又称数据发生器、图形或模式发生器，它用来提供多位不同逻辑值的信号或信号序列。

4. 数字信号发生器的主要技术指标包括最大数据速率、通道数、存储深度、输出特性等。

5. 逻辑分析仪内部结构可划分为两大部分——数据捕获和数据显示。

6. 要在数据流中找到对分析有意义的数据，就必须将观察窗口在数据流中适当定位，而定位是通过触发与跟踪来实现的，因此触发方式的多少及灵活程度就决定了逻辑分析仪的数据捕获能力。常见的触发方式一般有起始触发、终端触发、延迟触发、序列触发、计数触发、限定触发、毛刺触发等。

7. 逻辑分析仪常见的基本显示方式有波形显示和字符列表显示，当前的逻辑分析仪均采用了计算机为硬件平台，显示控制简单方便。其数据处理和显示能力大大加强，除了波形显示与数据字符列表显示，还有图形显示、反汇编源代码显示等方式。

8. 逻辑分析仪的主要技术指标包括定时分析最大速率、状态分析最大速率、通道数、存储深度、触发方式等。

思考题与习题

8-1 什么是数据域测试，它与频域测试和时域测试有何不同？

8-2 数据域测试的基本原理和方法是什么？

8-3 什么是同步采样，什么是异步采样？

8-4 试述逻辑分析仪的组成及各部分的作用。

8-5 逻辑分析仪的主要技术指标有哪些？

8-6 逻辑分析仪的触发起什么作用，触发方式主要有哪些？

8-7 逻辑分析仪的显示方式有哪些？

8-8 数字信号发生器的工作原理及其应用场合是什么？

第9章　现代电子测量技术

随着现代信息科学领域中的计算机技术、网络技术、信号处理技术和微电子技术的高速发展以及在电子测量技术与仪器中的广泛应用，导致测量方法与理论、测量仪器和结构不断创新，从而促使现代电子测量技术向着自动化、智能化和网络化方向发展。

通常将能自动进行测量、数据处理、输出测试结果的系统称为自动测试系统（Automatic Test System，ATS）。在自动测试系统中，整个测试工作在计算机控制下，通过预先设置的测试程序自动完成系统测量任务，因此，自动测试系统亦可称为计算机辅助测试（Computer Aided Test，CAT）系统。采用自动测试系统能提高劳动生产率和产品质量，对生产、科研和国防有着重要的作用。

9.1　自动测试系统

9.1.1　自动测试系统的基本组成

一般来说，自动测试系统由以下五部分组成：

1. 控制器

控制器主要由计算机组成，如小型计算机、个人计算机、微处理机和单片机等，实现智能控制处理。

2. 程控仪器与设备

程控仪器与设备包括各种程控仪器、程控开关、激励源、程控伺服系统、执行元件以及用于存储记录、显示、打印等器件，能完成一定的具体的测试以及控制任务。

3. 总线与接口

总线与接口是连接控制器与各程控仪器、设备的通路，完成消息、命令、数据的传输与交换，包括机械接插件、插槽、电缆等。

4. 测试软件

测试软件是为了完成系统测试任务而编制的各种应用软件。例如，测试主程序、驱动程序、输入/输出（I/O）软件等。

5. 被测单元

根据测试任务不同，被测单元往往是各不相同的，需通过电缆、插件、开关等与控制仪器和设备相连。

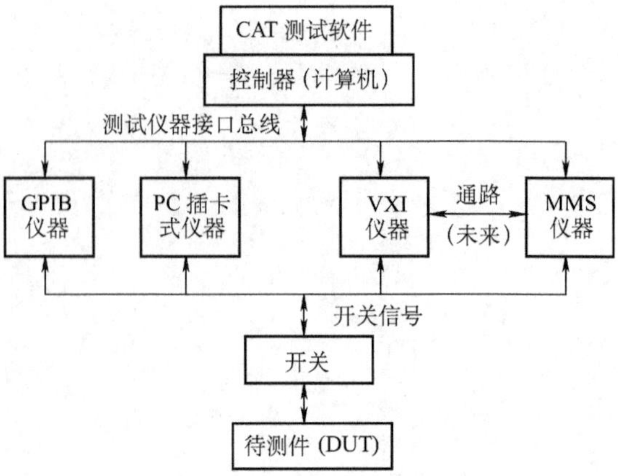

图 9-1　CAT 平台的系统结构

图 9-1 所示为 CAT 平台的系统结构，它由待测件（DUT）、控制器（计算机）、测试仪器及测试软件等几部分组成。控制

器通过接口总线与测试仪器互连，待测件则通过开关将其连到测试仪器的输入/输出端。仪器所用的接口总线可以是 GPIB、VXI，或 RS-232、局域网等。

9.1.2　自动测试系统的发展

自动测试系统的研制工作始于 20 世纪 50 年代，较完善的自动测试设备是 20 世纪 60 年代采用电子计算机以后才问世的，其发展进程大致可分为三个阶段。

1. 第一代自动测试系统——专用自动测试系统阶段

第一代自动测试系统多为专用系统，通常是根据某项具体任务而设计组成的。其主要应用系统有数据自动采集系统、产品自动检验系统及自动监测系统等，它的结构特点是，将具有不同的输入和输出电路的几种可程控仪器装配在一起形成一个组装系统。这种系统存在的主要问题是设计、维护复杂，适应性不强，研制费用较高。系统组建者需自行解决仪器与仪器、仪器与计算机之间的接口问题。当需要程控的设备较多时，系统组建研制工作量很大，且改变测试内容一般需要重新设计接口电路，即接口电路不具备通用性。

2. 第二代自动测试系统——采用标准通用接口总线阶段

第二代自动测试系统的特点是采用了标准通用接口及总线系统。它由计算机、激励装置和测量装置以及被测装置等组成，其典型结构如图 9-2 所示。这种系统组建方便，系统中各组成部分均配标准化接口功能，主要采用通用接口总线（General Purpose Interface Bus，GPIB）用统一的无源母线电缆连接起来，不需要自行设计接口，变换测试内容很灵活，因此得到了广泛的应用。

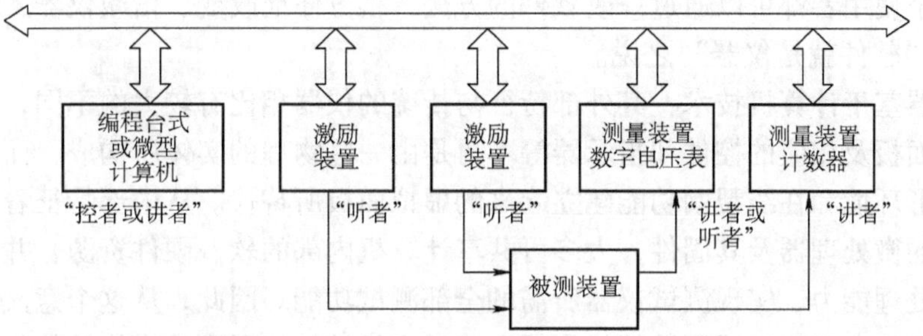

图 9-2　第二代自动测试系统典型结构图

3. 第三代自动测试系统——虚拟化测试系统阶段

在第一、二代自动测试系统中，计算机主要承担系统的控制、计算和数据处理任务，基本上是模拟人工测试的过程，尚不能充分发挥计算机的功能。为了把计算机和测试系统能更紧密地结合起来，融合为一体，因此提出了第三代自动测试系统的概念。第三代自动测试系统由微型计算机、通用硬件和应用软件组成，如图 9-3 所示。在第三代自动测试系统中，用计算机软件代替传统仪器的某些硬件，用微计算机直接参与测试信号的产生和测试功能，形成一种所谓的虚拟仪器

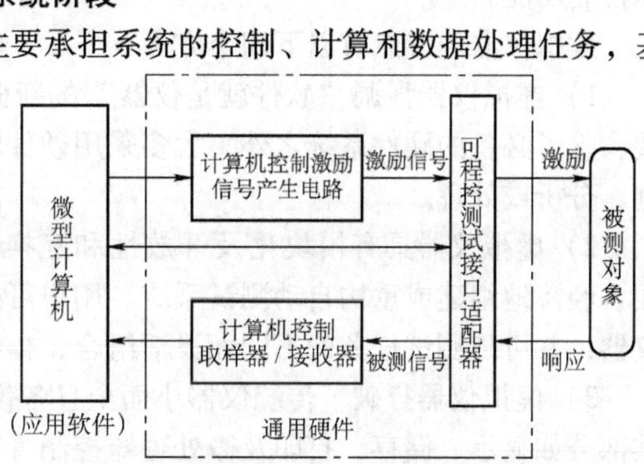

图 9-3　第三代自动测试系统组成示意图

(Virtual Instrument, VI)，这样，可用计算机及其软件来承担完成测试仪器的多种功能。

虚拟仪器的常见特点之一是将台式仪器的操作面板，利用计算机显示器的虚拟面板（又称软面板）来代替。在虚拟面板上可像操作实物面板一样操作仪器和系统，避免了第二代自动测试系统中显示器等部件发生冗余又不能相互容错的状况。测试软件与计算机的系统软件配合，构成第三代自动测试系统的软件平台。自动测试系统的发展方向是以计算机为核心的更高层次、更高水平的虚拟仪器系统。

9.2 虚拟仪器

9.2.1 虚拟仪器的基本概念和特点

随着计算机技术的发展，将计算机技术和仪器技术相结合，从20世纪90年代以来，产生了一类新型测试仪器——虚拟仪器，目前已成为电子测量仪器技术与自动测试的一个重要发展方向。

虚拟仪器是一种由用户在计算机等通用设备组件的基础上自行定义设计的仪器。实际上，它是以通用计算机为核心的系统，配合一定的标准电子测量功能组件，利用专门编制的计算机应用软件实现信号的采集和后期数据处理等工作，并以一个如普通仪器面板一样的操作界面呈现出来。

在虚拟仪器系统中，硬件仅仅是为了解决信号的输入输出，软件才是整个仪器系统的关键。任何一个使用者都可以通过修改软件的方法，很方便地改变、增减仪器系统的功能与规模，所以有“软件就是仪器”之说。

虚拟仪器基于计算机技术，其外部特征与传统的仪器相比有较大的不同，其中最突出的特点就是，面板及相应的控件和指示器等不再是由一些物理的实体所构成，而是由计算机内部强大的图形环境和在线帮助功能建立起来的虚拟面板所替代。从内部特征看，原智能仪器中较为复杂的微处理器及其固件，大多可共享计算机内部的软、硬件资源，并借助其完善的数据分析和处理能力，实现测试仪器所需的全部测试功能。因此，从这个意义上讲，虚拟仪器所构成的系统方案应以通用计算机为核心，具有足够的仪器硬件模块功能，并且以强大的仪器操作和测试等软件为支撑，突出在通用计算机平台上采用虚拟软面板，实现仪器的测试和控制功能。

虚拟仪器的特点有以下四个方面：

1）虚拟仪器强调“软件就是仪器”的新概念。在虚拟仪器中，仪器的功能和性能的实现，除了必备的硬件系统之外，大多采用硬件软化或以软件代替硬件的技术，完成复杂的控制、分析或处理。

2）虚拟仪器具有模块化及开放性和互换性的特点和良好的资源的复用性，同时可方便、经济地组建或重构自动测试系统。用户可根据自己的需要选购不同功能的卡式或模块化仪器，并可随测试任务的不同而灵活组合，提高仪器资源的可再用性。

3）虚拟仪器打破了传统仪器小而全且各仪器资源不能共享的现状，可将传统仪器的公共部分如显示、储存、打印及微处理器控制管理等由计算机来完成，即无论任何功能的仪器都可利用或共享计算机的这些公共资源，而不必重复设计。

4）虚拟仪器可自定义仪器功能。传统的仪器在出厂时，其功能已经确定，用户不能根据自己的需求而随时进行修改，只能一机一用。而虚拟仪器则可借助通用数据采集装置，通过编制不同的软件测试方案，可构造几乎任意功能的仪器，故“软件就是仪器”在这里再次得到体现。

9.2.2　虚拟仪器的组成及关键技术

虚拟仪器把测试技术与计算机技术结合起来，将传统仪器的信号采集与控制、信号分析与处理、结果表示与输出这些主要功能全部放在计算机上实现。即可在计算机内插入数据采集或数据产生卡，经A-D或D-A转换器，用软件对其信号进行分析与处理，并在计算机屏幕上生成仪器面板，完成仪器的控制和显示，最终实现传统测试仪器的所有功能。

1. 虚拟仪器的组成结构

随着现代电子测量技术的发展，虚拟仪器应用日渐广泛，虚拟仪器的构成方式主要有以下几种类型，如图9-4所示。

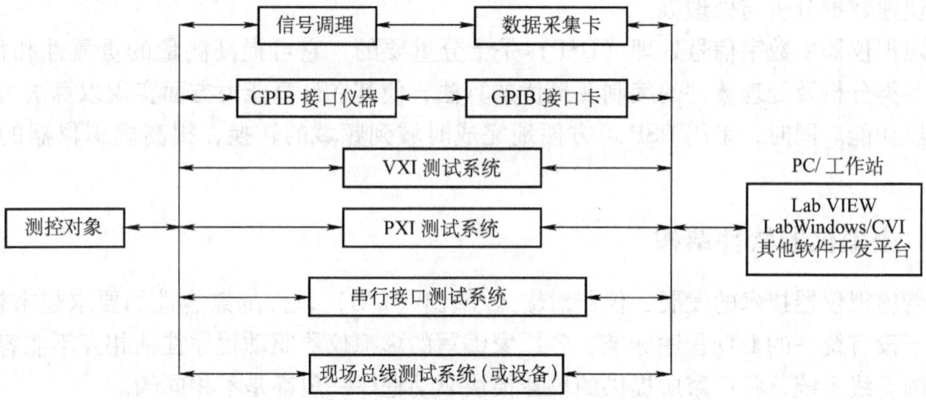

图9-4　虚拟仪器的构成方式

（1）计算机数据采集测试系统

将具有数据采集、信号调理电路的硬件模块插卡，内置计算机的ISA或PCI标准总线的槽口上，配上相应功能的软件，则可构成具有电压表、频率计、示波器、频谱仪等功能的虚拟仪器系统，组建方便且性价比较高。

（2）GPIB测试系统

GPIB接口仪器具备通用接口总线，以GPIB标准总线仪器与计算机为硬件平台组成的虚拟仪器测试系统，利用计算机替代人工操作完成测试工作，这样可提高测试效率，排除人为因素造成的误差，提高了测试质量。

（3）VXI测试系统

将一个测试系统内的所有VXI仪器模块都插入一个或几个机箱内，可使结构紧凑且可靠。以VXI标准总线仪器与计算机为硬件平台组成的虚拟仪器测试系统适合高质量的大型自动测试系统。

（4）PXI测试系统

PXI总线是PCI总线在仪器领域的扩展。PCI是目前计算机的主流总线，有大量功能且广泛流行的基于PCI平台的硬件和软件可供使用。美国NI公司等开发生产了以PXI并行系统总线仪器与计算机为硬件平台组成的虚拟仪器测试系统，比VXI测试系统便宜，性价比较高。

(5) 串行接口测试系统

以RS232、USB等串口总线仪器与计算机为硬件平台组成的虚拟仪器测试系统适用于测试速度要求不高的情况，是一种普及型自动测试系统。

(6) 现场总线测试系统（或设备）

由于当前由现场总线组建的自动测试系统越来越注重发挥软件的作用，其设计思想和实施方法可以归属了虚拟仪器的结构模式。

2. 虚拟仪器中的关键技术

虚拟仪器在进行实际测试过程中，需在数据采集、存储和信号分析之间以二进制的数据形式进行高速数据传输，以完成相应的数据分析和显示的功能，为此要加强其实时性，但目前在速度方面受到诸多因素的限制，如高速、线性、大动态的A-D或D-A转换、高速数据发生、快速数据分析与处理等。

在虚拟仪器中数字信号处理（DSP）是十分重要的，它可提高测量的重复性和稳定性，解决了各类分析及处理软件的编制及最优的算法，使其在计算能力方面实现以算法为基础的多种仪器功能。同时，采用DSP可方便地完成时域到频域的转换，提高虚拟仪器的测试速度。

9.2.3 虚拟仪器软件结构

随着虚拟仪器技术的发展，仪器对输入/输出（I/O）软件的兼容性的要求越来越迫切。以往由于没有统一的I/O程序标准，各厂家编写的虚拟仪器驱动程序往往相互不兼容，甚至对同样的总线系统，各厂家所提供的仪器模块驱动程序一般都是不相同的。

虚拟仪器软件体系结构（Virtual Instrumentation Software Architecture，VISA）是标准的I/O函数库及其相关规范的总称。一般称这个I/O函数库为VISA库。它驻留于计算机系统之中执行仪器总线的特殊功能，是计算机与仪器之间的软件层连接，以实现对仪器的程控。它对于仪器驱动程序开发者来说是一个可调用的操作函数集。它是随着VXI总线技术虚拟仪器的发展而产生的，是VXI即插即用联盟制定的新一代的I/O程序规范。VISA的任务是统一VXI虚拟仪器模块的软、硬件标准，进而达到统一I/O软件的目的。

虚拟仪器的软件采用层次化结构，所有软件建立在计算机操作系统基础上，从底层到顶层分别为虚拟仪器软件结构动态链接库、仪器驱动程序和应用程序，如图9-5所示。

VISA具有与仪器硬件接口无关的特性。在编写VXI虚拟仪器驱动程序时所公用的底层函数集遵循VISA标准，可使得系统用户所写的应用程序不仅可用于VXI总线系统，也可用于GPIB总线或带RS232接口设备的系统中。因此，VISA的出现不仅大大缩短了应用程序的开发周期，而且使得测试软件的开发从此走上了一个新的台阶，是理想的仪器I/O软件。

VISA的基本模块如图9-6所示。VISA软件模块是资源集合，每个资源级是指一台设备的特有能力。其中设备资源的独立性是用于VISA内部定义和创建资源的基础，资源管理器是一个附着于VISA资源模板的资源，用户可以通过打开到达资源管理器的连接装置访问资源管理函数。

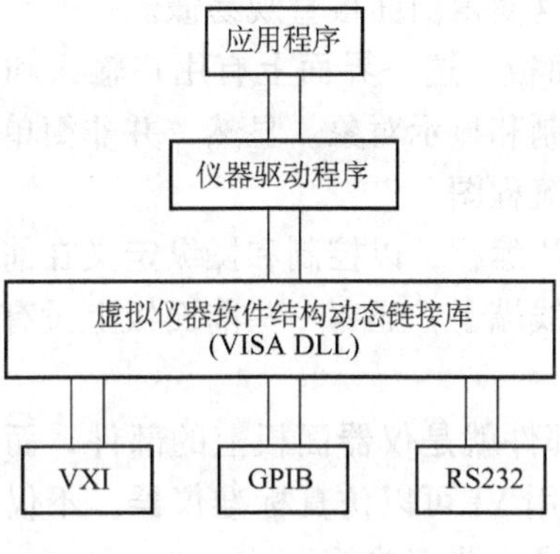

图 9-5　VISA 方案示意图

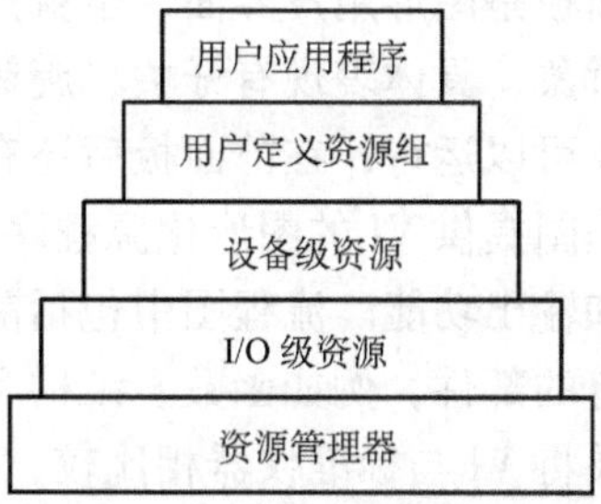

图 9-6　VISA 的基本模块

VISA 定义了三个资源级：I/O 级资源、设备级资源和用户定义资源。这三级资源反映了高级资源使用或继承低级资源的能力。

结构的顶层是用户应用程序，这些应用程序简单地使用一个或多个 VISA 资源来完成某些任务，或集合一些资源来形成自己的虚拟工具。

9.2.4　虚拟仪器编程环境

虚拟仪器系统基本硬件确定后，就可以通过不同的软件实现不同的功能。软件是虚拟仪器系统的关键，这样可利用计算机技术来实现和扩展传统仪器的功能。目前，虚拟仪器系统中最具有代表性的三个虚拟仪器开发平台为美国 NI 公司的 Lab VIEW、Lab Windows/CVI 和惠普公司的 HP VEE。下面以 Lab VIEW 为例介绍比较有代表性的虚拟仪器开发平台。

虚拟仪器开发平台编程语言（Lab VIEW）是一种图形化的编程语言，它作为一个标准的数据采集和仪器控制软件应用广泛。Lab VIEW 集成与满足了 GPIB、VXI、RS232 和 RS485 协议的硬件及数据采集卡通信的全部功能。它还内置了便于应用 TCP/IP、ActiveX 等软件标准的库函数。这是一个功能强大且灵活的软件，利用它可以方便地建立自己的虚拟仪器，其图形化的界面使得编程及使用过程都非常方便和迅速。

对于图形化的程序语言，在使用这种语言编程时，尽可能利用所熟悉的术语、图标和概念，基本上不用写程序代码，取而代之的是流程图。因此，Lab VIEW 是一个面向最终用户的工具。通过定义和连接代表各种功能模块的图标，为用户提供了实现仪器编程和数据采集系统的便捷途径。使用它进行原理研究、设计、测试并实现仪器系统时，可以极大地提高工作效率。

Lab VIEW 是一个真正的 32 位编译器，利用 Lab VIEW 可产生独立运行的可执行文件。Lab VIEW 可提供 Windows、UNIX、Linux、Macintosh 的多种版本。

1. Lab VIEW 的基本概念和操作模板

（1）Lab VIEW 的基本概念

基于 Lab VIEW 开发平台编制的程序称为虚拟仪器程序，简称为 VI。VI 包括三个部分：程序前面板、流程图和图标/连接器。VI 采用数据流驱动，具有顺序、循环、选择等多种程序结构控制。程序前面板用于设置输入数值和观察输出量以及模拟真实仪表的前面板。在程序前面板上，输入量被称为控制，输出量被称为显示。控制和显示是以各种图标形式出现在前面板上的，如旋钮、开关、按钮、图表、图形等，这使得前面板直观易懂。

前面板是图形用户界面，也就是 VI 的虚拟仪器面板。这一界面上有用户输入和显示输出两类对象，具体表现有开关、旋钮、图形及其他控制和显示对象。显然，并非简单地画两个控件就可以运行，在前面板后还有一个与之配套的流程图。

流程图提供 VI 的图形化源程序。在流程图中对 VI 编程，以控制和操纵定义在前面板上的输入和输出功能。流程图中包括前面板上控件的连线端子，还有一些前面板上没有，但编程必须有的部件，例如函数、结构和连线等。

如果将 VI 与标准仪器相比较，那么前面板上的部件就是仪器面板上的部件，而流程图上的部件相当于仪器箱内的部件。在许多情况下，使用 VI 可以仿真标准仪器，不仅在屏幕上出现一个逼真的标准仪器面板，而且其功能也与标准仪器相差无几。

VI 具有层次化和结构化的特征。一个 VI 可以作为子程序，这里称为子 VI，被其他 VI 调用。图标/连接器在这里相当于图形化的参数。

（2）Lab VIEW 的操作模板

Lab VIEW 具有图形化可移动的工具模板，用于创建和运行程序。Lab VIEW 共有三类模板，包括工具、控制和功能/函数模板。

2. Lab VIEW 的主要特点

（1）图形化编程软件

Lab VIEW 能提供图形化的编程环境。在电脑屏幕上，利用 Lab VIEW 可创建一个图形化的用户界面，即可设计出完全符合要求的虚拟仪器。通过这个图形界面可以完成操作仪器程序、控制硬件、分析采集到的数据、显示结果。可以使用虚拟的旋钮、开关、转盘、图表等自定义前面板，用以代替传统仪器的控制面板，创建自制测试面板或图形化表示控制和操作过程。只需将各个图标连在一起创建各种流程图表，即可完成虚拟仪器程序的开发。利用 Lab VIEW 图形化编程，在保持系统的功能与灵活性的同时，能大大加快开发速度。

（2）开放式环境

Lab VIEW 是一个开放式的开发环境，它可以提供众多应用系统所需要的工具。软件的标准化取决于它与其他软件、测量和控制硬件及一些开放式工业标准的兼容性，因为这些都决定了它与出自不同生产厂家产品的可兼容性。如果所选择的软件符合这些标准，就可以保证用户应用系统能充分利用来自不同厂家的产品。

目前，有许多第三方软硬件生产厂家在开发并维护成百上千个 Lab VIEW 函数库及仪器驱动程序，以帮助用户能借助 Lab VIEW 轻松地使用它们的产品。Lab VIEW 还提供与 ActiveX 软件、动态链接库（DLL）及其他开发工具的共享成果之间的开放式连接。此外，还可以用 DLL、可执行文件的方式或使用 ActiveX 控件调用 Lab VIEW 代码。Lab VIEW 同样提供了广泛的通信及数据存储方式，如 TCP/IP 和 SQL 数据库连接以及 XML 数据存储格式。

（3）支持多平台

目前，计算机使用的主流操作系统是微软公司的 Windows 系列操作系统。随着计算机运算功能的增强和体积的缩小，实时和嵌入式开发的应用在多数工业领域均有迅猛增长。这使得减少因更换开发平台所带来的损失变得格外重要，而选择正确的软件则是解决这个问题的关键所在。

Lab VIEW 可运行在 Windows 2000/NT/XP/98 和嵌入式 NT 环境下，同时还支持 Mac

OS，Sun Solaris 与 Linux。考虑到程序兼容性的重要意义，NI 公司的 Lab VIEW 继续支持较早版本的 Windows、Mas OS 和 Sun Solaris 操作系统。Lab VIEW 是独立于平台的，在一种环境下编写的虚拟仪器程序，能够透明地转移到其他 Lab VIEW 平台上。

（4）分布式开发环境

为了跨平台开发，利用 Lab VIEW 能够方便地开发分布式应用程序。利用简单易用的服务器工具，还可以将需要密集处理的程序下载到其他机器上进行更快速处理，也可以创建远程监控应用系统。强大的服务器技术简化了大型、多主机系统的开发过程。另外，Lab VIEW 本身也包含了标准网络技术，如 TCP/IP 以及企业内部的发布等协议。

（5）分析功能

在虚拟仪器系统中，通常需要利用软件完成复杂的分析和信号处理工作。如在机械状态监视和控制系统的高速测量应用中，经常需要对振动信号进行精确地阶次分析。闭环嵌入式系统一般要利用控制算法进行逐点运算以便保证稳定性。除了在 Lab VIEW 中已安装的高级分析功能库外，NI 公司还为不同要求的测量提供了相应的附加工具包，如 Lab VIEW 信号处理工具套件、Lab VIEW 声音与振动工具包以及 Lab VIEW 阶次分析工具包等。

（6）可视化功能

在虚拟仪器用户界面中，Lab VIEW 提供了大量内置的可视化工具用于显示数据，从图表到图形，从 2D 到 3D 显示，应有尽有。同时还可以随时修改界面特征，如颜色、字体尺寸、图表类型，还有动态旋转、缩放等。除了图形化编程和方便地定义界面属性外，只需利用拖放工具，就可将物体拖放到仪器的前面板上。

Lab VIEW 带有现成即用的函数库，用户可以用它集成各种独立台式仪器、数据采集设备、运动控制和机器视觉产品、IEEE-488、RS 232 设备及可编程控制器等，从而开发出一套完整的测量和自动化解决方案。Lab VIEW 还包含了主要的仪器标准，如 VISA-GPIB、串口和 VXI 仪器可共用的标准。

9.3　接口总线

自动测试系统要起到使主控计算机和测试仪器设备能互联互通的作用，以保证各种命令和测试数据相互间准确无误地传递。在 20 世纪 70 年代后相继出现过多种供自动测试系统使用的标准接口总线，有着各自的特色和不同的应用场合。本节在全面介绍与自动测试有关的计算机系统接口总线、测量仪器标准总线等基础上，着重介绍 GPIB 和 VXI 接口总线。

9.3.1　GPIB 接口总线

1975 年美国电子电气工程师学会（IEEE）在美国 HP 公司 HPIB 仪表接口总线的基础仪器上，正式颁布了 IEEE-488-1975 仪器通用接口总线标准，1978 年又加以补充和注释，成为 IEEE-488-1978 标准。1980 年 IEC 又通过了 IEC-625-IB 总线标准，称为 IEC 总线。实际上以上两种总线只是机械接头不同，而实质是一样的，因此又被称为通用仪器接口总线。

1. GPIB 的设计目标

GPIB 标准的目的是通过标准总线把各器件连接组成一个系统。其具体设计目标如下：

1）在有限距离内，利用通用标准接口总线，可以把按本总线接口标准制造出来的任何仪器连接成一个测试系统。

2）通过本总线接口标准实现系统内各仪器之间可靠通信。

3）可以使被连接的各仪器之间进行直接通信，而不一定要通过中央控制器。

4）数据速度可容许在较宽的范围内变化，自动适应系统中不同仪器的数据速率。

5）系统使用方便、性价比高。

2. 系统的组成

GPIB 的应用方式如图 9-7 所示，这是 GPIB 总线连接四个独立设备的例子。每个设备都应具备下列三个基本功能中的一个或多个。

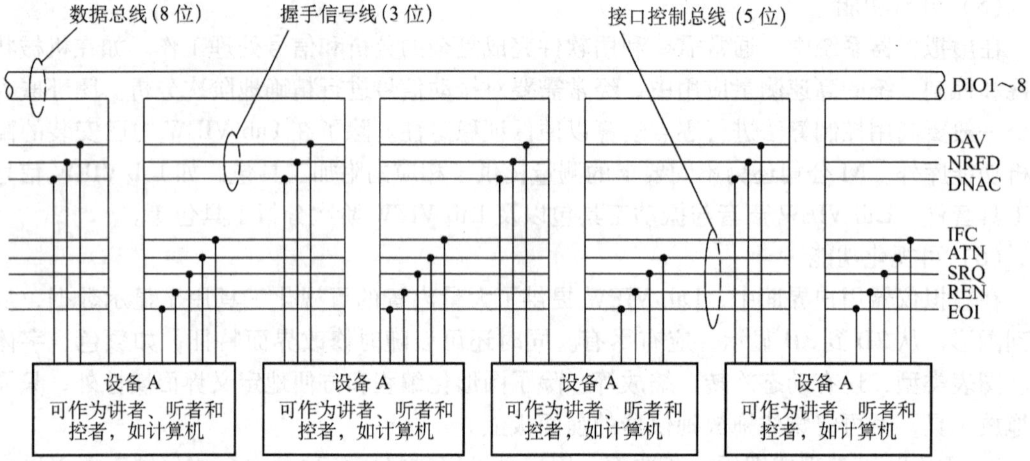

图 9-7 GPIB 的应用方式

1）听者（收听器）：当总线寻址寻到它时，能够接收总线上的数据。同一时刻可以有多个有效的听者。

2）讲者（发话器）：当总线寻址寻到它时，能把数据发送到总线上。同一时刻只能有一个有效的讲者。

3）控者（控制器）：能寻址其他设备，使其成为听者或讲者，能发送接口命令，使其他设备做特定动作。同一时刻只能有一个有效的控者。

连接在总线上的微处理器等设备可以作为讲者，也可作为听者，或者作为控者，也可能具有两种以上的功能，具体由设备用途而定。GPIB 标准规定系统工作时，同一时刻只能有一个控者和一个讲者处于工作状态，其余只能为听者或处于空闲状态。

3. 信号线分类与定义

（1）数据输入/输出线

数据输入/输出线简称 DIO 线，一共 8 条。它被用来传送系统内的数据和总线命令信息。DIO 线上传递信息的方式为位并行、字节串行、双向异步。

（2）控制线

命令/数据信号线 ATN 由控者专用，用以指明 DIO 线上数据的类型是命令还是数据。系统其他部件必须随时监视此线，以便及时作出相应的反应。ATN = 0，表示 DIO 线上的信息为命令，其他设备只能接收该命令并解释。当 ATN = 1 时，表示 DIO 上的信息为数据，是由受命为讲者的设备发出的，受命为听者的设备必须听，其他设备可以不理睬。

接口清除信号线 IFC 是控者用来发送接口清除信息的控制线。当 IFC =0 时，整个接口恢复到原始状态。服务请求信号线 SRQ 供系统中各设备向控者提出服务请求。当 SRQ =1 时，表示系统中至少有一台设备工作不正常，并已经向控者提出服务请求，遥控允许信号 REN。被控者的控制既允许通过系统接口遥控，也允许用局部控制设备的手控装置开关、按键来控制。当 REN =0 时，表示设备处于遥控状态，一切操作均受控者控制，各设备面板上的开关、按键失去作用（电源开关除外）。结束与识别信号线 EOI 可被讲者用来指示多字节数据传送的结束，又可被控者用来识别哪个设备提出了服务请求。EOI 必须和 ATN 线联合使用。当 EOI =0、ATN =0 时，表示执行后一种功能。

（3）握手线

握手线又叫做字节传送控制线，是指在数据传送过程中，确保每个字节的信息都能准确可靠地传送。握手线一共三条。系统内部每传送一个字节信息都与上述三根线有关，并且是通过三线状态确定的，因而传送信息的过程也被称为三线握手的联络过程。图 9-8 所示三线握手程序流程图。

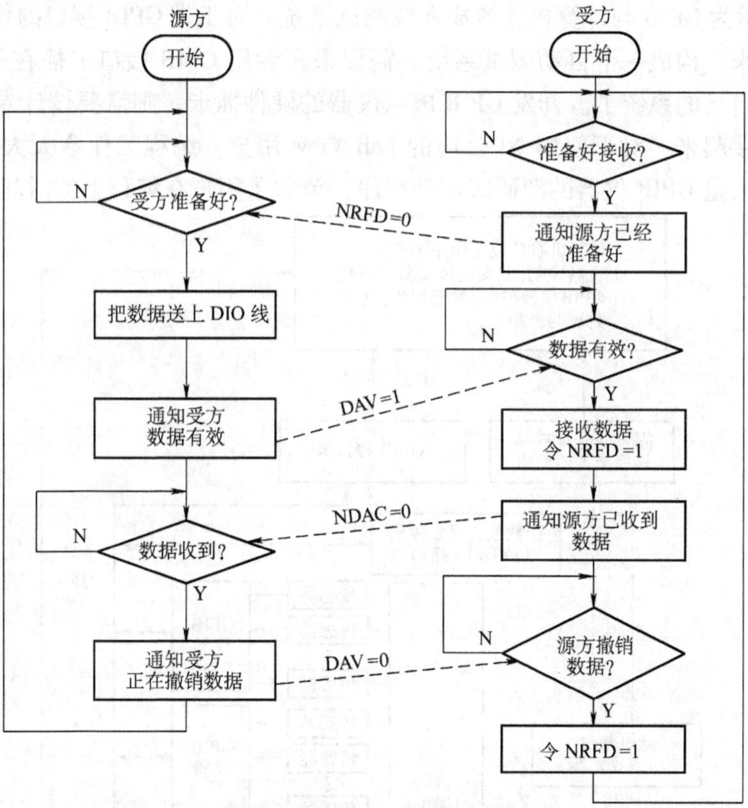

图 9-8　三线握手程序流程图

4. GPIB 的基本特性

根据上述设计目标设计出来的 GPIB 具有如下基本特性：

1）系统各器件采用总线方式连接。

2）总线由 24 芯无源电缆组成，其中 16 条为信号线，其余为屏蔽线和地线。16 条信号线中有 8 条数据总线、3 条挂钩总线和 5 条管理总线。

3）总线上最多可挂 15 台仪器，如果希望扩大容量，可在控制器上增加 GPIB 接口，每增加一个接口，就可以多连 14 台仪器。

4）最大传输电缆总长度不超过 20m，过长的传输距离会使信噪比下降，而不能保证可靠的通信。若采用总线扩展器，传输距离可达 500m 左右。

5）总线以位并行字串行，并采用三线挂钩技术，传递多线消息，实现双向、异步通信，最大传输速率为 1MB/s。

6）系统内的讲地址和听地址各有 31 个，如果采用扩展的副地址，则讲地址和听地址均可扩大至 961 个。

7）总线上采用正电压负逻辑，逻辑 1 为低电平，不高于 +0.8V；逻辑 0 为高电平，不低于 +2.0V。系统共设有 10 种接口功能，称为接口功能集。

8）由于系统中允许存在多个控者，但在任何时刻只准许一个控者起作用并称此控者为责任控者。责任控者可以将控制权转让给系统中的另一个控者。

5. GPIB 在线自动测试系统

图 9-9 所示为 GPIB 与计算机连接成在线测试系统。对于带 GPIB 接口的仪器，要把它同计算机连接起来，构成一个自动测试系统，需要采用专用 GPIB 接口卡插在 PC 上，之后就可以编程构建自己的系统了。开发 GPIB 虚拟仪器的硬件插卡，则需要设计专门的插件扩展箱和计算机连接起来。对于使用 NI 公司的 Lab View 用户，编程工作会大大减少，因为 NI 公司免费提供大量 GPIB 仪器的源码级驱动程序，节省了用户在编程上的时间。

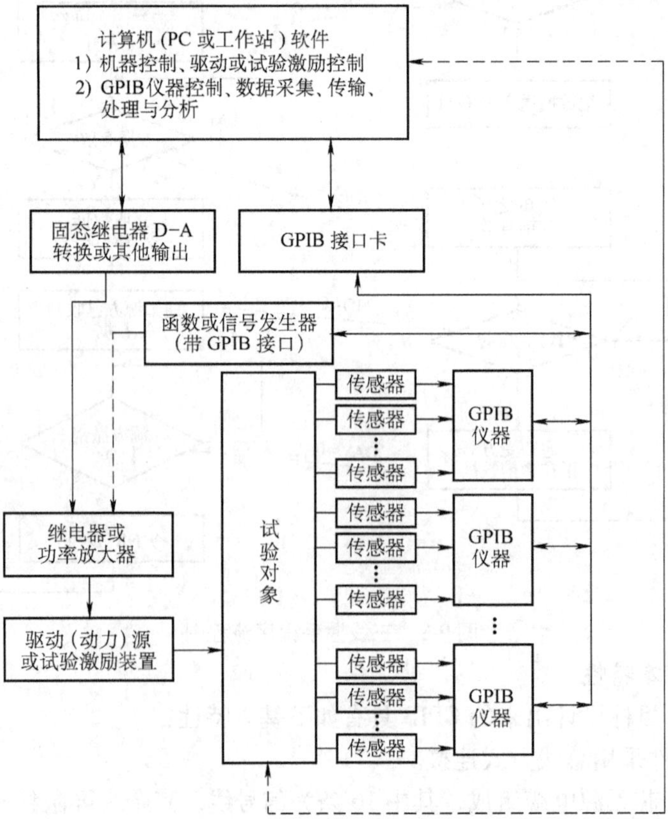

图 9-9　GPIB 与计算机连接成在线测试系统

9.3.2　VXI 接口总线

1. 简介

VXI（VME Extensions for Instrumentation）总线是“用于仪器的 VME 总线扩展”的简称，它是继 GPIB 第二代自动测试系统之后，于1987 年推出的一种开放的新一代自动测试系统工业总线标准。VXI 具有互操作性好、数据传输速率高、可靠性强、体积小、重量轻、可移动性好等优点，其应用范围越来越广。

VXI 总线规范的目标是一种基于 VME 总线的开放、兼容和模块化仪器标准，其特点如下：

1）VXI 总线是完全的开放式总线，这使仪器组合灵活和容易。

2）采用统一的公共接口，降低系统集成时间的软件开发成本。

3）模块化、坚固的设计提高了可靠性。

4）系统吞吐量大，测试时间缩短或性能提高。

5）标准化 VXI 即插即用软件简化了系统设定、编程及集成，能容易地扩展测试系统的功能。

6）使 VXI 标准比机架堆叠式系统具有更小的体积。

2. VXI 总线的系统结构

(1) 结构配置

VXI 总线仪器系统是一种模块插板式结构的电子仪器系统。从物理结构来看，一个 VXI 总线系统由一个能为嵌入式模块提供安装环境与背板连接的主机箱组成。VXI 总线仪器的主机架可以插放多个仪器模块插板。主机架的后板为高质量的十多层的印制电路板，其上印制着 VXI 总线。

VXI 总线主机箱必须符合四种仪器模块尺寸的要求：A 尺寸主机箱，只准插入 A 尺寸模块；B 尺寸主机箱，最大允许插入 B 尺寸模块；依此类推。但 VXI 总线允许 A 尺寸模块插入 B 尺寸主机箱，A、B 尺寸模块插入 C 尺寸主机箱，以及 A、B 和 C 尺寸模块插入 D 尺寸主机箱，在插入较小的模块时，主机箱能自动识别并使其正常工作。应用最为广泛的 C 尺寸主机箱结构示意图如图 9-10 所示。

图 9-10　C 尺寸主机箱结构示意图

VXI 模块尺寸与总线分布图如图 9-11 所示。主机后板上安装着连接器的插座，模块插板上安装着连接器的插头。连接器有 P1、P2 和 P3 三种，这些连接器继承了 VME 的机械特性，采用了 96 引脚三列的欧式卡结构，每个引脚都有严格的定义。其中 P1 是各种模块都必需的，P2、P3 是可选择的。

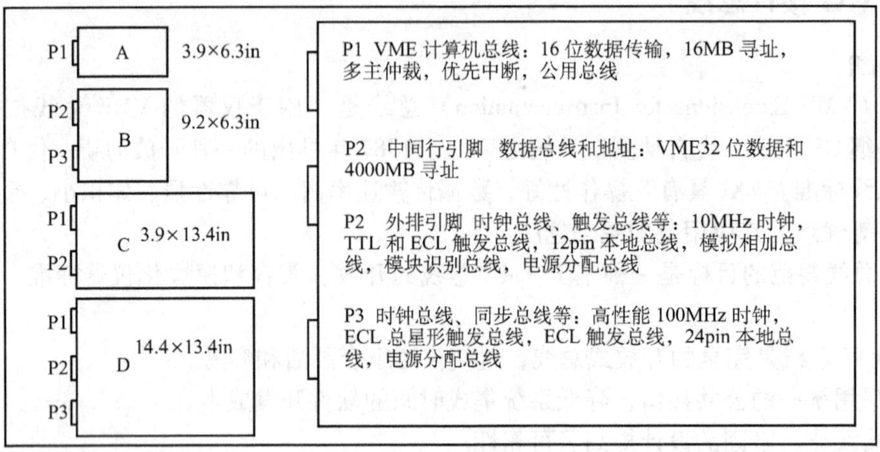

图 9-11 VXI 模块尺寸与总线分布图

（2）电气结构

VXI 总线使用与 VME 总线相同的地址和数据转换信号，但又在此基础上增加了专为定时和同步设计的仪器总线，如图 9-12 所示。VXI 仪器总线由以下四种总线组成。

1）模块识别总线源于 VXI 总线的 0 槽模块，接至其他号槽，主要用作检测槽中模块的存在与否。

2）触发总线用于模块之间的通信与定时，以及触发、“握手”、时钟或逻辑状态的传送。

3）模拟加法总线是相加总线，可使各模块输出叠加，合成复杂的波形信号。

4）相邻的模块之间可通过局部总线通信，而不必使用 VME 数据转换总线，这样数据转换总线就可用于其他用途。

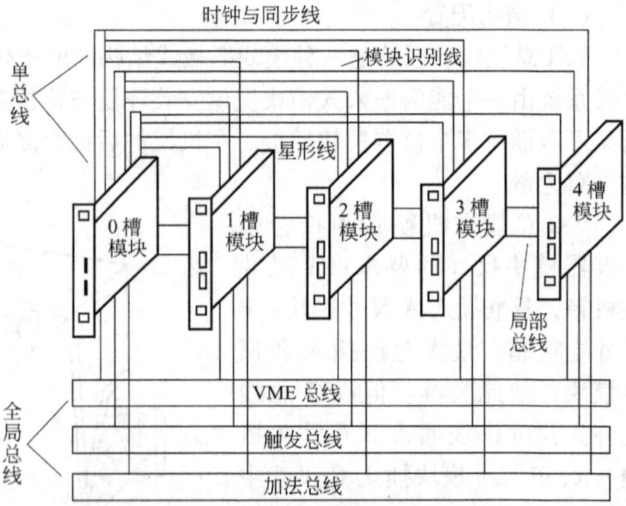

图 9-12 VXI 总线电气结构图

3. VXI 系统器件通信方式

在 VXI 系统中不同的器件支持不同的通信方式，器件的分类方法与通信相关的主要有以下两种分类：其一，依据器件本身的性质、特点和它支持的通信规程可分为基于寄存器的器件（简称寄存器基器件）、存储器器件、基于消息的器件（简称消息基器件）和扩展器件四种；其二，根据器件在通信中的分层关系，又可分为命令者和受令者两种。

一个 VXI 仪器系统最多可有 256 个器件，通常一个器件就是插入主机的一个仪器插件，但也允许在一个仪器插件上有多个器件或一个器件包含多个仪器插件。每个 VXI 器件都有一组组态寄存器，系统通过访问这些组态寄存器可以识别器件的种类、型号、生产厂、地址空间以及存储器需求等。每个器件都具有唯一的逻辑地址。

VXI 器件可以是复杂的智能仪器插件或微型计算机系统，也可以是单纯的存储器或开关矩阵。根据自身性质、特点和它支持的通信规程，VXI 器件可分为寄存器基器件、存储器器件、消息基器件和扩展器件四类。

寄存器基器件即基于寄存器的器件，它没有通信寄存器，器件的通信是通过对它的寄存器的读、写来实现，它在命令者、受命令者的分层结构中担任受令者。寄存器基器件电路简单，易于实现。

存储器器件与寄存器基器件很相似，它也没有通信寄存器，只能靠寄存器的读、写来进行通信。存储器器件本身就是 ROM、RAM 及磁盘存储器等，这样它不仅要有组态寄存器等，还必须有特征寄存器来区分存储器的类型及存取时间等。

以消息为基础的消息基寄存器，它具有通信寄存器件来支持复杂的通信规程而进行高水平的通信。它可以担任分层结构中的命令者，也可以担任受命者，或者同时兼任上层的受命者及下层的命令者。

扩展器件是一些有特定目的的器件，用于为 VXI 未来的发展定义新的器件门类。

4. VXI 总线仪器系统软件

VXI 总线仪器系统的软件基础包括 VXI 系统通信规程、软件标准及软件开发的辅助工具等。

通信是 VXI 总线标准的重要部分，对于不同类型的设备，规定了相应的通信协议和通信方式，同时还规定了系统的配置实体，称之为资源管理程序。VXI 系统的通信分为若干层，第一层是寄存器读、写层，其通信是通过寄存器的读写来实现的，通信速度快，硬件费用少，是寄存器基器件和存储器器件支持的最低层通信，也是对用户支持最少的通信。第二层是信号/中断层，它允许 VXI 器件向它的命令者回馈信息，也是一种寄存器基器件和存储器器件支持的低层通信。第三层是字串行规程层，这时命令者和受命令者之间的字串行通信，属于消息基器件的通信规程层。

为了使 VXI 总线更加易于使用，保证众多厂商的软件产品在系统级上长期兼容，并使 VXI 总线系统成为一个真正开放的系统结构，NI、Tektronix 等五大厂商在 1993 年 9 月联合成立了 VXI Plug&Play 联盟（即 VXI 即插即用联盟，简称 VPP 联盟），随后发布了 VXI 总线即插即用规范（简称 VPP 规范）。VPP 规范主要解决 VXI 总线系统级的标准问题，是 VXI 总线标准的补充和发展。它制定了标准的系统软件结构框架，对操作系统、编程语言、I/O 程序库、仪器驱动程序和高级软件工具等做了原则性的规定，从而使 VXI 总线具有真正的开放性、兼容性和互换性。

经过多年的发展，VXI 总线依靠有效的标准化，采用模块的方式实现了系列化、通用化及 VXI 总线仪器的互换性和互操作性，其开放的体系完全符合信息仪器的要求。

目前，VXI 总线仪器和系统已经成为仪器系统发展的主流，并已在检测、数据采集、测量等诸多方面得到了广泛的应用。随着各种 VXI 技术的飞速发展，VXI 总线系统的成本将不断降低，其应用范围也将越来越广。VXI 总线代表了一个新的模块化仪器系统时代。

9.3.3 PXI 接口总线

PXI 是 PCI 在仪器领域的扩展（PCI Extensions for Instrumentation），于 1997 年由美国国家仪器（NI）公司推出的测控仪器总线标准。制定 PXI 规范的目的是为了将台式 PC 与 PCI

总线面向仪器领域相结合，形成一种性价比高的虚拟仪器测试平台。PXI 规范体系结构如图 9-13 所示。

1. PXI 机械规范

PXI 机械规范定义了一个包括电源系统、冷却系统和安插模块槽位的一个标准机箱。PXI 在机械结构方面与 Compact PCI 的要求基本相同。所定义的机械规范，使 PXI 系统更适于在工业环境下使用，而且也更易于进行系统集成。PXI 的重要特性之一是维护了与标准 Compact PCI 产品的互操作性。

2. PXI 规范的电气性能

PXI 总线规范具有 PCI 的性能和特点，包括 32 位或 64 位数据传输能力以及分别高达 132MB/s 或 264MB/s 的数据传输速度。PXI 还增加了专门的系统参考时钟、触发总线、星形触发线和模块间的局部总线，以此来满足高准确度的定时、同步与数据通信要求，所有这些总线位于 VXI 总线背板，如图 9-14 所示。

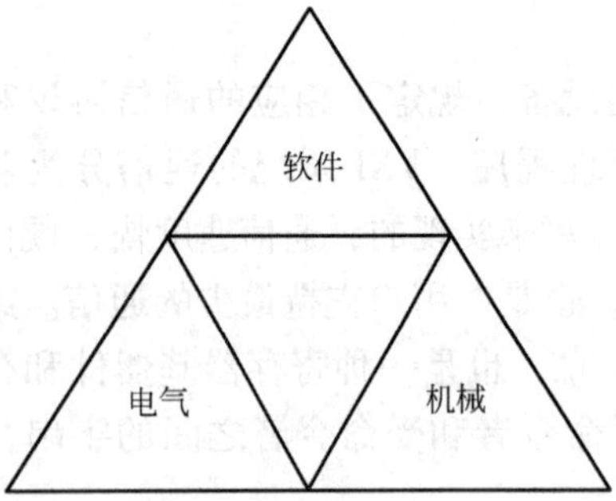

图 9-13 PXI 规范体系结构

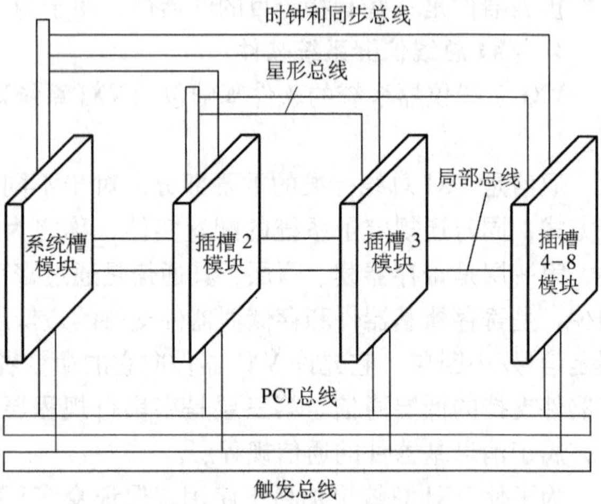

图 9-14 PXI 总线的电气结构

3. 软件性能

PXI 定义了保证多厂商产品互操作性的仪器级（即硬件）接口标准，在电气要求的基础上还增加了相应的软件要求，以进一步简化系统集成。这些软件要求就形成了 PXI 的系统级（即软件）接口标准。PXI 的软件要求包括支持 Microsoft Windows NT/95（WIN32）这样的标准操作系统框架，要求所有仪器模块带有配置信息和支持标准的工业开发环境（如 NI 的 Lab VIEW、Lab Windows/CVI 和 Microsoft 的 VC/C + +、VB 和 Borland 的 C + +等），而且符合 VISA 规范的设备驱动程序（WIN32 Device Drivers）。

基于 Compact PCI 工业总线规范发展起来的 PXI 系统通过更多的仪器模块扩展槽以及高级触发、定时和边带通信能力更好地满足仪器用户的需要。为更适于工业应用，PXI 总线方式为 PCI 总线内核技术增加了成熟的技术规范和要求，以便用于相邻模块的高速通信局总线。台式 PC 的性价比和 PCI 总线面向仪器领域的扩展优势结合起来，将形成未来的虚拟仪器平台。

9.3.4 LXI 总线网络化仪器

2004 年 9 月在美国加州，Agilent 公司和 VXI 科技公司共同合作提出一种新型仪器接口规范，全称为 LAN-Based eXtensions for Instrumentation（局域网的仪器扩展），简称 LXI。它基于工业标准以太网（Ethernet）技术，扩展了仪器需要的语言、命令、协议等内容，构成了一种适用于自动测试系统的新一代模块化仪器平台标准。

1. LXI 的特点

1）开放式工业标准——LAN 是开放式工业标准，由于其开发成本低廉，使得各厂商很容易将现有的仪器产品移植到该 LAN-Based 仪器平台上来。

2）向后兼容性——因为 LAN-Based 模块在体积上比可扩展式（VXI，PXI）仪器更小。同时，升级现有的 ATS 不需重新配置，并允许扩展为大型卡式仪器（VXI，PXI）系统。

3）成本低廉——在满足用户要求的同时，结合最新科技，能使 LAN-Based 模块的成本低于相应的台式仪器和 VXI 或 PXI 仪器。

4）互操作性——作为合成仪器（Synthetic Instruments）模块，只需 30 ~ 40 种的通用模块即可解决军用客户的主要测试需求。如此相对较少的模块种类，可以高效且灵活地组合成面向目标服务的各种测试单元，从而彻底降低 ATS 的体积，提高系统的机动性和灵活性。

5）新技术及时方便的引入——由于这些模块具备完备的 I/O 定义文档，所以，模块和系统的升级仅需核实新技术是否涵盖其替代产品的全部功能。

2. LXI 标准的三个等级

不同的 LXI 应用要求不同的功能需要，对于一般以太网的应用要求，网络互操作性是其基本要求。此外，要具备三个功能：第一，需要被测数据点之间的紧密相位关系，即确定性的硬件触发机制；第二，需要连续总线上的精确触发实现同步；第三，对触发和时间控制要求不高，但必须保证合格的网络通信。鉴于此，LXI 联盟根据同步与触发方式的不同将 LXI 仪器分为以下三个功能等级（类）：

1）等级 C，具有通过 LAN 的编程控制能力，能够与其他厂家的仪器协同工作。

2）等级 B，拥有等级 C 的所有能力，并支持 IEEE-1588 精确时间协议同步。

3）等级 A，拥有等级 B 的所有能力，同时具备触发总线硬件触发机制。

3. LXI 网络的技术优势

LXI 标准继承了工业以太网的优点，又较好地解决了以太网实时性的问题，与传统的卡式仪器（VXI、PXI）相比，LXI 模块化仪器具备以下优势：

1）以太网、标准 PC 和软件应用广泛，技术成熟。采用 LXI 网可以节省技术人员的培训费用、维护费用及初期投资等成本。

2）基于 TCP/IP 的 LXI 网络是一种标准的开放式网络，不同厂商的设备很容易互联。这种特性非常适合解决控制系统中不同厂商设备的兼容和互操作的问题。

3）能便捷地访问远程系统，共享、访问多数据库。

4）易于与互联网连接，能够在任何城市、地方利用电话线通过互联网对企业进行监控。

5）能实现办公自动化网络与工业控制网络的有机结合。

6）IEEE-1588 网络同步标准的实施，可以在实验室环境下得到纳秒级的时钟同步误差。

与以太网相比，较好地改善了实时性的缺陷。

7）标准的网络接口已经极为普遍。

4. LXI 总线网络化仪器系统设计方案

LXI 仪器采用标准的以太网接口与计算机相连接，可以自动识别网线的极性；每个 LXI 仪器的 IP 地址可以手动设置，也可以在系统中自动分配，这就使得用 LXI 测试设备组建测试系统的时间大大减少，而且难度也降低了。

对于计算机和通信网络，选择以太网技术是因为以太网广泛地应用在计算机中，基础设施（如网卡、集线器、电缆、光纤等）非常普及且价格便宜，供应商多。以太网的 TCP/IP 广泛应用于互联网，其错误检测、故障定位、长距离互连、高通信数据率、树状拓扑结构等特点与计算机的并行和串行总线相比有明显的优势。

基于 LXI 的网络化自动测试系统框图如图 9-15 所示。图中 LXI 测试总线给自动测试系统带来的影响首先表现在测试控制器的接口上，通过 LAN 适配器和集经器以及 TCP/IP，经 LXI 总线可实现网络化自动测试。测试控制器一般为工控机，所需的接口适配器是基于 PCI 扩展总线的。

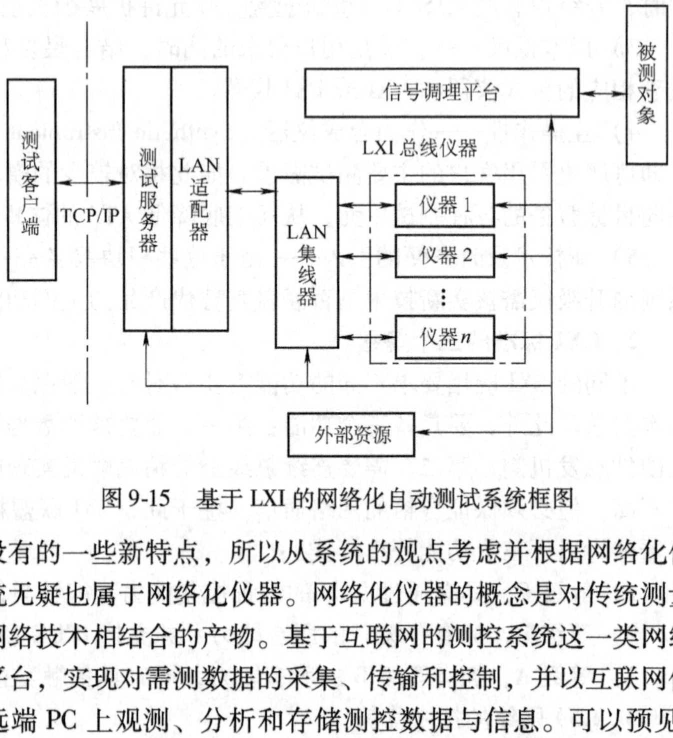

图 9-15 基于 LXI 的网络化自动测试系统框图

5. 网络化仪器系统

由于基于互联网的测控系统能够实现传统仪器仪表的基本功能，同时又具备传统仪器仪表所没有的一些新特点，所以从系统的观点考虑并根据网络化仪器的定义，基于互联网的测控系统无疑也属于网络化仪器。网络化仪器的概念是对传统测量仪器概念的突破，是虚拟仪器与网络技术相结合的产物。基于互联网的测控系统这一类网络化仪器利用嵌入式系统作为现场平台，实现对需测数据的采集、传输和控制，并以互联网作为数据信息的传输载体，且可在远端 PC 上观测、分析和存储测控数据与信息。可以预见，这种服务于随时随地获取测量信息的智能化、网络化，具有开放性和交互性的网络化测控系统，正在成为新一代网络化仪器及其系统的发展趋势。

网络化仪器还要考虑操作系统的服务层和应用层，根据需要，提供 HTTP、FTP、TFTP、SMTP 等服务。其中，HTTP 用以实现 Web 仪器服务；FTP 和 TFTP 用于实现向用户传送数据，从而形成用户数据库资源；而 SMTP 则用来发送各种确认和警告信息。由此，就可很容易地组成不同使用权限的系统。低级用户无需自已再安装任何应用软件，直接利用 Internet Explorer 等浏览器浏览数据，就可实现对测量数据的观测。高级用户可经由网络修改配置来控制仪器在不同状态下的运行。经网络传来的数据可交给专门的数据处理软件进行分析，以实现最优化的决策和控制，并且还可利用一些专用软件分析传来的数据，以实现 MIS 直用等。图 9-16 所示为一种基于虚拟仪器的网络化自动测试系统平台。

网络仪器的应用软件应向分布式软件和智能软件的方向发展，它是支持分布式处理的软件系统，即把逻辑上或物理上具有特定功能的软件和硬件分散开来进行处理，其目的是提高计算机资源的共享性，提高处理速度和可靠性，或者作为分布式数据处理系统把输入、输出和一部分处理、存储和控制功能分布到各处理点进行，在产生数据的地方就近加工，减少数据的通信量。

网络仪器是虚拟仪器的进一步发展和高级形式。虚拟仪器更适用于常规通用的测试仪器，强调的是它的测试功能。网络仪器在保证测试功能的前提下，更注重网上资源共享和远程操作，网络仪器是网络化了的虚拟仪器。网络仪器的构建需要借助自动化控制技术、计算机网络技术和现代信息技术得以实现。测量作为促进人类一切进步的基本支撑要素之一，将随着科学技术的飞速发展与前进，不断被赋予新的内涵。

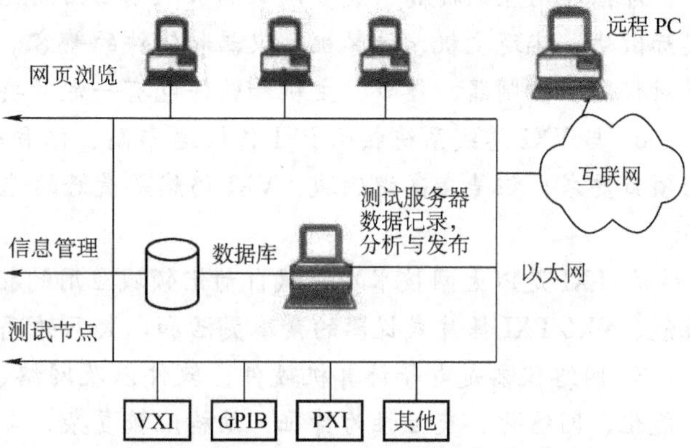

图 9-16 基于虚拟仪器的网络化自动测试系统平台

本章小结

1. 通常将能自动进行测量、数据处理、输出测试结果的系统称为自动测试系统(ATS)。自动测试系统亦可称为计算机辅助测试系统（CAT）。自动测试系统包括五部分组成：控制器、程控仪器与设备、总线与接口、测试软件和被测单元。

2. 自动测试系统的发展经历了三代。第一代自动测试系统多为专用系统；第二代自动测试系统中采用标准通用接口总线（GPIB），它由计算机、激励装置、测量装置以及被测装置等组成；第三代自动测试系统中把计算机和测试系统更紧密地结合起来，融合为一体，发展为以虚拟仪器模式组建自动测试系统。

3. 虚拟仪器是在通用计算机上加上一组软件和少量硬件，这种看似计算机却是仪器的“仪器”被称为虚拟仪器。虚拟仪器以计算机为核心，具有足够的仪器硬件功能，以强大的仪器操作和测试等软件为支撑，强调在通用计算机平台上用灵活的虚拟软面板，实现仪器的测试和控制功能。

4. GPIB是一种在有限距离内通用的标准接口总线，用它可以把任何厂家按其总线接口标准制造出来的仪器连接成一个测试系统。通过它实现系统内各仪器之间的可靠通信；被连接的各仪器之间可以直接通信，而不一定要通过中央控制器；对被连接仪器的特性要求，其限制条件很少；通信是异步的，可自动适应系统中不同仪器的数据速率；使用起来灵活方便、易于掌握，且价格较低，能适用于廉价的简单系统。

5. VXI系统具有模块化结构、数据传速率高、体积小、重量轻、功耗少、性价比高、易于发挥计算机能力和易于构成虚拟仪器等诸多优点，特别是它的标准化所带来的开放性和灵活性，不但使厂家可以制造、配置多种通用和专用系统，而且用户和系统集成者也可以灵活地赋予系统不同的功能和特点，满足千变万化的需求，因而受到各界的广泛重视，获得了广泛应用。

即插即用原则提高了众多厂家的 VXI 系统的相互可操作性。通过开放各厂家的标准和实际做法，实现主机、计算机、仪器和软件的兼容。即插即用框架与特定的操作系统有关，并对仪器、控制器、接口、主机和软件包有一定的要求。

6. 与 VXI 总线系统相比 PXI 传输速率高、体积小、价格低，可以满足大多数的测试应用项目要求，但是在高端领域，VXI 仍然是最好的选择，它可以完成更复杂更尖端的测试任务。

7. LXI 是以太网技术在测试自动化领域应用的拓展，其总线规范融合了 GPIB 仪器的高性能、VXI/PXI 插片式仪器的紧凑灵活和以太网的高吞吐率等优点。

8. 网络仪器是电子计算机硬件、软件以及网络、通信等多方面技术的有机组合体，以智能化、网络化、交互性为特征，结构比较复杂，多采用体系结构来表示其总体框架和系统特点。

思考题与习题

9-1 自动测试系统主要由哪几部分组成?

9-2 简述测试系统中常用的接口总线。

9-3 简述 GPIB 信号的名称和作用。

9-4 VXI 总线有什么特点，简述 VXI 总线仪器系统软件。

9-5 VXI 总线与 PXI 总线相比，在性能上有什么区别?

9-6 与其他 I/O 接口软件相比，VISA 有什么特点?

9-7 什么是图形化软件编程平台 Lab VIEW，它有什么特点?

9-8 简述虚拟仪器的软件开发工具。

9-9 什么是自动测试系统的硬件平台?

9-10 简述自动测试系统软件设计的要求和软件开发环境。

9-11 什么是网络仪器体系结构?

附　　录

附录 A　正态分布在对称区间的积分表

$$P(\,|Z|\leqslant k)=\int_{-k}^{k}\frac{1}{\sqrt{2\pi}}\mathrm{e}^{-\frac{\sigma^2}{2}}\mathrm{d}Z$$

$$=P[E(X)-k\sigma(X)\leqslant x\leqslant E(X)+k\sigma(X)]$$

$$Z=\frac{\delta}{\sigma(X)}=\frac{x-E(x)}{\sigma(X)}$$

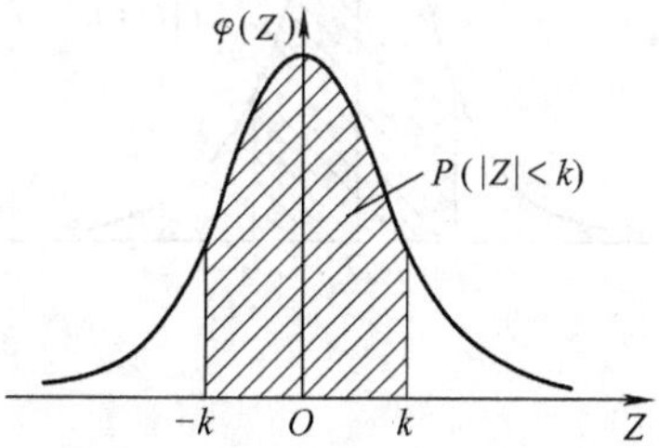

表 A-1　根据 k 值查置信概率 P

k	$P(\,\|Z\|<k)$	k	$P(\,\|Z\|<k)$	k	$P(\,\|Z\|<k)$	k	$P(\,\|Z\|<k)$
0. 00	0. 000000	0. 90	631880	1. 80	928139	2. 70	993066
0. 05	039878	0. 95	657888	1. 85	935686	2. 75	994040
0. 10	079656	1. 00	682689	1. 90	942569	2. 80	994890
0. 15	119235	1. 05	706282	1. 95	948824	2. 85	995628
0. 20	158519	1. 10	728668	2. 00	954300	2. 90	996268
0. 25	197413	1. 15	749856	2. 05	959636	2. 95	996882
0. 30	235823	1. 20	769861	2. 10	964271	3. 0	(2)973002
0. 35	273661	1. 25	788700	2. 15	968445	3. 5	(2)995347
0. 40	310843	1. 30	806399	2. 20	972193	4. 0	(4)9366575
0. 45	347290	1. 35	822984	2. 25	975551	4. 5	(4)9932047
0. 50	382925	1. 40	838487	2. 30	978552	5. 0	(6)9426697
0. 55	417681	1. 45	852941	2. 35	981227	5. 5	(6)9962021
0. 60	451494	1. 50	866386	2. 40	983605	6. 0	(8)9802683
0. 65	484303	1. 55	878858	2. 45	985714	6. 5	(8)9984462
0. 70	516073	1. 60	890401	2. 50	987581	7. 0	(10)997440
0. 75	546745	1. 65	901057	2. 55	989228	7. 5	(10)999936
0. 80	576289	1. 70	910869	2. 60	990678	8. 0	(10)099999
0. 85	604675	1. 75	919882	2. 65	991951		

表 A-2　与置信概率 P 对应的置信因子 k

$P(\,\|Z\|<k)$	0. 50	0. 70	0. 80	0. 90	0. 95	0. 99	0. 995	0. 999
k	0. 6745	1. 036	1. 282	1. 645	1. 960	2. 576	2. 807	3. 291

附录 B　t 分布在对称区间的积分表

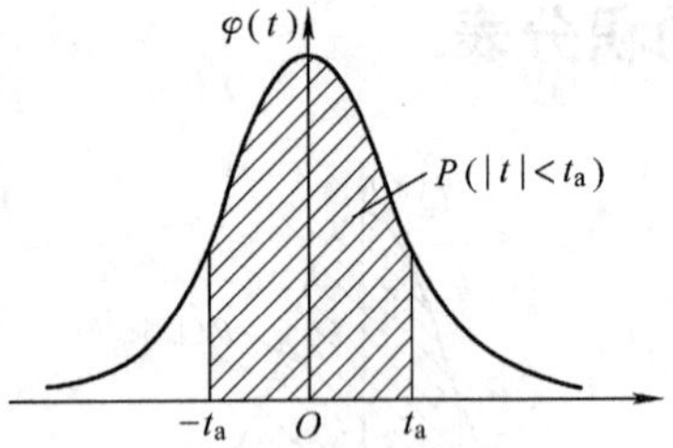

$$P(|t|\leqslant t_a)=\int_{-t_a}^{t_a}\frac{\Gamma\left(\frac{k_t+1}{2}\right)}{\sqrt{k\pi}\,\Gamma\left(\frac{k_t}{2}\right)}\left(1+\frac{t^2}{k_t}\right)^{\frac{k_t+1}{2}}\mathrm{d}t$$

$$=P[\,|\bar{x}-E(X)|\leqslant t_a\hat{\sigma}(\bar{x})\,]$$

$$=P[\,|\bar{x}-E(X)|\leqslant t_a\hat{\sigma}(\bar{x})/\sqrt{n}\,]$$

$$t=\frac{\delta}{\hat{\sigma}(\bar{x})}=\frac{\bar{x}-E(X)}{\hat{\sigma}(\bar{X})/\sqrt{n}}$$

$$k_t=n-1$$

表 B-1　t_a 值表

k_t	P								
	0.5	0.6	0.7	0.8	0.9	0.95	0.98	0.99	0.999
1	1.000	1.376	1.963	3.078	6.314	12.706	31.821	63.657	636.619
2	0.816	1.061	1.386	1.886	2.920	4.303	6.965	9.925	31.598
3	0.765	0.978	1.250	1.638	2.353	3.182	4.541	5.841	12.924
4	0.741	0.941	1.190	1.553	2.132	2.776	3.747	4.604	8.610
5	0.727	0.920	1.156	1.476	2.015	2.571	3.365	4.032	6.859
6	0.718	0.906	1.134	1.440	1.943	2.447	3.143	3.707	5.959
7	0.711	0.896	1.119	1.415	1.895	2.365	2.998	3.499	5.405
8	0.706	0.889	1.108	1.397	1.860	2.306	2.896	3.355	5.041
9	0.703	0.883	1.100	1.383	1.833	2.262	2.821	3.250	4.781
10	0.700	0.879	1.093	1.372	1.812	2.228	2.764	3.169	4.587
15	0.691	0.866	1.071	1.341	1.753	2.131	2.602	2.947	4.073
20	0.687	0.830	1.064	1.325	1.725	2.086	2.528	2.845	3.850
25	0.684	0.856	1.058	1.316	1.708	2.060	2.485	2.787	3.725
30	0.683	0.854	1.055	1.310	1.697	2.042	2.457	2.750	3.646
40	0.681	0.851	1.050	1.303	1.684	2.021	2.123	2.701	3.551
60	0.670	0.848	1.046	1.296	1.671	2.000	2.390	2.600	3.460
120	0.677	0.815	1.041	1.289	1.658	1.980	2.358	2.617	3.373
∞	0.674	0.842	1.036	1.282	1.645	1.960	2.326	2.576	3.291

参 考 文 献

[1] 中国计量科学研究院. JJF 1059—1999 测量不确定度的评定与表示 [S]. 北京：中国计量出版社，1999.

[2] 蒋焕文，孙续. 电子测量 [M]. 3 版. 北京：中国计量出版社，2008.

[3] 古天祥，王厚军，习友宝，等. 电子测量原理 [M]. 北京：机械工业出版社，2006.

[4] 陈尚松，雷加，郭庆. 电子测量与仪器 [M]. 北京：电子工业出版社，2005.

[5] 杨吉祥，高礼忠，詹宏英，等. 电子测量技术基础 [M]. 南京：东南大学出版社. 2004.

[6] 李立功，等. 现代电子测量技术 [M]. 2 版. 北京：国防工业出版社，2008.

[7] 秦云. 电子测量技术 [M]. 西安：西安电子科技大学出版社，2008.

[8] 林占江，等. 电子测量技术 [M]. 北京：电子工业出版社，2006.

[9] Geoff Lawday，David Ireland，Greg Edlund. 信号完整性指南——实时测试、测量与设计仿真 [M]. 阎照文，等译. 北京：电子工业出版社，2010.

[10] 张睿，周峰，郭隆庆. 无线通信仪表与测试应用 [M]. 北京：人民邮电出版社，2010.

[11] 李孝辉，杨旭海，刘娅，等. 时间频率信号的精密测量 [M]. 北京：科学出版社，2010.

[12] 刘明亮，陆福敏，朱江淼，等. 现代脉冲计量 [M]. 北京：科学出版社，2010.

[13] 李东升. 计量学基础 [M]. 北京：机械工业出版社，2006.

[14] 沙占友. 数字化测量技术与应用 [M]. 北京：机械工业出版社，2006.

[15] 冯占岭. 数字电压表及数字多用表检测技术 [M]. 北京：中国计量出版社，2003.

[16] 裴昌幸，朱畅华，韩宝彬，等. 现代通信系统与网络测量 [M]. 北京：人民邮电出版社，2008.

[17] 赵茂泰. 智能仪器原理及应用 [M]. 3 版. 北京：电子工业出版社，2009.

[18] 余成波，谢东坡. 网络化测控技术与实现 [M]. 北京：高等教育出版社，2009.

[19] 刘思久，张礼勇. 自动测试系统与虚拟仪器原理 · 开发 · 应用 [M]. 北京：电子工业出版社，2009.

[20] 《数字通信测量仪器》编写组. 数字通信测量仪器 [M]. 北京：人民邮电出版社，2007.

[21] 库姆斯. 电子仪器手册 [M]. 张伦，王晦光，黎安尧，译. 北京：科学出版社，2006.

[22] 中国科学技术协会. 仪器科学与技术学科发展报告 [R]. 北京：中国科学技术出版社，2009.